高等职业教育新形态系列教材

# 机械图样识读与绘制

主　编　亓秀玲
副主编　张翠芝　张爱迎　孙　莉
参　编　李传红　魏　燕　刘心孔

机械工业出版社

本书对传统机械制图课程内容进行了重新整合，以具体工作任务为载体引出理论知识，主要包括七个项目：认识零件图和装配图、识读和绘制图样的基本知识和技能、识读和绘制零件三视图、识读和绘制机件表达方案图、识读和绘制零件图、识读和绘制标准件及常用件图、识读和绘制装配图。附录给出相关标准。通过以上项目任务的划分，将原本空洞抽象的课程分解为一一对应的具体技能的学习任务，使教师的教、学生的学都能达到事半功倍的效果。

本书采用双色印刷，且书中配有二维码，学生可扫码观看讲解或视频。

本书可作为职业院校机械类和近机械类专业的教材。

本书配有电子课件，凡使用本书作教材的教师可登录机械工业出版社教育服务网（http://www.cmpedu.com），注册后免费下载。咨询电话：010-88379375。

### 图书在版编目（CIP）数据

机械图样识读与绘制/亓秀玲主编. —北京：机械工业出版社，2021.9（2023.6重印）
高等职业教育新形态系列教材
ISBN 978-7-111-69131-0

Ⅰ.①机… Ⅱ.①亓… Ⅲ.①机械图-识图-高等职业教育-教材②机械制图-高等职业教育-教材 Ⅳ.①TH126

中国版本图书馆 CIP 数据核字（2021）第 186612 号

机械工业出版社（北京市百万庄大街22号 邮政编码100037）
策划编辑：王英杰　　　　责任编辑：王英杰　安桂芳
责任校对：陈　越　刘雅娜　封面设计：张　静
责任印制：刘　媛
涿州市般润文化传播有限公司印刷
2023年6月第1版第2次印刷
184mm×260mm·15印张·370千字
标准书号：ISBN 978-7-111-69131-0
定价：49.80元

电话服务　　　　　　　　网络服务
客服电话：010-88361066　　机　工　官　网：www.cmpbook.com
　　　　　010-88379833　　机　工　官　博：weibo.com/cmp1952
　　　　　010-68326294　　金　书　网：www.golden-book.com
封底无防伪标均为盗版　　　机工教育服务网：www.cmpedu.com

# 前 言

党的二十大报告中明确提出:"加快建设制造强国、质量强国……推动制造业高端化、智能化、绿色化发展",这赋予机械类人才更重大的历史使命和更宽广的舞台。《机械图样识读与绘制》是装备制造大类各专业的专业基础课程,涉及的知识与技能不但为从事与制造业相关工作的技术人员所必备,而且是制造业从业者技能提升与拓展的基础。

高等职业教育的任务是面向地方经济,培养实践能力、创新能力强的,具有较高综合素质的应用型人才。根据高职教育的要求和地方经济的需要,为突出体现职业教育的特色,在结合高职学生的实际状况和特点的基础上,编写了适合高职机械类和近机械类专业的《机械图样识读与绘制》《机械图样识读与绘制习题集》,适用于数控、汽车、模具、机电等专业的教学。

本书对传统机械制图类教材的内容进行了重新整合,以具体工作任务为载体引出理论知识,使理论知识有的放矢,将理论和实践充分结合,同时每项任务的编排以识读和绘制图样为主线,从项目一开始,就让学生接触到零件图和装配图。这些使本书能够充分与机电专业以及相关专业高职人才培养方案的培养目标相适应,与毕业生就业岗位的技术应用要求相适应。

本书共分为七个项目。项目一认识零件图和装配图:该项目通过认识零部件和认识图样两个任务,学生不仅能了解零部件,还能认识零件图、装配图,而且明确本课程的学习任务和学习方法;项目二识读和绘制图样的基本知识和技能:该项目通过抄画零件图和平面图形两个任务,介绍了国家标准对图纸、字体、图线、比例、尺寸注法等的基本规定以及常用平面图形的画法;项目三识读和绘制零件三视图:该项目通过八个任务,介绍了传统的画法几何投影理论,包括点、直线和平面的投影,立体的投影、截交线、相贯线,组合体的三视图,尺寸注法,轴测图等;项目四识读和绘制机件表达方案图:该项目共五个任务,前两个任务通过两个机件实体绘出其表达方案图,后三个任务通过识读三张零件图来学习机件的各种表达方法,使机件的表达方法与实际零件、零件图充分结合;项目五识读和绘制零件图:该项目共四个任务,前三个任务通过托脚零件图的识读,学习零件图的视图选择、尺寸注法和技术要求等重要内容和读图方法,第四个任务通过测绘轴零件,学习测绘方法、测量方法以及常用测量工具的使用;项目六识读和绘制标准件及常用件图:通过测绘螺栓连接和测绘直齿圆柱齿轮两个任务,学生能初步接触装配图的一些规定画法,学习标准件、常用件的画法、标注以及测绘方法;项目七识读和绘制装配图:该项目共三个任务,前两个任务分别是识读齿轮泵装配图和拆画齿轮泵装配图中泵体零件图,介绍识读装配图的方法步骤和拆画零件图的方法,任务三以滑动轴承的测绘介绍装配图的测绘步骤和方法。

本书的主要特点如下:

1. 符合高职学生的实际状况和特点,降低了理论难度,强化了应用性和实用性的技能训练。

2. 采用现行的技术制图、机械制图等国家标准，列举了大量生产中的实例，注重对学生识图、绘图能力的培养。

3. 有配套的习题集和相应答案，便于学生课后练习。

本书学习任务由山钢股份莱芜分公司炼铁厂亓建国及车间人员与编写人员共同制订，本书由亓秀玲任主编，由张翠芝、张爱迎、孙莉任副主编，参加编写的还有李传红、魏燕、刘心孔。全书由亓秀玲统稿。

本书在编写的过程中参考了一些国内出版的同类书籍，在此谨向有关作者表示感谢。虽然我们尽力将本书编写成一本难度适中、有利于教学、适合大多数高职高专院校使用的教材，但限于编者的水平，书中仍难免会有缺点和疏漏之处，敬请广大读者批评指正。

编　者

# 二维码索引

| 名 称 | 图形 | 名 称 | 图形 |
|---|---|---|---|
| 1-1 减速器 | | 3-9 圆柱的截交线 | |
| 1-2 输出轴零件图 | | 3-10 圆锥的截交线 | |
| 3-1 点的投影 | | 3-11 开槽半球投影 | |
| 3-2 直线的投影 | | 3-12 两圆柱的相贯线 | |
| 3-3 平行位置直线 | | 3-13 导向块三视图 | |
| 3-4 垂直位置直线 | | 3-14 圆的正等轴测图画法 | |
| 3-5 从属于直线的点 | | 4-1 单一剖切面 | |
| 3-6 棱柱的投影及表面取点 | | 4-2 相交的剖切平面 | |
| 3-7 圆柱的投影 | | 4-3 半剖视图的形成 | |
| 3-8 圆锥的投影 | | 5-1 凸台和凹坑 | |

（续）

| 名　称 | 图形 | 名　称 | 图形 |
|---|---|---|---|
| 6-1　螺栓连接 | | 7-1　齿轮泵装配图 | |
| 6-2　螺柱连接 | | 7-2　齿轮泵工作原理 | |
| 6-3　螺钉连接 | | 7-3　滑动轴承 | |

# 目 录

前言
二维码索引
**项目一　认识零件图和装配图** …………… 1
　任务一　认识零部件 ………………… 1
　任务二　认识图样 …………………… 3
**项目二　识读和绘制图样的基本知识和**
**　　　　技能** ………………………………… 7
　任务一　抄画带轮零件图 …………… 7
　任务二　抄画吊钩平面图形 ………… 27
　项目知识扩展　图纸的叠法 ………… 36
**项目三　识读和绘制零件三视图** ………… 38
　任务一　绘制切块三视图并找出指定直线或
　　　　　平面的投影 ………………… 38
　任务二　绘制切口五棱柱的三视图 … 53
　任务三　绘制连杆头的三视图 ……… 57
　任务四　绘制组合回转体的三视图 … 66
　任务五　绘制轴承座的三视图 ……… 73
　任务六　标注支架的尺寸 …………… 78
　任务七　识读轴承座三视图 ………… 84
　任务八　绘制支座轴测图 …………… 89
　项目知识扩展　徒手画草图 ………… 96
**项目四　识读和绘制机件表达方案图** … 100
　任务一　绘制摇杆表达方案图 ……… 101
　任务二　绘制泵盖表达方案图 ……… 104
　任务三　识读泵盖表达方案图 ……… 109
　任务四　识读泵体表达方案图 ……… 114

　任务五　识读蜗杆轴表达方案图 …… 118
　项目知识扩展　轴测剖视图 ………… 125
**项目五　识读和绘制零件图** ……………… 127
　任务一　识读托脚零件结构形状 …… 127
　任务二　识读托脚零件图的尺寸 …… 136
　任务三　识读托脚零件图的技术要求 … 141
　任务四　测绘轴零件 ………………… 154
　项目知识扩展　第三角投影法简介 … 158
**项目六　识读和绘制标准件及**
**　　　　常用件图** ………………………… 162
　任务一　测绘螺栓连接 ……………… 162
　任务二　测绘直齿圆柱齿轮 ………… 173
　项目知识扩展　销、滚动轴承、弹簧 …… 184
**项目七　识读和绘制装配图** ……………… 190
　任务一　读齿轮泵装配图 …………… 191
　任务二　拆画齿轮泵装配图中泵体
　　　　　零件图 ……………………… 198
　任务三　测绘滑动轴承 ……………… 202
**附录** …………………………………………… 210
　附录A　螺纹 ………………………… 210
　附录B　螺纹紧固件 ………………… 213
　附录C　键与销 ……………………… 218
　附录D　滚动轴承 …………………… 220
　附录E　常用标准数据与标准结构 … 221
　附录F　极限与配合 ………………… 223
**参考文献** …………………………………… 232

# 项目一

## 认识零件图和装配图

### 📘 基本知识学习导航

1) 了解减速器的工作原理。
2) 认识零件和部件；掌握零件图和部件图的内容。
3) 明确本课程的学习任务、主要内容及学习方法。

## 任务一　认识零部件

**任务分析**：减速器是机器中应用较为广泛的部件。其所包含的零件种类较全，在机电专业学习中具有一定的代表性。要认识零部件，需要有减速器实体（学生 4~6 人一组，每组一台。学生拆去箱盖观察），以便分析减速器的工作原理，了解各类零件的作用。图 1-1 所示为减速器立体图。

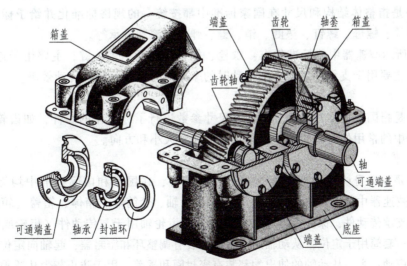

图 1-1　减速器立体图

**基本知识：**

### 一、减速器的工作原理

一级圆柱齿轮减速器（图1-1所示为斜齿圆柱齿轮减速器）是结构比较简单的一种减速器。其核心零件是齿轮和轴。当电动机的输出转速从主动轴输入后，带动小齿轮转动，小齿轮带动大齿轮运动，由于大齿轮的齿数比小齿轮多，大齿轮的转速比小齿轮慢，大齿轮的轴（从动轴）将运动输出，从而起到输出减速的作用。其传动比为

$$i = \frac{n_1}{n_2} = \frac{z_2}{z_1}$$

式中　$n_1$——主动齿轮转速（r/min）；

　　　$n_2$——从动齿轮转速（r/min）；

　　　$z_1$——主动齿轮齿数；

　　　$z_2$——从动齿轮齿数。

### 二、零件与部件

零件：机器中不可分拆的基本制造单元，如减速器中的轴和齿轮等。

部件：机器中由若干零件组成的装配单元体，并在机器中具有一定的完整的功用，如减速器能降低转速。

### 三、减速器零件的分类及作用

图1-1所示齿轮减速器中的零件主要有如下几种。

**1. 标准件**

标准件是指整体结构和尺寸在国家标准中都按统一的规格标准化并给予标准代号的零件，包括螺栓、螺母、螺钉、垫圈、销、键、弹簧和滚动轴承等。

图1-1所示减速器中的标准件有：螺栓、螺母、垫圈、销、键，主要用于连接和定位；滚动轴承，主要用于支承轴，减少轴传动时的摩擦阻力，从而提高传动效率。

**2. 常用件**

常用件是指国家标准对其部分结构及尺寸参数进行了标准化的零件，如齿轮等。图1-1所示减速器中的常用件为齿轮，主要用于改变速度大小和方向。

**3. 专用件**

专用件是以自身机器为标准而生产的一种零件，在国家和国际标准中均无对应产品。图1-1所示减速器中的专用件有箱体、箱盖、齿轮轴、套筒等。箱体、箱盖（箱体类）主要用于容纳和支承传动件，保护机器中的其他零件；齿轮轴用于与传动件（齿轮或带轮）等结合传递动力；套筒用于定位；从动轴的密封端都装有调整环和密封盖，起轴向定位作用，防止两轴做轴向窜动；主、从动轴的伸出端都装有密封圈和透盖，用于防止灰尘从透盖孔与轴的间隙中侵入，磨损滚动轴承；机体腔内装有润滑油，齿轮工作时靠飞溅润滑。机体下部右侧装有油标尺（不同的减速器的油标尺结构和形状可能不同）和放油塞，从油标尺可观察出机体内的油面高度，放油塞是为了排放污油而设置。机盖顶部有观察孔，装有视孔盖。

## 任务二　认识图样

**任务分析**：通过比较立体图和零部件图来认识机械制造中所用图样；通过零部件图了解其作用和内容，以图1-2所示输出轴零件图为例。

**基本知识**：

### 一、表达零部件的方法

零部件的直观形状可用立体图表达，如图1-1所示，从图中可以看到零部件三个方向的形状。这种图形虽有立体感，但却不能准确地表达出零部件的形状。例如输出轴上的圆在图上画成了椭圆，长方形的箱体表面画成了平行四边形，更主要的零件上孔的深度、零件间的装配关系，在图中也未表达清楚。因此，立体图一般不能直接用作生产加工的依据，但由于其立体感强，所以适合作为生产图样的辅助性图形。

图1-2所示为生产中广泛采用的按正投影法绘制的零件图。其与立体图的区别是：立体

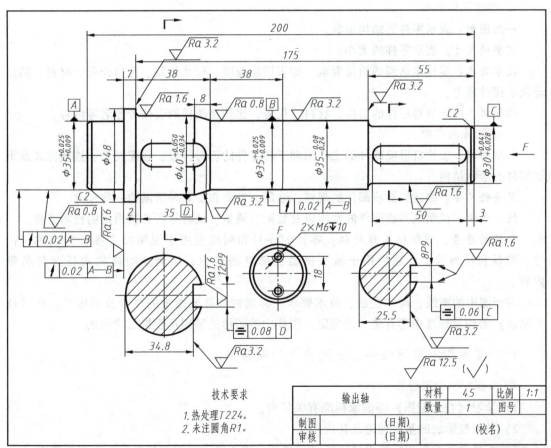

图1-2　输出轴零件图

图产生变形的地方，零件图能正确表达出来；立体图表达不完全的地方，零件图能完全正确地表达清楚，并且在图形上标注了表达零件大小的尺寸，以及公差、表面粗糙度等技术要求。因此，零件图能满足制造的要求。

## 二、机械制造过程中采用的图样

机械制造过程中广泛采用的图样包括零件图和装配图。表示零件结构、大小及技术要求的图样，称为零件图，如图 1-2 所示的输出轴零件图。零件图是用来制造和检验零件的图样，是指导零件生产的重要技术文件。图 1-3 所示为齿轮减速器装配图。装配图是表达机器或部件的工作原理、装配关系、结构形状和技术要求的图样，用以指导机器或部件的装配、检验、调试、安装、维修等。因此，装配图是机械设计、制造、使用、维修以及进行技术交流的重要技术文件。

## 三、零件图和装配图的内容

从图 1-2 所示输出轴零件图和图 1-3 所示减速器装配图可以看出，零件图和装配图各有四方面内容。

### 1. 零件图的内容

一组图形：表示零件的结构形状。

完整的尺寸：表示零件的大小。

技术要求：零件应达到的质量要求，如表面粗糙度、尺寸公差、几何公差、材料、热处理及表面处理等。

标题栏：用于填写零件的名称、材料、代号、比例及图样的责任者签名等内容。

### 2. 装配图的内容

一组图形：表达机器或部件的工作原理、各零件的相对位置、装配关系、连接方式及重要零件的形状结构。

必要的尺寸：表达机器或部件的规格，装配、检验和安装时所需的一些尺寸。

技术要求：说明机器或部件的性能以及装配、调整、试验等所必须满足的技术条件。

零件的序号、明细栏及标题栏：零件的序号和明细栏用于说明每个零件的名称、代号、数量和材料等。标题栏用于填写机器或部件的名称、比例及图样的责任者签名等内容。

关于图中的图线、尺寸注法、技术要求、标题栏和装配图中的序号及明细栏，在《技术制图》等国家标准中都有统一的规定；图样中的图形是采用正投影法绘制的。

## 四、本课程的学习任务、主要内容和学习方法

### 1. 本课程的学习任务

1）学习《技术制图》等国家标准有关规定。

2）学习投影法的基本理论及其应用。

3）培养学生绘制和识读机械图样（零件图、中等复杂程度的装配图）的基本能力。

4）培养学生的自学能力，分析问题和解决问题的能力以及创造性思维能力；培养耐心细致的工作作风和严肃认真的工作态度。

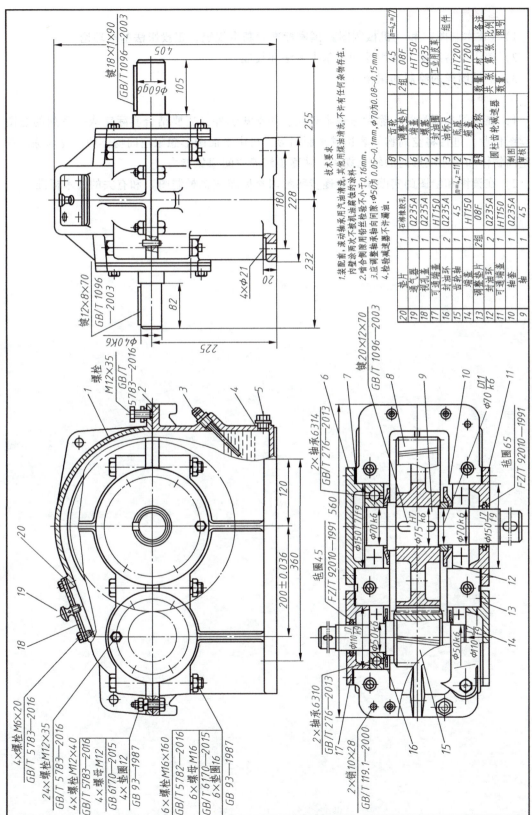

图 1-3 减速器装配图

**2. 本课程的主要内容**

1) 《技术制图》和《机械制图》国家标准的基本规定,正投影法基本理论。

2) 使用仪器绘图、徒手绘图的基本方法和技能。

3) 机械图样的绘制和识读方法。

**3. 本课程的学习方法**

1) 在学习本课程时,除学习基本理论、基本知识外,还要结合实际完成一系列的绘图和读图作业,进行将空间物体表达成平面图形,再由平面图形想象空间物体的反复训练,掌握空间物体和平面图形间的转化规律,并逐步培养空间想象能力。

2) 在读图和绘图的实践中,要逐步熟悉国家标准《机械制图》和有关的技术标准。

# 项目二

## 识读和绘制图样的基本知识和技能

### 基本知识学习导航

本项目重点知识：国家标准的基本规定和绘制平面图形。

1) 主要掌握国家标准中关于图纸幅面和格式、比例、图线、字体和有关尺寸注法的规定。

2) 主要掌握尺规绘图工具的使用、绘制平面图形的一般操作方法和步骤。

## 任务一　抄画带轮零件图

**任务分析**：抄画图 2-1 所示的带轮零件图，应先选择比例，然后根据所选比例确定图

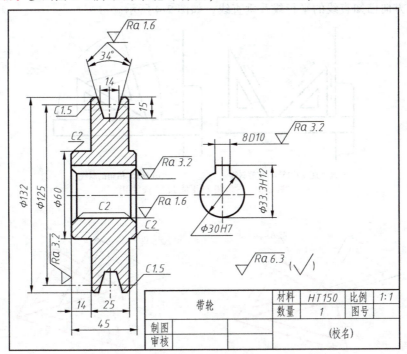

图 2-1　带轮零件图

幅，用绘图工具按国家标准规定的图线、作图的基本要求在选定的图幅上绘图；同时标注尺寸及技术要求。

**基本知识：**

尺规绘图是指以铅笔、丁字尺、三角板、圆规等为主要工具手工绘制图样。虽然目前正规图样大多使用计算机绘制，但尺规绘图仍是工程技术人员必备的基本技能。

## 一、绘图工具及其使用

### 1. 图板

图板是用来铺放、固定图纸的，它的表面必须平整、光滑，左右两导边必须平直。绘图板的规格有：0号，900mm×1200mm；1号，600mm×900mm；2号，450mm×600mm。

### 2. 丁字尺

丁字尺主要用于画水平线，由尺头和尺身组成，尺头和尺身的连接处必须牢固，尺头的内侧边与尺身的上边（称为工作边）必须垂直。使用时，用左手扶住尺头，将尺头的内侧边紧贴图板的导边，上下移动丁字尺，自左向右可画出一系列不同位置的水平线，如图2-2所示。

### 3. 三角板

三角板有两块，一块是45°角的等腰直角三角板，另一块是由60°角和30°角组成的直角三角板。

三角板与丁字尺配合使用，可以画出垂直线和15°倍角的斜线，如图2-3所示，还可以等分圆周；两块三角板配合使用，可以画出任意方向已知直线的平行线及垂直线，如图2-4所示。

图2-2 画水平线

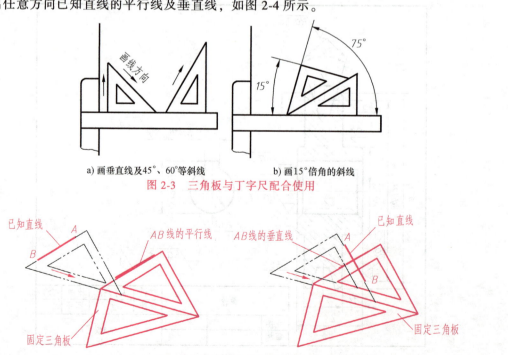

a) 画垂直线及45°、60°等斜线　　b) 画15°倍角的斜线

图2-3 三角板与丁字尺配合使用

图2-4 两块三角板配合使用

#### 4. 绘图铅笔

（1）铅笔的型号及应用　绘图铅笔分软与硬两种型号，字母"B"表示软铅芯，字母"H"表示硬铅芯。"B"前的数值越大，表示铅芯越软；"H"前的数值越大，表示铅芯越硬。字母"HB"表示软硬适中的铅芯。

常用 2H 或 H 铅笔画底稿线；用 H 或 HB 铅笔画细线、写字、画箭头；用 HB 或 B 铅笔画粗线（直线）；加深圆或圆弧的粗线时，使用的铅笔应比加深直线用的 HB 或 B 铅笔软一级。

（2）铅笔的磨削　画底稿线、细线和写字用的铅笔，铅芯应削成锥形尖端，如图 2-5a 所示；画粗线时，铅芯宜削成呈梯形棱柱状的头部，因其磨损较缓，线型易于一致。磨削铅笔时，先用小刀将铅笔无字一端的木皮削去 25～30mm 长，使铅芯露出 6～8mm，再将露出的铅芯用刀或砂纸修磨成需要的形状，如图 2-5b 所示。画细线圆时，将 2H 或 H 铅笔的铅芯磨成凿形；画粗线圆时，将 B 或 2B 铅笔的铅芯磨成带方形截面的头部，如图 2-5c 所示。

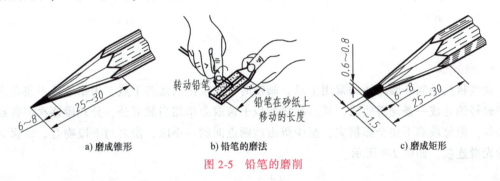

a）磨成锥形　　　b）铅笔的磨法　　　c）磨成矩形

图 2-5　铅笔的磨削

（3）用铅笔画线的方法　画直线时，使铅笔在前后方向上与纸面垂直，且向画线方向倾斜约 30°。当铅笔头部呈梯形棱柱状时，倾斜角度可相应地减小一些，但用力要稍许加大，并匀速前进，如图 2-6 所示。

#### 5. 分规和圆规

（1）分规　分规的两腿端部有钢针，当两腿合拢时，两针尖应重合于一点。分规是用来量取尺寸、截取线段、等分线段的工具，如图 2-7 所示。

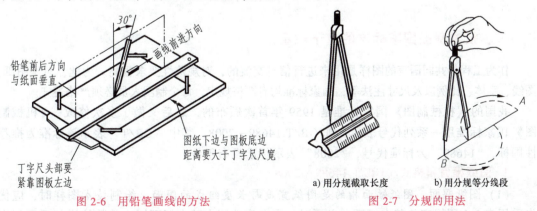

图 2-6　用铅笔画线的方法　　　　　　　a）用分规截取长度　　b）用分规等分线段

图 2-7　分规的用法

（2）圆规　圆规是用来画圆或圆弧的工具。圆规固定腿上的钢针具有两种不同形状的尖端：带肩台的尖端是画圆或圆弧时定心用的；圆锥形尖端可做分规使用。活动腿上有肘形关节,可随时装换铅芯插脚、鸭嘴脚及做分规用的锥形钢针插脚。

画圆或圆弧时,要注意调整钢针在固定腿上的位置,使两腿在合龙时针尖比铅芯稍长些,以便将针尖全部扎入图纸,如图2-8a所示;按顺时针方向转动圆规,并稍向前倾斜,此时,要保证针尖和笔尖均垂直纸面,如图2-8b所示;画大圆时,可接上延长杆后使用,如图2-8c所示。

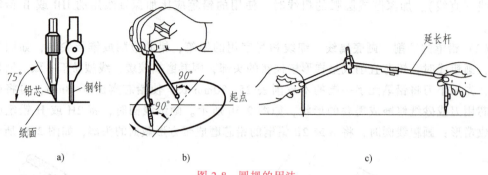

图2-8 圆规的用法

### 6. 曲线板

曲线板是绘制非圆曲线的常用工具。画线时,先求出曲线若干点,用铅笔徒手将各点按顺序轻轻地连成一条光滑曲线,然后在曲线板上选取曲率相当的部分,分几段逐次将各点连成曲线,但每段都不要全部描完,至少留出后两点间的一小段,使之与下段吻合,以保证曲线的光滑连接,如图2-9所示。

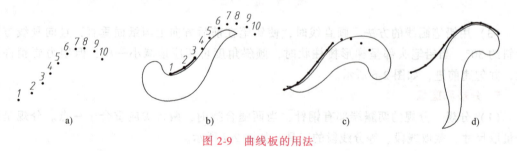

图2-9 曲线板的用法

## 二、技术制图国家标准的若干规定

作为工程界共同语言的图样是用来进行信息交流的,对规范性要求很高。为此,对于图纸、图线、字体、比例以及尺寸注法等,国家标准均有严格规定,每个制图人员必须严格遵守。

我国的《机械制图》国家标准是1959年首次颁布的,之后又做了多次修改。《机械制图》国家标准用一系列代号表示,如GB/T 14689—2008,其中"GB/T"表示该标准为推荐性国标,"14689"为标准代号,"2008"表示标准发布年份。

### 1. 图纸幅面和格式(GB/T 14689—2008)

(1)图纸幅面 图纸幅面指的是图纸宽度与长度组成的图面。绘制技术图样时,应优先采用表2-1所规定的基本幅面。必要时,也允许选用由基本幅面短边整数倍增加后所得出的加长幅面。在图2-10中,粗实线所示为基本幅面(第一选择),细实线和虚线所示为加长幅面(第二选择和第三选择)。

表 2-1　基本幅面（第一选择）及图框格式尺寸　　　　　　（单位：mm）

| 幅面代号 | A0 | A1 | A2 | A3 | A4 |
|---|---|---|---|---|---|
| （短边×长边）$B×L$ | 841×1189 | 594×841 | 420×594 | 297×420 | 210×297 |
| （装订边的宽度）$a$ | 25 | | | | |
| （有装订边的留边宽度）$c$ | 10 | | | 5 | |
| （无装订边的留边宽度）$e$ | 20 | | 10 | | |

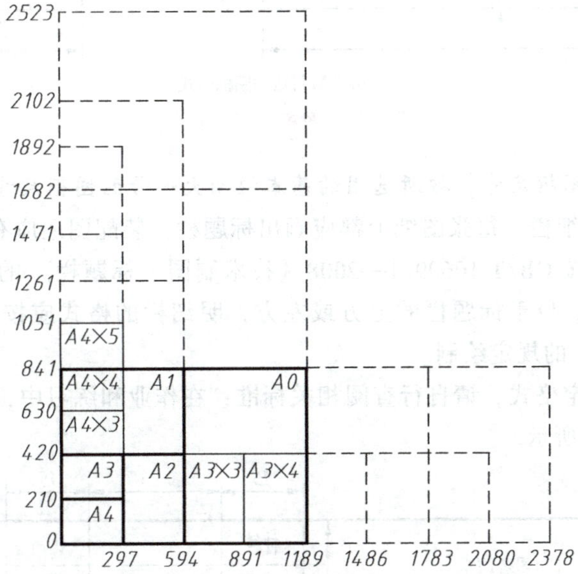

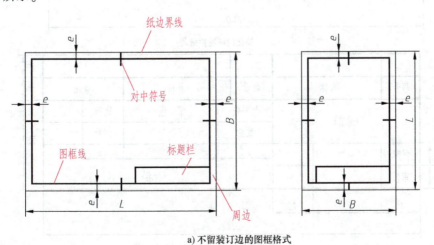

图 2-10　图纸的幅面尺寸

（2）图框格式　图纸上限定绘图区域的线框，称为图框。在图纸上必须用粗实线画出图框，其格式分为不留装订边和留装订边两种，但同一产品的图样只能采用一种格式，如图 2-11 所示。

a）不留装订边的图框格式

图 2-11　图框格式

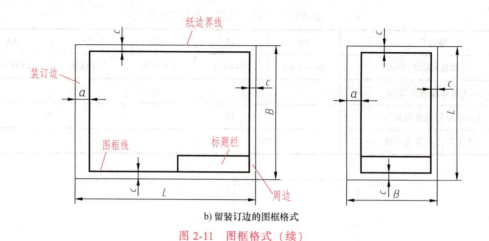

b) 留装订边的图框格式

图 2-11 图框格式（续）

注：加长幅面的图框尺寸，按所选用的基本幅面大一号的图框尺寸确定。

（3）标题栏和明细栏　每张图纸上都应画出标题栏，装配图还应有明细栏。

标题栏的格式应按 GB/T 10609.1—2008《技术制图　标题栏》的规定绘制。明细栏的位置一般紧贴标题栏，位于标题栏的上方或左方，明细栏的格式应按 GB/T 10609.2—2009《技术制图　明细栏》的规定绘制。

关于标题栏的规定格式，请自行查阅相关标准；在作业和练习中，可采用简化的标题栏和明细栏，如图 2-12 所示。

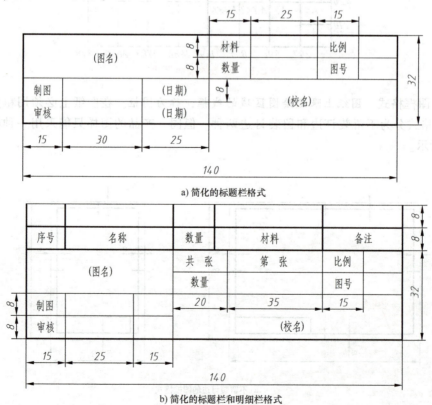

图 2-12 标题栏和明细栏格式

注：标题栏的外框是粗实线，其右侧和下方与图框重叠在一起；明细栏除表头外的横格线均为细实线，竖格线均为粗实线。

根据视图的布置需要，图纸可以横放或竖放，标题栏的位置应位于图纸的右下角。若标题栏的长边置于水平方向并与图纸的长边平行，则构成 X 型图纸；若标题栏的长边与图纸的长边垂直，则构成 Y 型图纸，如图 2-11 所示。在此情况下，标题栏中的文字方向为看图方向。

（4）附加符号  对中符号：为了使图样复制和缩微摄影时定位方便，应在图纸各边的中点处分别画出对中符号，对中符号用粗实线绘制，线宽不小于 0.5mm，长度从图纸边界开始深入图框内约 5mm，对中符号的位置误差应不大于 0.5mm，如图 2-11 和图 2-13 所示。当对中符号处在标题栏范围内时，则伸入标题栏部分省略不画。

方向符号：为了利用预先印制的图纸，允许将 X 型图纸的短边置于水平位置使用，如图 2-13a 所示；或将 Y 型图纸的长边置于水平位置使用，如图 2-13b 所示，此时，看图方向与标题栏中的文字方向不一致。这种情况下，应在图纸下边的对中符号处画出一个方向符号，以表明绘图和看图的方向，其大小和所处的位置如图 2-13 所示。方向符号是用细实线绘制的等边三角形，如图 2-14 所示。

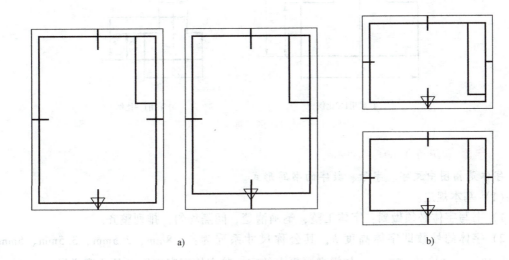

a)　　　　　　　　　　　　　　　b)

图 2-13　对中符号与方向符号

### 2. 比例（GB/T 14690—1993）

（1）比例的概念  比例是指图中图形与实物相应要素的线性尺寸之比。

（2）比例的种类及选取  比例的种类及国家标准规定的比例系列见表 2-2，在绘制图样时尽可能用原值比例。

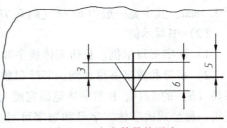

图 2-14　方向符号的画法

（3）比例的标注  绘制同一机件的各个图形时应尽可能采用相同的比例，并在标题栏的"比例"栏内填写，如"1∶1""2∶1"等。当某个图形需要不同的比例时，必须按规定另行标注。

表 2-2 比例的种类及国家标准规定的比例系列

| 种类 | 定义 | 第一系列 | 第二系列 |
|---|---|---|---|
| 原值比例 | 比值为 1 的比例 | 1∶1 | — |
| 缩小比例 | 比值小于 1 的比例 | 1∶2　1∶5　1∶10<br>1∶2×10$^n$　1∶5×10$^n$　1∶1×10$^n$ | 1∶1.5　1∶2.5　1∶3<br>1∶1.5×10$^n$　1∶2.5×10$^n$　1∶3×10$^n$<br>1∶4　1∶6<br>1∶4×10$^n$　1∶6×10$^n$ |
| 放大比例 | 比值大于 1 的比例 | 5∶1　2∶1<br>5×10$^n$∶1　2×10$^n$∶1　1×10$^n$∶1 | 4∶1　2.5∶1<br>4×10$^n$∶1　2.5×10$^n$∶1 |

注：$n$ 为正整数，优先选用第一系列。

注：图样中所注的尺寸数值必须是实物的实际大小，与绘制图形所采用的比例无关，如图 2-15 所示。

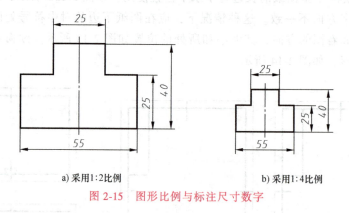

a) 采用 1∶2 比例　　　　　b) 采用 1∶4 比例

图 2-15　图形比例与标注尺寸数字

### 3．字体（GB/T 14691—1993）

字体是指图中文字、字母、数字的书写形式。

（1）基本规定

1）书写字体必须做到：字体工整，笔画清楚，间隔均匀，排列整齐。

2）字体的号数即字体高度 $h$，其公称尺寸系列为：1.8mm、2.5mm、3.5mm、5mm、7mm、10mm、14mm、20mm，如需书写更大的字，其字体高度应按 $\sqrt{2}$ 的比率递增。

3）汉字应写成长仿宋体字，并采用国家正式公布推行的简化字。汉字的高度 $h$ 不应小于 3.5mm，其字宽一般为 $h/\sqrt{2}$（约 $0.7h$）。

（2）书写示例

1）汉字书写示例。长仿宋体例字如图 2-16 所示。

2）字母和数字书写示例。字母和数字分为 A 型和 B 型。A 型字体的笔画宽度（$d$）为字高（$h$）的 1/14，B 型字体笔画宽度（$d$）为字高（$h$）的 1/10。在同一图样上，只允许选用一种型式的字体。字母和数字可写成斜体或直体，但全图要统一。斜体字字头向右倾斜，与水平基准线成 75°，如图 2-17 所示。

（3）综合应用的规定

1）用作指数、分数、极限偏差、注脚等的数字及字母，一般采用小一号的字体，如图 2-18 所示。

10号字

字体工整笔画清楚间隔均匀排列整齐

7号字

横平竖直注意起落结构均匀填满方格

5号字

技术制图机械电子汽车航空船舶土木建筑矿山井坑港口纺织服装

3.5号字

螺纹齿轮端子接线飞行指导驾驶舱位挖填施工引水通风闸阀坝棉麻化纤

图 2-16　长仿宋体例字

图 2-17　A型字母和数字斜体和直体书写示例

$$80^{-0.03}_{-0.06} \quad 10^3 \quad D_1 \quad \phi 25 \frac{H6}{m5} \quad \frac{A}{5:1}$$

图 2-18　综合应用（一）

2）其他应用示例，如图 2-19 所示。

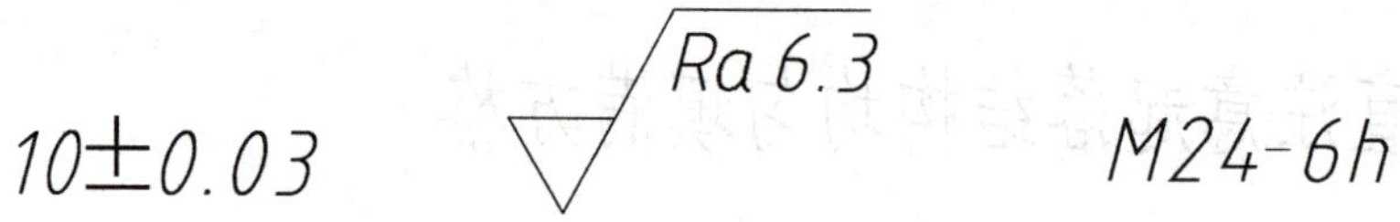

$$10\pm 0.03 \quad \sqrt{Ra\ 6.3} \quad M24\text{-}6h$$

图 2-19　综合应用（二）

注：GB/T 14665—2012《机械工程　CAD 制图规则》中规定，机械工程中 CAD 制图时，汉字、数字、字母一般应用直体。

### 4. 图线（GB/T 4457.4—2002）

图中采用各种型式的线，称为图线。

(1) 线型及应用　国家标准 GB/T 4457.4—2002《机械制图　图样画法　图线》规定了在机械图样中使用的 9 种图线，见表 2-3，图线应用示例如图 2-20 所示。

表 2-3　线型及应用

| 名称 | 线型 | 线宽 | 一般应用 |
| --- | --- | --- | --- |
| 粗实线 | ——————— | $d$ | 可见棱边线、可见轮廓线、相贯线、螺纹牙顶线、螺纹长度终止线、齿顶圆(线)、表格图及流程图中的主要表示线、系统结构线(金属结构工程)、模样分型线、剖切符号用线 |
| 细实线 | ——————— | $d/2$ | 过渡线、尺寸线、尺寸界线、指引线和基准线、剖面线，重合断面的轮廓线、短中心线、螺纹牙底线、尺寸线的起止线、表示平面的对角线、零件成形前的弯折线、范围线及分界线、重复要素表示线、锥形结构的基面位置线、叠片结构位置线、辅助线、不连续同一表面连线、成规律分布的相同要素连线、投射线、网格线 |
| 波浪线① |  〜〜〜〜 | $d/2$ | 断裂处的边界线、视图和剖视图的分界线 |
| 双折线① | 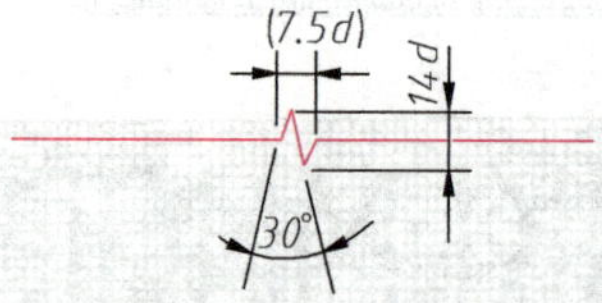 ——/\—— | $d/2$ | 断裂处的边界线、视图和剖视图的分界线 |
| 细虚线 | 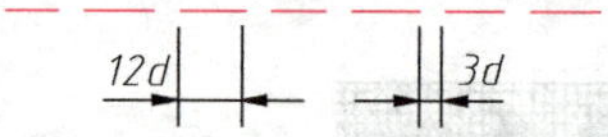 - - - - - - | $d/2$ | 不可见轮廓线、不可见棱边线 |
| 粗虚线 | - - - - - - | $d$ | 允许表面处理的表示线 |
| 细点画线 | 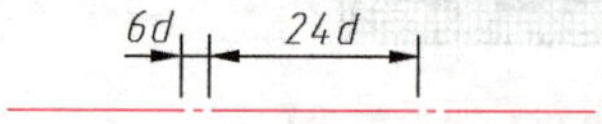 —·—·—·— | $d/2$ | 轴线、对称中心线、分度圆(线)、孔系分布的中心线、剖切线 |

(续)

| 名称 | 线型 | 线宽 | 一般应用 |
|---|---|---|---|
| 粗点画线 | —·—·—·—·— | d | 限定范围表示线 |
| 细双点画线 | ├─9d─┤ ├─24d─┤ | d/2 | 相邻辅助零件的轮廓线、可动零件的极限位置的轮廓线、重心线、成形前轮廓线、剖切面前的结构轮廓线、轨迹线、毛坯图中制成品的轮廓线、特定区域线、延伸公差带表示线、工艺用结构的轮廓线、中断线 |

① 在一张图样上一般采用一种线型，即采用波浪线或双折线。

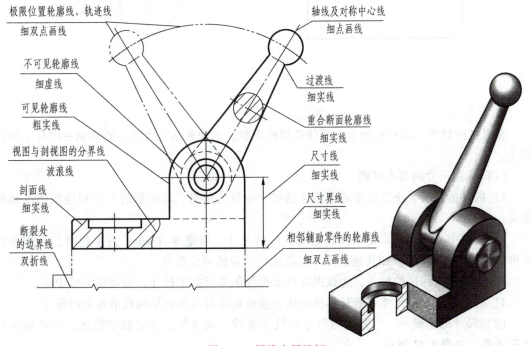

图 2-20　图线应用示例

（2）图线宽度　所有线型的图线宽度 $d$ 应按图样的类型和尺寸在下列数系中选择（该数系公比为 $1:\sqrt{2}$）：0.13mm、0.18mm、0.25mm、0.35mm、0.5mm、0.7mm、1.0mm、1.4mm、2.0mm。

机械图样上采用两类线宽，分粗、细两种，粗线的宽度为 $d$，细线的宽度约为 $d/2$。根据图形的大小和复杂程度，并考虑图样的复制条件，$d$ 在 0.5~2.0mm 范围内选用，一般选用 0.7mm。

（3）画图线时的注意事项

1）同一张图样中，同类图线的宽度基本一致。虚线、点画线和双点画线的线段长度和间隔，应各自大致相等。

2）两条平行线（包括剖面线）之间的距离，应不小于粗实线的两倍宽度，其最小距离不得小于 0.7mm。

3）轴线、对称中心线、双点画线应超出轮廓线 2~5mm。点画线和双点画线的末端应是线段，而不是短画。若圆的直径较小，两条细点画线可用细实线代替。

4）虚线、点画线与其他图线相交时，应在线段处相交，不应在空隙或短画处相交。当虚线是粗实线的延长线时，粗实线应画到分界点，而虚线与分界点之间应留有空隙，如图 2-21 所示。当虚线圆弧与虚线直线相切时，虚线圆弧的线段应画到切点处，虚线直线至切点之间应留有空隙。

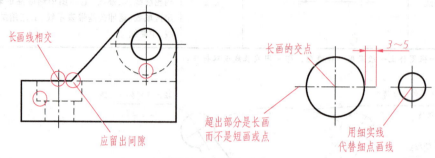

图 2-21　图线画法

### 5. 尺寸注法（GB/T 4458.4—2003）

在机械图样中，图形只能表达零件的结构形状，若要表达其大小，则必须在图样上标注尺寸。

（1）标注尺寸的基本规则

1）机件的真实大小应以图样上所注的尺寸数值为依据，与图形的大小和绘图的准确度无关。

2）图样中（包括技术要求和其他说明）的尺寸，以毫米（mm）为单位时，不需要标注单位符号（或名称）。如其他单位，则应注明相应的单位符号。

3）图样中所标注的尺寸，为该图样所示机件的最后完工尺寸，否则应另做说明。

4）机件的每一个尺寸一般只标注一次，并应标注在反映该结构最清晰的图形上。

（2）尺寸的组成　一个完整的尺寸由尺寸界线、尺寸线、尺寸数字组成，通常称为尺寸三要素，如图 2-22 所示。

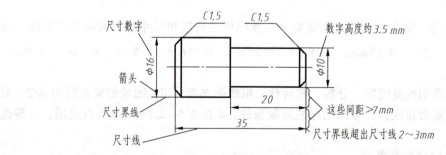

图 2-22　尺寸的组成

1）尺寸界线。尺寸界线表示尺寸的度量范围。尺寸界线用细实线绘制，并应由图形的轮廓线、轴线或对称中心线处引出，如图 2-22 所示。也可利用轮廓线、轴线或对称中心线作为尺寸界线。

① 尺寸界线一般应与尺寸线垂直，必要时才允许倾斜，一般超出尺寸线 2~3mm，如

图 2-22 所示。

② 在光滑过渡处标注尺寸时,应用细实线将轮廓线延长,从它们的交点处引出尺寸界线,如图 2-23 所示。

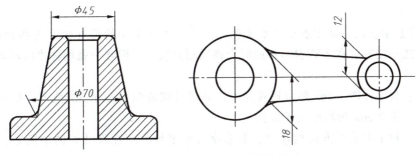

图 2-23　尺寸界线与尺寸线斜交的注法

2) 尺寸线。尺寸线表示尺寸度量的方向。尺寸线用细实线单独绘制,不能用其他图线代替,也不得与其他图线重合或画在其延长线上,如图 2-24a 所示。图 2-24b 所示为尺寸线错误画法示例。

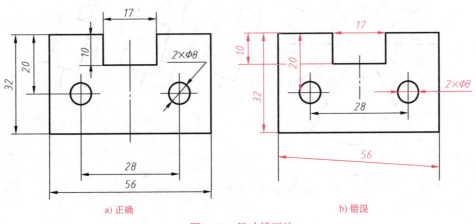

a) 正确　　　　　　　　　　　　　b) 错误

图 2-24　尺寸线画法

尺寸线终端可以有下列两种形式:
① 箭头:箭头的形式如图 2-25a 所示,适用于各种类型的图样。
② 斜线:斜线用细实线绘制,其方向和画法如图 2-25b 所示。当尺寸线的终端采用斜线形式时,尺寸线和尺寸界线应相互垂直。

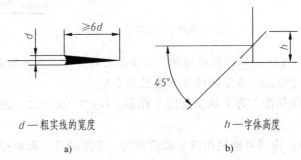

$d$—粗实线的宽度　　　　　　　　$h$—字体高度

a)　　　　　　　　　　　　　　b)

图 2-25　尺寸线终端的箭头

注：当尺寸线与尺寸界线相互垂直时，同一张图样中只能采用一种尺寸线终端形式；标注线性尺寸时，尺寸线应与其所标注的线段平行，如图2-24a所示；几条互相平行的尺寸线，距离应不小于7mm，一般是大尺寸注在小尺寸的外面，以免尺寸线与尺寸界线相交，如图2-22所示。

3）尺寸数字。尺寸数字表示尺寸度量的大小。线性尺寸的尺寸数字有两种注写方法，一般采用方法一注写，在不致引起误解时允许采用方法二，但在一张图样中应尽可能采用同一种方法。

方法一：数字按图2-26a所示形式注写，并尽可能避免在图示30°范围内标注尺寸，无法避免时，可图2-26b所示形式予以标注。

方法二：对于非水平方向的尺寸，其数字可水平地注写在尺寸线的中断处，如图2-27所示。

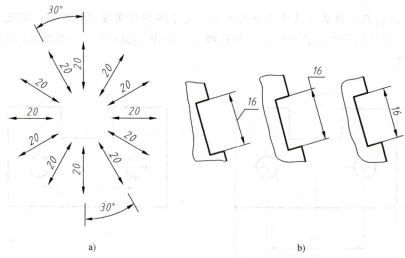

图2-26　线性尺寸的尺寸数字注写方法

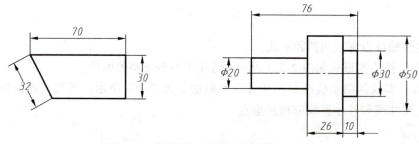

图2-27　非水平方向的尺寸数字注写方法

注：尺寸数字不可被任何图线所通过，无法避免时，可将图线断开，如图2-28所示。

（3）常见的尺寸标注　常见的尺寸标注见表2-4。

（4）尺寸的简化标注　为了减少绘图工作量，GB/T 16675.2—2012规定了有关尺寸的简化注法。

1）标注尺寸时，应尽可能使用符号和缩写词。常用的符号和缩写词见表2-5。

2）标注尺寸时其格式的简化见表2-6。

项目二 识读和绘制图样的基本知识和技能

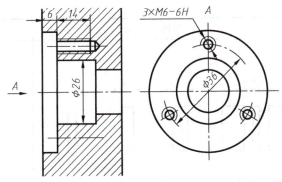

图 2-28 尺寸数字不能被任何图线通过

表 2-4 常见的尺寸标注

| 项目 | 图例 | 尺寸注法 |
|---|---|---|
| 圆与大于半圆的圆弧标注直径 | φ30, φ40, φ30 的图例 | 标注整圆的直径尺寸时，以圆周为尺寸界线，尺寸线通过圆心，并在尺寸数字前加注直径符号"φ"<br>标注大于半圆的圆弧直径时，其尺寸线应画至略超过圆心，只在尺寸线一端画箭头指向圆弧 |
| 小于或等于半圆的圆弧标注半径 | a) R20、R30、R24；b) R80；c) SR64 | 标注圆弧半径时，尺寸线应从圆心出发引向圆弧，只画一个箭头，并在尺寸数字前加注半径符号"R"，如图 a 所示<br>当圆弧半径过大或在图纸范围内无法标出圆心位置时，可按图 b 所示用折线的形式标注<br>当不需要标出圆心位置时，尺寸线只画靠近箭头的一段，如图 c 所示 |
| 球面 | Sφ30、SR30 | 标注球面的直径或半径尺寸时，应在尺寸数字前加注直径符号"Sφ"或半径符号"SR" |

21

(续)

| 项目 | 图例 | 尺寸注法 |
|---|---|---|
| 小尺寸 | 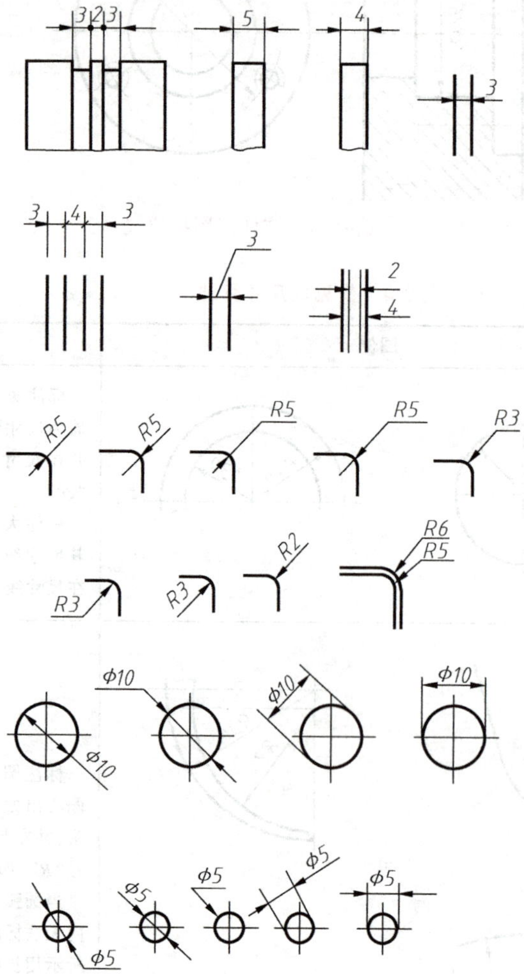 | 在没有足够的位置画箭头或注写数字时，可按图示形式标注；对于一连串的小尺寸，中间允许用圆点(大小应与箭头尾部的宽度相同)或斜线代替箭头，但最外两端箭头仍应画出<br>当直径或半径尺寸较小时，箭头和数字都可以都可以布置在圆弧外面 |
| 对称图形 | 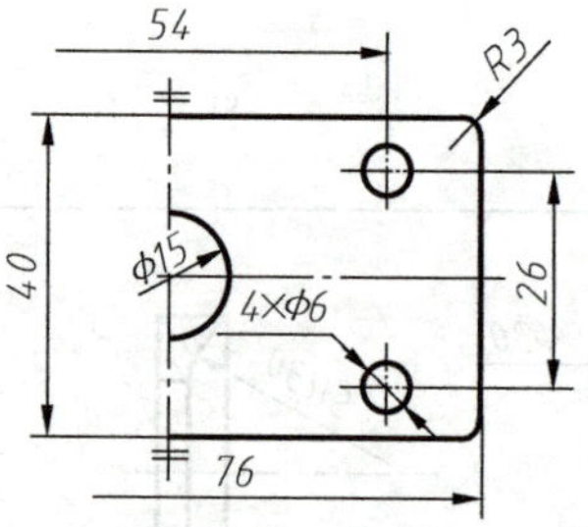 | 对于对称图形，应把尺寸标注为对称分布，当对称机件的图形只画出一半或略大于一半时，尺寸线应略超过对称中心线、断裂处的边界，此时仅在尺寸线的一端画出箭头 |

(续)

| 项目 | 图例 | 尺寸注法 |
|---|---|---|
| 角度 | 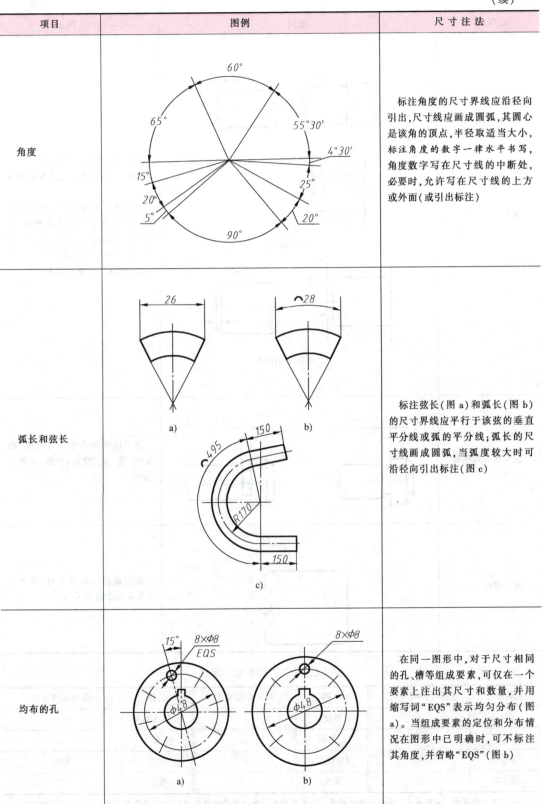 | 标注角度的尺寸界线应沿径向引出,尺寸线应画成圆弧,其圆心是该角的顶点,半径取适当大小,标注角度的数字一律水平书写,角度数字写在尺寸线的中断处,必要时,允许写在尺寸线的上方或外面(或引出标注) |
| 弧长和弦长 |  | 标注弦长(图 a)和弧长(图 b)的尺寸界线应平行于该弦的垂直平分线或弧的平分线;弧长的尺寸线画成圆弧,当弧度较大时可沿径向引出标注(图 c) |
| 均布的孔 |  | 在同一图形中,对于尺寸相同的孔、槽等组成要素,可仅在一个要素上注出其尺寸和数量,并用缩写词"EQS"表示均匀分布(图 a)。当组成要素的定位和分布情况在图形中已明确时,可不标注其角度,并省略"EQS"(图 b) |

(续)

| 项目 | 图例 | 尺寸注法 |
|---|---|---|
| 倒角 | 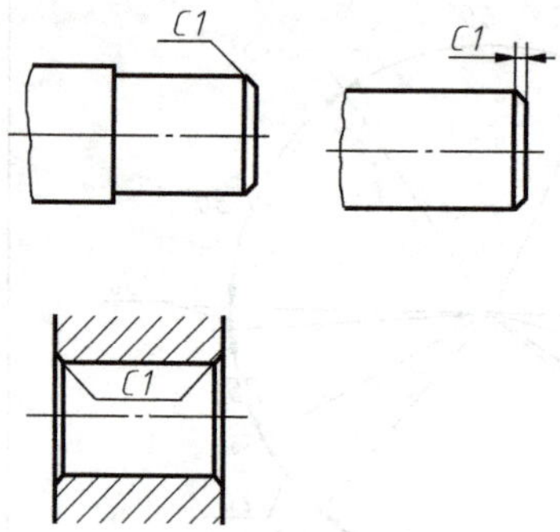 a) 45°的倒角 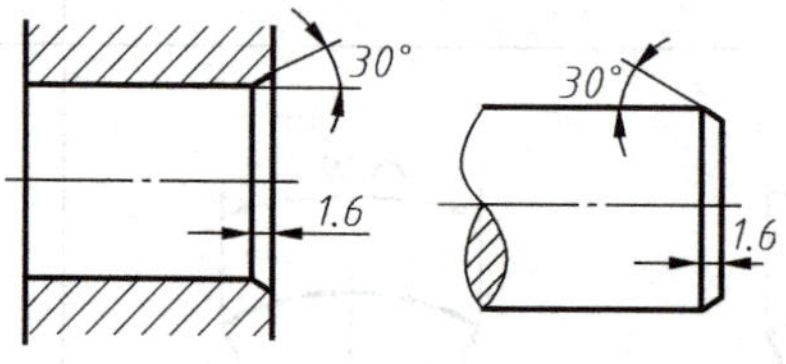<br>b) 非45°的倒角 | 45°的倒角可按图 a 的形式标注,非45°的倒角应按图 b 的形式标注<br>若图样中圆角或倒角的尺寸全部相同或某个尺寸占多数时,可在图样空白处做总的说明,如"全部圆角 R4""全部倒角 C1.5""其余圆角 R4""其余倒角 C1"等 |
| 退刀槽和越程槽 | 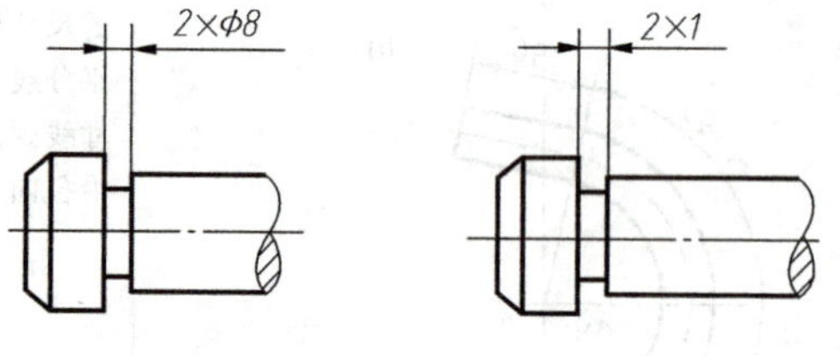  | 退刀槽和越程槽一般可按"槽宽×直径"或"槽宽×槽深"的形式标注 |
| 板状零件 | 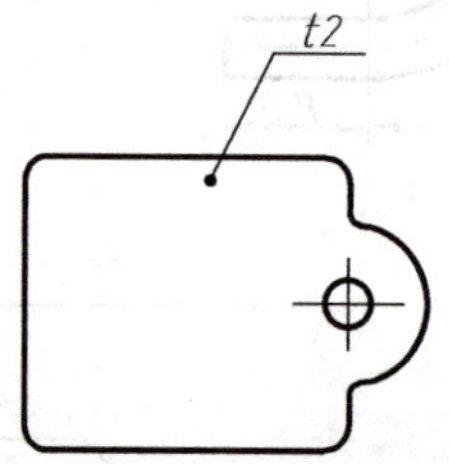  | 标注板状零件厚度时,可在尺寸数字前加注符号"t" |

表2-5 常用的符号和缩写词

| 名称 | 符号和缩写词 | 名称 | 符号和缩写词 | 名称 | 符号和缩写词 |
|---|---|---|---|---|---|
| 直径 | $\phi$ | 厚度 | $t$ | 沉孔或锪平 | ⊔ |
| 半径 | $R$ | 正方形 | □ | 埋头孔 | ∨ |
| 球直径 | $S\phi$ | 45°倒角 | $C$ | 均布 | EQS |
| 球半径 | $SR$ | 深度 | ↧ | 弧长 | ⌒ |

注:正方形符号、深度符号、沉孔或锪平符号、埋头孔符号、弧长符号的线宽为 $h/10$,符号高度为 $h$($h$ 为图样中字高)。

## 表2-6 尺寸的简化标注

| 序号 | 简化后 | 简化前 | 说明 |
|---|---|---|---|
| 1 |  |  | 标尺寸时,可以采用带箭头的指引线 |
| 2 |  |  | 标尺寸时,也可以采用不带箭头的指引线 |
| 3 |  |  | 一组同心圆弧或圆心位于一条直线上的多个不同心圆弧的尺寸,可用共用的尺寸线和箭头依次表示 |
| 4 |  |  | 一组同心圆或尺寸较多的台阶孔的尺寸,可用共用的尺寸线和箭头依次表示 |

**任务实施：**

画图步骤如下：

1. **做好准备工作**

备好绘图工具，削好铅笔，准备好图纸。

2. **选择图纸幅面**

根据所绘图形的多少、大小和比例确定合适的图幅。按照 1∶1 的比例画带轮零件图需选用 A4 图纸。

3. **固定图纸**

使丁字尺尺头紧靠图板左边，将图纸按尺身找正后用不干胶纸固定在图板上。注意使图纸下边与图板下边之间保留 1~2 个丁字尺尺身宽度的距离。绘制较小图样时，图纸尽量靠左固定。

4. **画图框和标题栏**

按无装订边，图框周边应留 10mm。

5. **布图和画底稿**

画各图形的基准线（中心线、对称线、某一基面的投射线），如图 2-29a 所示；画各图形的主要轮廓线，如图 2-29b 所示；最后画细节，如图 2-29c 所示。绘制底稿时用 2H 铅笔，画线尽量细和轻，以便修改。

6. **加深**

加深粗实线时先圆弧后直线，加深直线时先横线、后竖线、再斜线，由上至下、由左至

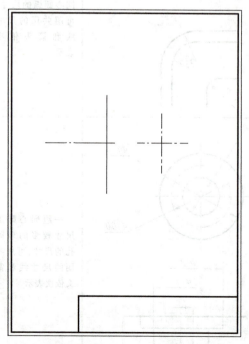

a) 画中心线、对称线、右端面的投射线

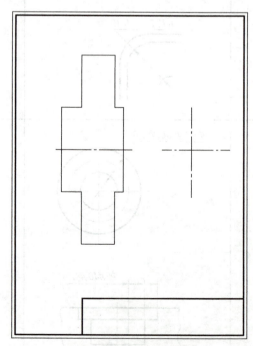

b) 画各图形的主要轮廓线

图 2-29　画底稿的步骤

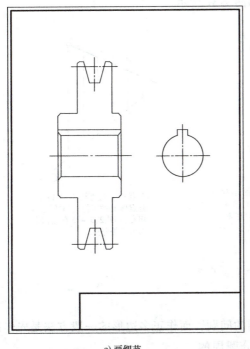
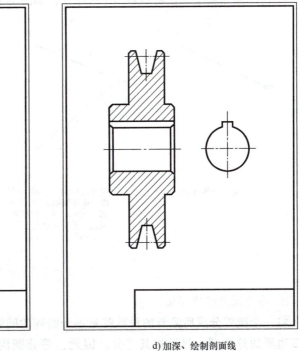

c）画细节　　　　　　　　　　　　　d）加深、绘制剖面线

图 2-29　画底稿的步骤（续）

右进行。加深细实线、细虚线时的顺序与粗实线相同。加深中心线，绘制剖面线，如图 2-29d 所示。

**7. 标注尺寸等**

绘制尺寸界线、尺寸线及箭头；注写尺寸数字，书写其他文字、符号；填写标题栏，完成全图，如图 2-1 所示。

## 任务二　抄画吊钩平面图形

**任务分析**：抄画图 2-30 所示吊钩平面图形，除运用前文提及的内容以外，由于吊钩还有圆弧连接，所以画图时还要掌握平面几何图形的作图方法。

**基本知识**：

### 一、常用几何图形的作图方法

**1. 等分线段**

等分线段就是将一已知线段分成需要的份数。若该线段能被等分数整除，则可直接用三角板将其等分；若不能整除，则可采用作辅助线的方法等分，用此种方法也可将一条直线段分成任意比的多段。

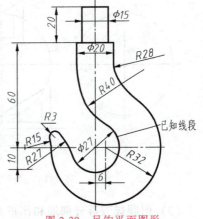

图 2-30　吊钩平面图形

【例】 试用辅助线法将线段 AB 六等分，如图 2-31 所示。

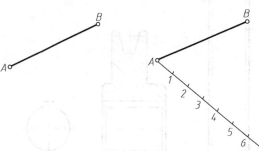

a) 已知线段 AB

b) 过线段的端点 A (或 B) 任作一条直线如 AC；自点 A 起在直线 AC 上，以任意长度为单位截取六个等分点，得 1、2、3、4、5、6 点

c) 连接 B6，过直线 AC 上各等分点作 B6 的平行线与线段 AB 相交，得 1′、2′、3′、4′、5′交点，即为所求等分点

图 2-31 等分线段的步骤

### 2. 等分圆周和作多边形

将一个圆等分成所需要的份数就是等分圆周的问题，而作正多边形的一般方法是先作出正多边形的外接圆，然后将其等分。因此，等分圆周的作图包含作正多边形的问题。

较常用的等分有三等分、六等分、五等分，下面分别予以介绍。

（1）三等分圆周和作等边三角形　其步骤如图 2-32 所示。

（2）六等分圆周和作正六边形

1）用丁字尺、三角板六等分圆周和作正六边形，如图 2-33 所示。

2）用圆规六等分圆周和作正六边形，如图 2-34 所示。

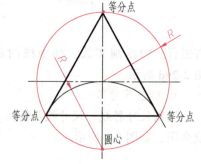

图 2-32 三等分圆周和作等边三角形的步骤

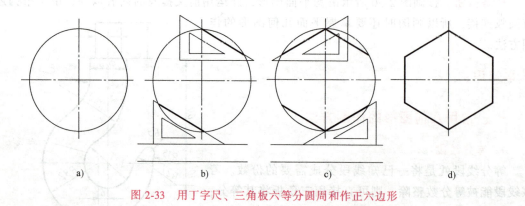

图 2-33 用丁字尺、三角板六等分圆周和作正六边形

（3）用圆规五等分圆周和作正五边形　其步骤如图 2-35 所示。

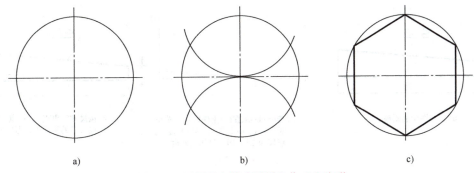

图 2-34 用圆规六等分圆周和作正六边形

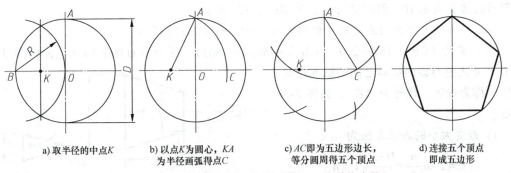

a) 取半径的中点K  　b) 以点K为圆心，KA 为半径画弧得点C  　c) AC即为五边形边长，等分圆周得五个顶点  　d) 连接五个顶点即成五边形

图 2-35 用圆规五等分圆周和作正五边形的步骤

### 3. 斜度和锥度

（1）斜度（GB/T 4096—2001 和 GB/T 4458.4—2003） 两指定截面的棱体高 $H$ 和 $h$ 之差与该两截面之间的距离 $L$ 之比，称为斜度，代号为"$S$"，如图 2-36a 所示。

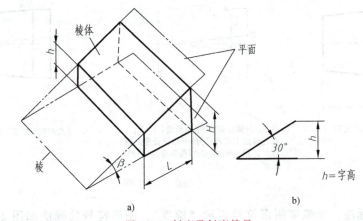

图 2-36 斜度及斜度符号

1）斜度大小的表示方法为

$$S = \tan\beta = \frac{H-h}{L}$$

通常把比例的前项化为1，以简单分数 $1:n$ 的形式来表示斜度。

2）斜度的作图步骤如图 2-37 所示。

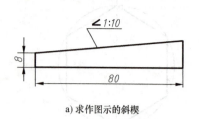
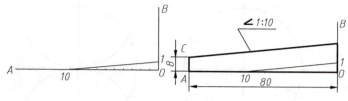

a) 求作图示的斜楔　　b) 作$OB \perp OA$，在$OA$上任取10个单位长度，在$OB$上取1个单位长度，连接点10和点1，即为1:10的斜度　　c) 按尺寸定出点$C$，过点$C$作线10-1的平行线，即完成作图

图 2-37　斜度的作图步骤

3) 斜度的标注。用斜度图形符号表示"斜度"，图形符号的画法如图 2-36b 所示，斜度符号的线宽为 $h/10$。斜度的标注方法如图 2-37c 所示。

注：符号的尖端方向应与斜度倾斜方向一致，如图 2-37c 所示。

（2）锥度（GB/T 157—2001、GB/T 4458.4—2003）　两个垂直圆锥轴线截面的圆锥直径 $D$ 和 $d$ 之差与该两截面之间的轴向距离 $L$ 之比，称为锥度，代号为"$C$"，如图 2-38a 所示。

1) 锥度大小的表示方法为

$$C = 2\tan\frac{\alpha}{2} = \frac{D-d}{L} = 1:n$$

锥度一般用比例或分式形式表示。

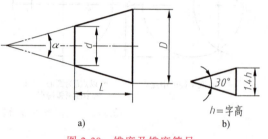

图 2-38　锥度及锥度符号

2) 锥度的作图步骤如图 2-39 所示。

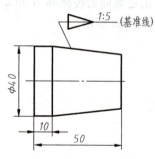
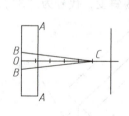
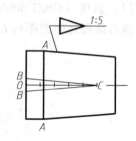

a) 求作图示的图形　　b) 从点$O$开始任取5个单位长度，得点$C$，在左端面上取直径为1个单位长度，得点$B$，连接点$B$和点$C$，即得锥度为1:5的圆锥　　c) 过点$A$作$BC$的平行线，即完成作图

图 2-39　锥度的作图步骤

3) 锥度的标注。用锥度图形符号表示"锥度"，图形符号的画法如图 2-38b 所示，锥度符号的线宽为 $h/10$；锥度的标注方法如图 2-39c 所示。

注：符号的尖端方向应指向锥度的小头方向，基准线应与圆锥轴线平行，如图 2-39c 所示。

**4. 圆的切线**

1) 过圆外一点作圆的切线，方法如图 2-40 所示。
2) 作两圆的外公切线，方法如图 2-41 所示。

3) 作两圆的内公切线，方法如图 2-42 所示。

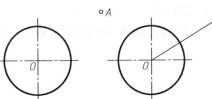 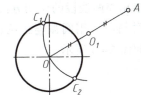 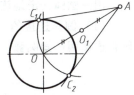

a) 已知圆 $O$ 和圆外一点 $A$　　b) 作点 $A$ 与圆心 $O$ 的连线　　c) 以 $OA$ 的中点 $O_1$ 为圆心、$OO_1$ 为半径画弧，与已知圆 $O$ 相交于点 $C_1$ 和点 $C_2$　　d) 分别连接点 $A$ 和点 $C_1$、点 $A$ 和点 $C_2$，$AC_1$ 和 $AC_2$ 即为所求切线

图 2-40　过圆外一点作圆的切线

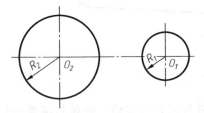 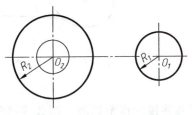

a) 已知两圆 $O_1$、$O_2$　　b) 以点 $O_2$ 为圆心，$R_2-R_1$ 为半径作辅助圆

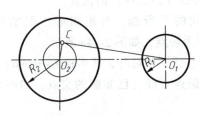 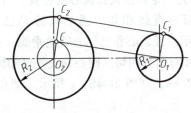

c) 过圆心 $O_1$ 作辅助圆的切线 $O_1C$　　d) 连接点 $O_2$ 和点 $C$ 并延长，使其与圆 $O_2$ 相交于点 $C_2$；作 $O_1C_1 // O_2C_2$，连线 $C_1C_2$ 即为所求的公切线

图 2-41　作两圆的外公切线

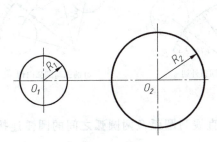 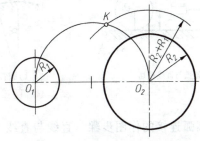

a) 已知两圆 $O_1$、$O_2$　　b) 以 $O_1O_2$ 为直径作辅助圆；以点 $O_2$ 为圆心，$R_1+R_2$ 为半径画弧，与辅助圆相交于点 $K$

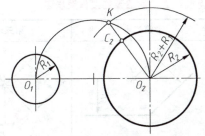 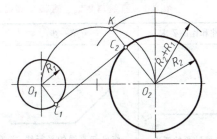

c) 连接点 $O_2$ 和点 $K$，与圆 $O_2$ 相交于点 $C_2$　　d) 作 $O_1C_1 // O_2C_2$，连线 $C_1C_2$ 即为所求内公切线

图 2-42　作两圆的内公切线

**5. 圆弧连接**

用一圆弧光滑地连接相邻两线段的作图方法，称为圆弧连接。

(1) 圆弧连接的三种情况　用圆弧连接两已知直线；用圆弧连接一直线和一圆弧；用圆弧连接两已知圆弧，如图 2-43 所示。

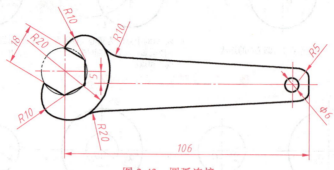

图 2-43　圆弧连接

(2) 圆弧连接的作图原理　圆弧连接的实质是圆弧与直线、圆弧与圆弧相切。因此，作图时必须先确定连接圆弧圆心的位置，再确定切点（连接点）的位置。

1) 圆弧与直线相切。圆心轨迹是已知直线的平行线，其距离等于圆的半径，如图 2-44a 所示。过圆心作已知直线的垂线，垂足即为切点，如图 2-44a 所示。

2) 圆弧与圆弧相切。圆心轨迹是已知圆的同心圆，外切时，其半径 $L=R_1+R$；内切时，其半径 $L=R_1-R$，如图 2-44b、c 所示。切点是两圆连心线与已知圆的交点，如图 2-44b、c 所示。

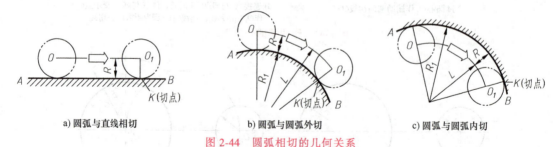

a) 圆弧与直线相切　　b) 圆弧与圆弧外切　　c) 圆弧与圆弧内切

图 2-44　圆弧相切的几何关系

(3) 圆弧连接的作图步骤　直线与直线、直线与圆弧及两圆弧之间的圆弧连接作图步骤见表 2-7。

表 2-7　直线与直线、直线与圆弧及两圆弧之间的圆弧连接作图步骤

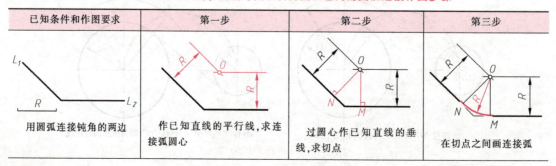

| 已知条件和作图要求 | 第一步 | 第二步 | 第三步 |
|---|---|---|---|
| 用圆弧连接钝角的两边 | 作已知直线的平行线，求连接弧圆心 | 过圆心作已知直线的垂线，求切点 | 在切点之间画连接弧 |

(续)

| 已知条件和作图要求 | 第一步 | 第二步 | 第三步 |
|---|---|---|---|
| 用圆弧连接锐角的两边 | 作已知直线的平行线,求连接弧圆心 | 过圆心作已知直线的垂线,求切点 | 在切点之间画连接弧 |
| 用圆弧连接直角的两边 | 直接用连接弧半径求切点 | 再用连接弧半径求连接弧圆心 | 在切点之间画连接弧 |
| 用圆弧连接直线和圆弧 | 作平行线和同心圆,求连接弧圆心 | 作垂线和连心线,求切点 | 在切点之间画连接弧 |
| 与两已知圆弧外切 | 分别作同心圆,求连接弧圆心 | 分别作连心线,求切点 | 在切点之间画连接弧 |
| 与两已知圆弧内切 | 分别作同心圆,求连接弧圆心 | 分别作连心线,求切点 | 在切点之间画连接弧 |

(续)

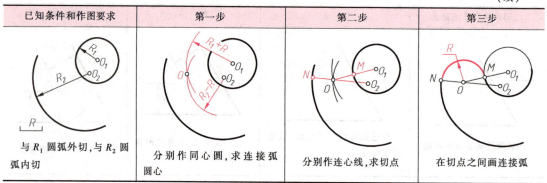

## 6. 椭圆画法

椭圆是常见的非圆曲线。已知椭圆的长轴和短轴，可用不同的方法近似地画出椭圆，下面只介绍四心近似画法，步骤如图 2-45 所示。

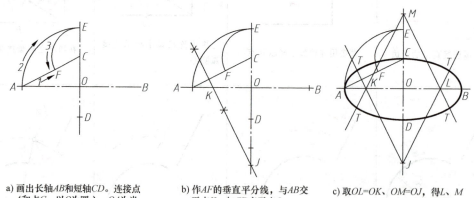

a) 画出长轴AB和短轴CD。连接点A和点C。以O为圆心，OA为半径画$\overset{\frown}{AE}$；再以C为圆心，CE为半径画$\overset{\frown}{EF}$

b) 作AF的垂直平分线，与AB交于点K，与CD交于点J

c) 取OL=OK、OM=OJ，得L、M点，分别以点J和点M为圆心，JC为半径画大弧。再分别以点K和点L为圆心，KA为半径画小弧，切点T位于圆心连线上

图 2-45 椭圆的四心近似画法

## 二、平面图形分析

平面图形是由许多线段连接而成的，这些线段之间的相对位置和连接关系由给定的尺寸来确定。画平面图形时，只有通过分析尺寸，确定线段的性质，才能明确作图顺序，正确画出图形。

### 1. 平面图形的尺寸分析

平面图形中所注的尺寸，按其作用可分为两类。

（1）定形尺寸  确定平面图形上几何元素大小的尺寸，称为定形尺寸，如图 2-30 中的 $\phi15$、$\phi20$、20 和 $R28$ 等尺寸。

（2）定位尺寸  确定几何元素位置的尺寸，称为定位尺寸，如圆心的位置、直线的位置等，图 2-30 中的 60、10 和 6 等尺寸即定位尺寸。

### 2. 平面图形的线段分析

（1）已知线段  注有完全的定形尺寸和定位尺寸，作图时，根据这些尺寸不依靠与其

他线段的连接关系,即可画出。对圆弧来说,就是半径和圆心的两个方向定位尺寸都齐全的圆弧,如图2-30中的ϕ27及R32。

(2) 中间线段　标注尺寸不完全,需一端相邻线段作出后,依靠与该线段的连接关系才能确定画出。对圆弧来说,常见的是给出半径和圆心的一个定位尺寸,如图2-30中R15和R27两个圆弧。

(3) 连接线段　标注尺寸不完全,需与其相邻两段线段作出后,依靠两个连接关系才能画出。对于圆弧来说,已给出一个半径,如图2-46中R3、R28和R40等圆弧。

**任务实施:**

画吊钩平面图形与任务一中的画图步骤基本相同。画底稿时方法稍有不同,画吊钩底稿的步骤如图2-46所示。

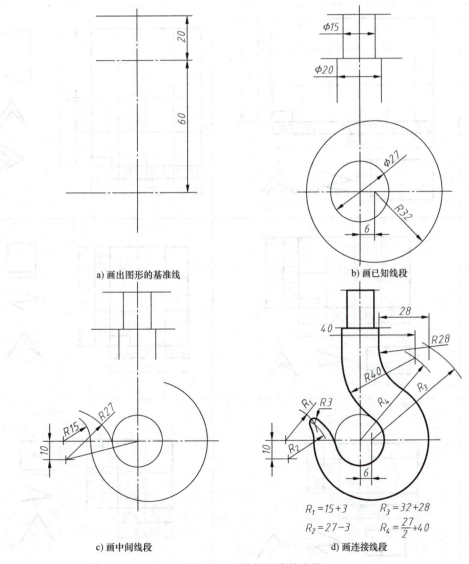

图2-46　画吊钩底稿的步骤

注：作图时得出的尺寸不用标注。

## 项目知识扩展　图纸的叠法

GB/T 10609.3—2009 中规定了复制图的折叠方法。折叠后的图纸幅面应是基本图幅的一种，一般是 A4 或 A3 的规格，以便放入文件袋或装订成册保存。折叠时，复制图纸正面应向外折，并以手风琴式的方法折叠；折叠后复制图纸上的标题栏露在外面，以便查阅。复制图的折叠方法按要求可分为需装订成册和不装订成册两种形式。表 2-8 列出了不装订成册的复制图折成 A4 幅面的方法，图中折线旁边的数字表示折叠的顺序。

表 2-8　复制图的叠法

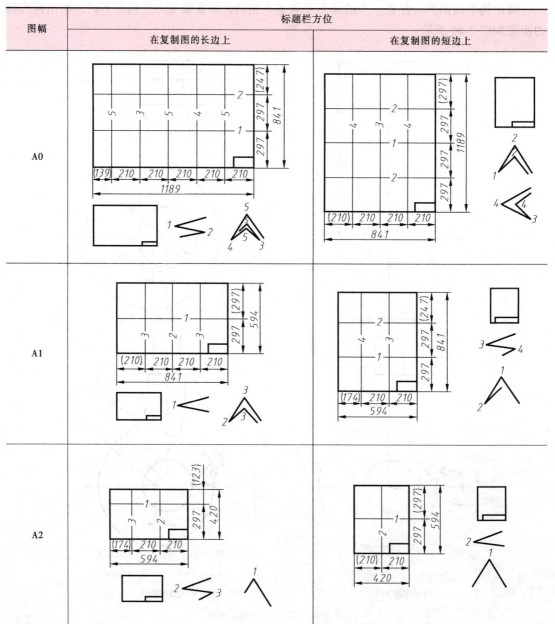

（续）

| 图幅 | 标题栏方位 | |
|---|---|---|
| | 在复制图的长边上 | 在复制图的短边上 |
| A3 | | |

# 项目三

## 识读和绘制零件三视图

### 基本知识学习导航

本项目重点知识：点、线、面的投影特性；基本体的投影及尺寸注法；截交线和相贯线的画法；组合体三视图的画法、尺寸注法及识读；轴测图的画法；草图的画法。

1. 投影基础

掌握点、线、面的投影规律，会画投影图和立体图。

2. 基本体

掌握棱柱、棱锥、圆柱、圆锥和球体的投影及尺寸注法。

3. 截交线和相贯线

截交线：截平面与立体表面的共有线。

相贯线：两立体表面的共有线。

学会绘制两种交线的投影。

4. 组合体

组合体：由一些基本体按照一定的连接方式组合而成。

学会组合体三视图的画法、尺寸注法及识读。

5. 轴测图

轴测图是一种单面投影图，在一个投影面上能同时反映出物体三个坐标面的形状，富有立体感。熟练掌握正等轴测图的画法。

6. 徒手绘图

掌握徒手画直线、角度、圆、椭圆及轴测图的方法。

### 任务一　绘制切块三视图并找出指定直线或平面的投影

**任务分析**：图 3-1 所示为切块模型立体图。视图是零件从立体转化到平面图的基本方法，也是工程图样中常用的零件表达的方法。零件三视图及组成零件的基本几何元素点、线、面的投影都是用正投影法绘制的。因此，完成该任务必须掌握正投影法和三视图形成的有关知识，以及点、线、面的投影特点。

**基本知识：**

## 一、投影法及三视图

### 1. 概述

投影法是指投射线通过物体，向选定的面投射，并在该面上得到图形的方法。

如图 3-2 所示，设定平面 $P$ 为投影面，所有投射线的起源点 $S$ 为投射中心。过空间点 $A$ 由投射中心可引直线 $SA$，$SA$ 为称投射线。投射线 $SA$ 与投影面 $P$ 的交点 $a$，称为空间点 $A$ 在投影面上的投影。同理，点 $b$ 是空间点 $B$ 在投影面 $P$ 上的投影（注：空间点以大写字母表示，如 $A$、$B$、$C$，其投影用相应的小写字母表示，如 $a$、$b$、$c$）。

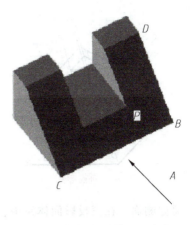

图 3-1 切块模型立体图

### 2. 投影法分类

（1）中心投影法　投射线均从投射中心出发的投影法，称为中心线投影法，如图 3-2 和图 3-3 所示。

图 3-2 投影法

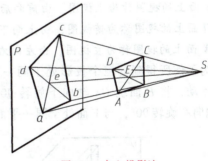

图 3-3 中心投影法

（2）平行投影法　假设将投射中心 $S$ 移至无限远处，则投射线相互平行。这种投射线相互平行的投影方法，称为平行投影法。根据投射线与投影面的相对位置，平行投影法又分为：

1）斜投影法。投射线与投影面相倾斜的平行投影法，称为斜投影法。由斜投影法得到的图形，称为斜投影，如图 3-4 所示。

2）正投影法。投射线与投影面相垂直的平行投影法，称为正投影法。由正投影法得到的图形，称为正投影，如图 3-5 所示。由于正投影法得到的投影能反映物体的真实形状和大小，度量性好，作图简便，所以绘制工程图样时主要用正投影，今后如不做特别说明，"投影"即指"正投影"。

### 3. 三视图的形成

根据有关标准和规定，用正影法所绘出的物体的图形称为视图。

（1）三投影面体系　如图 3-6 所示，三投影面体系由三个相互垂直的投影面组成。其中 $V$ 面称为正立投影面，简称正面；$H$ 面称为水平投影面，简称水平面；$W$ 面称为侧立投影

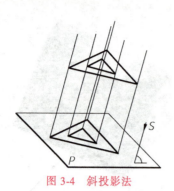

图 3-4　斜投影法

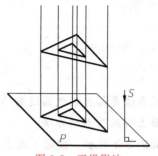

图 3-5　正投影法

面,简称侧面。在三投影面体系中,两投影面的交线称为投影轴,$V$ 面与 $H$ 面的交线为 $OX$ 轴,$H$ 面与 $W$ 面的交线为 $OY$ 轴,$V$ 面与 $W$ 面的交线为 $OZ$ 轴。三条投影轴的交点为原点,记为"$O$"。三个投影面把空间分成八个部分,称为八个分角。分角 Ⅰ、Ⅱ、Ⅲ、Ⅳ……Ⅷ 的划分顺序如图 3-6 所示,我国采用第一分角的三个投影面。

(2) 三视图的形成　如图 3-7a 所示,将物体放在第一分角三投影面体系内,分别向三个投影面投射,这样便得到物体的三个视图。

$V$ 面上的视图称为主视图,由前向后投射所得;

$H$ 面上的视图称为俯视图,由上向下投射所得;

$W$ 面上的视图称为左视图,由左向右投射所得。

为了使所得到的三个投影处于同一平面上,$V$ 面保持不动,将 $H$ 面绕 $OX$ 轴向下旋转 90°,将 $W$ 面绕 $OZ$ 轴向右旋转 90°,与 $V$ 面处于同一平面上,如图 3-7b、c 所示。在画视图时,投影面的边

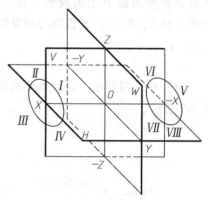

图 3-6　三投影面体系

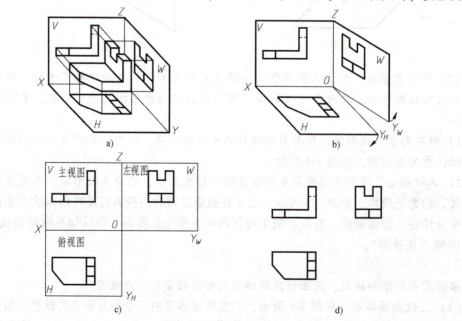

图 3-7　三视图的形成

框及投影轴不必画出。

#### 4. 三视图之间的关系

（1）三个视图的位置关系　主视图定位后，俯视图在主视图的正下方，左视图在主视图的正右方，三个视图的相对位置如图 3-7d 所示，三个视图的名称均不必标注。

（2）三个视图的尺寸关系　物体有长、宽、高三个方向的尺寸。物体最左和最右间的距离（沿 $X$ 轴方向）为长度；最前和最后间的距离为宽度（沿 $Y$ 轴方向）；最上和最下间的距离为高度（沿 $Z$ 轴方向），如图 3-8 所示。主视图和俯视图都反映物体的长，主视图和左视图都反映物体的高，俯视图和左视图都反映物体的宽。三个视图之间的尺寸关系可归纳为：

主视图、俯视图长对正；

主视图、左视图高平齐；

俯视图、左视图宽相等。

这种"三等"关系是三视图的重要特性，也是画图和识图的主要依据。

（3）三视图与物体方位的对应关系　一物体有上、下、左、右、前、后六个方位，如图 3-8 所示。

主视图反映物体的左右和上下关系；

左视图反映物体的上下和前后关系；

俯视图反映物体的左右和前后关系。

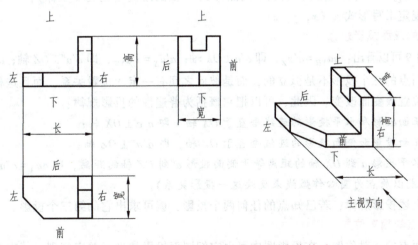

图 3-8　三视图之间的度量对应关系和方位关系

### 二、点的投影

#### 1. 点的三面投影与点的直角坐标

点的投影仍是点。如图 3-9a 所示，假设空间有一点 $A$，过点 $A$ 分别向 $H$ 面、$V$ 面和 $W$ 面作垂线，得到三个垂足 $a$、$a'$、$a''$，便是点 $A$ 在三个投影面上的投影。

注：用大写字母（如 $A$）表示空间点，它的水平投影、正面投影和侧面投影分别用相应的小写字母、小写字母加一撇、小写字母加两撇（如 $a$、$a'$ 和 $a''$）表示。

根据三面投影图的形成规律将其展开（图 3-9b），去掉边框就得到图 3-9c 所示的点 $A$ 的

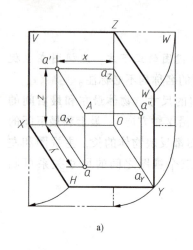 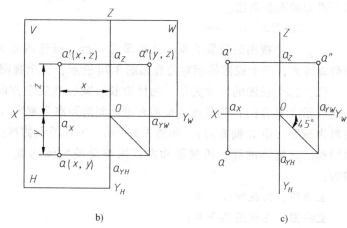

a) b) c)

图 3-9 第一分角内点的投影图

三面投影图。

从图 3-9a、b 可以看出，$Aa$、$Aa'$、$Aa''$ 分别为点 $A$ 到 $H$、$V$、$W$ 面的距离，即

$Aa = a'a_X = a''a_Y$（即 $a''a_{YW}$），反映空间点 $A$ 到 $H$ 面的距离（均为 $z$ 坐标）；

$Aa' = aa_X = a''a_Z$，反映空间点 $A$ 到 $V$ 面的距离（均为 $y$ 坐标）；

$Aa'' = a'a_Z = aa_Y$（即 $a_{YH}$），反映空间点 $A$ 到 $W$ 面的距离（均为 $x$ 坐标）；

可用规定书写形式 $A\ (x,\ y,\ z)$。

### 2. 点的三面投影规律

由图 3-9 可以看出：$aa_{YH} = a'a_Z$，即 $a'a \perp OX$ 轴；$a'a_X = a''a_{YW}$，即 $a'a'' \perp OZ$ 轴；$aa_X = a''a_Z$。

这说明点的三个投影不是孤立的，而是彼此之间有一定的位置关系，而且这种关系不因空间点的位置改变而改变。因此，可以把它概括为普遍性的投影规律：

点的正面投影和水平投影的连线垂直于 $OX$ 轴，即 $a'a \perp OX$ 轴；

点的正面投影和侧面投影的连线垂直于 $OZ$ 轴，即 $a'a'' \perp OZ$ 轴；

点的水平投影 $a$ 到 $OX$ 轴的距离等于侧面投影 $a''$ 到 $OZ$ 轴的距离，即 $aa_X = a''a_Z$（可以用 45°辅助线或以原点为圆心作弧线来反映这一投影关系）。

根据上述投影规律，若已知点的任何两个投影，就可求出它的第三个投影。

### 3. 两点的相对位置

空间两点的相对位置，在投影图中可由它们同面投影的坐标差来判别。其中左右位置由 $x$ 坐标判别，距 $W$ 面远者在左（$x$ 坐标大），近者在右（$x$ 坐标小）；前后位置由 $y$ 坐标判别，距 $V$ 面远者在前（$y$ 坐标大），近者在后（$y$ 坐标小）；上下位置由 $z$ 坐标判别，距 $H$ 面远者在上（$z$ 坐标大），近者在下（$z$ 坐标小）。

如图 3-10 所示，已知空间两点的投影，即点 $A$ 的三个投影 $a$、$a'$、$a''$ 和点 $B$ 的三个投影 $b$、$b'$、$b''$，用 $A$、$B$ 两点同面投影坐标差就可判别 $A$、$B$ 两点的相对位置。由于 $x_A > x_B$，表示点 $B$ 在点 $A$ 的右方；$z_B > z_A$，表示点 $B$ 在点 $A$ 的上方；$y_A > y_B$，表示点 $B$ 在点 $A$ 的后方。总起来说，就是点 $B$ 在点 $A$ 的右、后、上方。

### 4. 重影点

若空间两点在某一投影面上的投影重合，则这两点是该投影面的重影点。这时，空间两

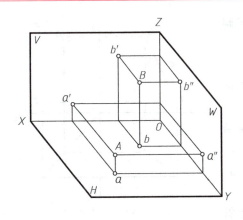 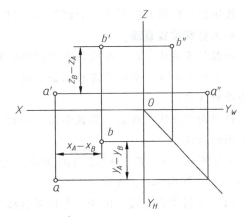

图 3-10 两点间的相对位置

点的某两坐标相同,并在同一投射线上。当两点的投影重合时,就需要判别其可见性,应注意:对 $H$ 面的重影点,从上向下观察,$z$ 坐标值大者可见;对 $W$ 面的重影点,从左向右观察,$x$ 坐标值大者可见;对 $V$ 面的重影点,从前向后观察,$y$ 坐标值大者可见。在投影图上不可见的投影加括号表示,如 $(a')$。

如图 3-11 所示,点 $C$、$D$ 位于垂直于 $H$ 面的投射线上,$c$、$d$ 重影为一点,则点 $C$、$D$ 为对 $H$ 面的重影点,$z$ 坐标值大者为可见,图中 $z_C > z_D$,故 $c$ 为可见,$d$ 为不可见,用 $c(d)$ 表示。

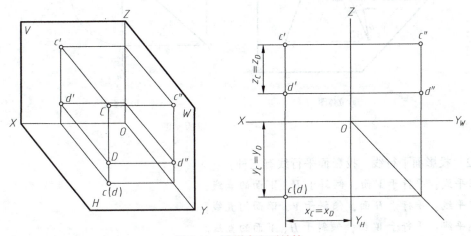

图 3-11 重影点和可见性

### 三、直线的投影

#### 1. 直线的三面投影

直线的投影可由属于该直线的两点的投影来确定。一般用直线段的投影表示直线的投影,即作出直线段上两端点的投影,则两点的同面投影连线为直线段的投影,如图 3-12 所示。

#### 2. 各种位置直线的投影特性

根据直线在投影面体系中相对三个投影面所处的位置不同,可将直线分为一般位置直线、投影面平行线和投影面垂直线三类。其中，后两类统称为特殊位置直线。

一般位置直线：与三个投影面都倾斜的直线；

投影面平行线：平行于某投影面，倾斜于其余两投影面的直线；

投影面垂直线：垂直于某投影面，平行于其余两投影面的直线。

直线对 $H$、$V$、$W$ 三投影面的倾角，分别用 $\alpha$、$\beta$、$\gamma$ 表示，如图3-13a所示。

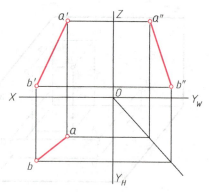

图 3-12 直线的投影

（1）一般位置直线  由于一般位置直线同时倾斜于三个投影面，如图3-13所示，故有如下投影特点：直线的三面投影都倾斜于投影轴，直线的三面投影的长度都短于实长，它们与投影轴的夹角均不反映直线对投影面的倾角。

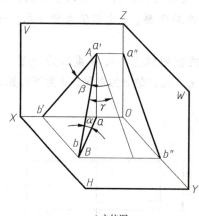

a) 立体图

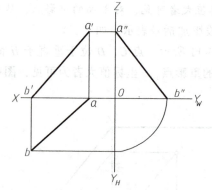

b) 投影图

图 3-13 一般位置直线的投影

（2）投影面平行线  投影面平行线有三种：

正平线：平行于 $V$ 面，倾斜于 $H$、$W$ 面的直线；

水平线：平行于 $H$ 面，倾斜于 $V$、$W$ 面的直线；

侧平线：平行于 $W$ 面，倾斜于 $H$、$V$ 面的直线。

表3-1列出了三种投影面平行线的立体图、投影图和投影特性。

从表3-1中可概括出投影面平行线的如下投影特点：在所平行的投影面上的投影，反映实长（实形性），它与投影轴的夹角分别反映直线对另两投影面的真实倾角；在另两投影面上的投影分别平行于相应的投影轴，且长度缩短。

（3）投影面垂直线  投影面垂直线有三种：

正垂线：垂直于 $V$ 面，平行于 $H$、$W$ 面；

铅垂线：垂直于 $H$ 面，平行于 $V$、$W$ 面；

侧垂线：垂直于 $W$ 面，平行于 $H$、$V$ 面。

表3-2列出了三种投影面垂直线的立体图、投影图和投影特性。

## 表 3-1 投影面的平行线

| 名称 | 正平线 | 水平线 | 侧平线 |
|---|---|---|---|
| 立体图 | | | |
| 投影图 | | | |
| 投影特性 | 1) $a'b'$ 反映实长和实际倾角 $\alpha$、$\gamma$<br>2) $ab //OX$ 轴,$a''b'' //OZ$ 轴,长度缩短 | 1) $cd$ 反映实长和实际倾角 $\beta$、$\gamma$<br>2) $c'd' //OX$ 轴,$c''d'' //OY_W$ 轴,长度缩短 | 1) $e''f''$ 反映实长和实际倾角 $\alpha$、$\beta$<br>2) $e'f' //OZ$ 轴,$ef //OY_H$ 轴,长度缩短 |

## 表 3-2 投影面的垂直线

| 名称 | 正垂线（$\perp V$ 面,$//H$ 和 $W$ 面） | 铅垂线（$\perp H$ 面,$//V$ 和 $W$ 面） | 侧垂线（$\perp W$ 面,$//H$ 和 $V$ 面） |
|---|---|---|---|
| 立体图 | | | |
| 投影图 | | | |

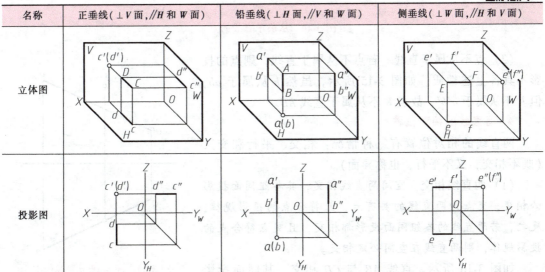

| 名称 | 正垂线（⊥V面，//H和W面） | 铅垂线（⊥H面，//V和W面） | 侧垂线（⊥W面，//H和V面） |
|---|---|---|---|
| 投影特性 | 1) 正面投影 $c'(d')$ 积聚为一点<br>2) $cd=c''d''=CD$，$cd\perp OX$ 轴，$c''d''\perp OZ$ 轴 | 1) 水平投影 $a(b)$ 积聚为一点<br>2) $a'b'=a''b''=AB$，$a'b'\perp OX$ 轴，$a''b''\perp OY_W$ 轴 | 1) 侧面投影 $e''(f'')$ 积聚为一点<br>2) $ef=e'f'=EF$，$ef\perp OY_H$ 轴，$e'f'\perp OZ$ 轴 |

从表 3-2 中可概括出投影面垂直线的如下投影特性：直线在与其垂直的投影面上的投影，积聚成一点（积聚性）；在另外两个投影面上的投影垂直于相应的投影轴，且均反映实长（实形性）。

### 3. 直线上的点

(1) 点从属于直线

1) 若点从属于直线，则点的各面投影必从属于直线的同面投影。如图 3-14 所示，点 $C$ 从属于直线 $AB$，其水平投影 $c$ 从属于 $ab$，正面投影 $c'$ 从属于 $a'b'$，侧面投影 $c''$ 从属于 $a''b''$。反之，在投影图中，若点的各个投影从属于直线的同面投影，则该点必定从属于此直线。

2) 从属于直线的点分割线段之长度比等于其投影分割线段投影长度之比。如图 3-14 所示，点 $C$ 将线段 $AB$ 分为 $AC$、$CB$ 两段，则 $AC:CB=ac:cb=a'c':c'b'=a''c'':c''b''$。

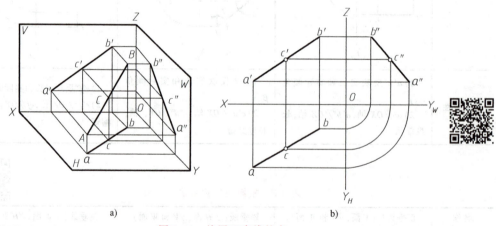

图 3-14 从属于直线的点

(2) 点不从属于直线 若点不从属于直线，则点的投影不具备上述性质。如图 3-15 所示，虽然 $k$ 从属于 $ab$，但 $k'$ 不从属于 $a'b'$，故点 $K$ 不从属于直线 $AB$。

### 4. 两直线的相对位置

两直线的相对位置有三种情况：相交、平行和交叉（既不相交，又不平行，也称异面）。

(1) 两直线相交　空间两直线相交，其各组同面投影必相交，交点为两直线的共有点，且符合点的投影规律；反之，若两直线的各组同面投影都相交，且交点符合点的投影规律，则两直线在空间必定相交。

如图 3-16 所示，直线 $AB$ 与 $CD$ 相交，其同面投影

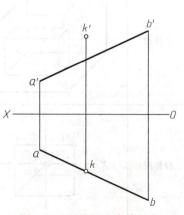

图 3-15 不从属于直线的点

$a'b'$ 与 $c'd'$，$ab$ 与 $cd$，$a''b''$ 与 $c''d''$ 均相交，其交点 $k'$、$k$ 和 $k''$ 即为 $AB$ 与 $CD$ 的交点 $K$ 的三面投影，交点的投影符合点的投影规律。

若两直线的投影符合上述特点，则两直线必定相交。

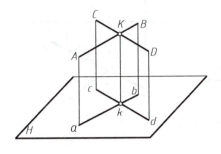
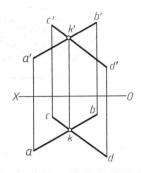

图 3-16　两直线相交

注：对于两条一般位置直线，若两组同面投影相交，且交点符合点的投影规律，则可判定两直线在空间必定相交。

（2）两直线平行　空间两直线平行，其同面投影必定平行，如图 3-17 所示，若 $AB$ // $CD$，则 $a'b'$ // $c'd'$，$ab$ // $cd$，$a''b''$ // $c''d''$。

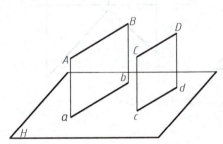
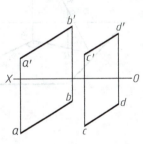

图 3-17　两直线平行

若两直线的投影符合上述特点，则此两直线必定平行。

注：对于两条一般位置直线，若两组同面投影平行，则可判定两直线在空间必定平行；对于两条投影面的平行线，若反映实长的一组同面投影平行，则可判定两直线在空间必定平行。

（3）两直线交叉　由于交叉的两直线既不平行也不相交，所以不具备平行两直线和相交两直线的投影特点。

若交叉两直线的投影中有某投影相交，则这个投影的交点是同处于一条投射线上且分别从于两直线的两个点，即重影点的投影。

如图 3-18 所示，正面投影的交点 $1'$（$2'$），是 $V$ 面重影点，分别是点 $I$（从属于直线 $CD$）和点 $II$（从属直线 $AB$）的正面投影。水平投影的交点 $3$（$4$），是 $H$ 面重影点，分别是点 $III$（从属于直线 $AB$）和点 $IV$（从属直线 $CD$）的水平投影。

重影点 $I$、$II$ 和 $III$、$IV$ 的可见性可按前述方法判断。正面投影中，$1'$ 可见而 $2'$ 不可见（$y_I > y_{II}$）；水平投影中，$3$ 可见而 $4$ 不可见（$z_{III} > z_{IV}$）。

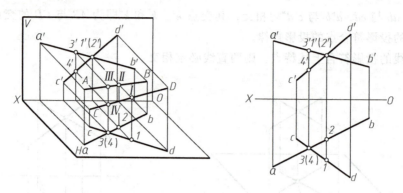

图 3-18 两直线交叉

### 5. 一边平行于投影面的直角的投影

空间两直线成直角（相交或交叉），若两边都与某一投影面倾斜，则在该投影面上的投影不是直角；若一边平行于某一投影面，则在该投影面上的投影仍是直角，如图 3-19 所示。

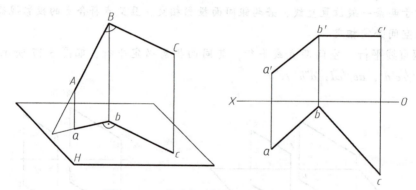

图 3-19 一边平行于投影面的直角的投影

## 四、平面的投影

### 1. 平面的表示法

（1）用几何元素表示　通常用确定平面上的点、直线或平面图形等几何元素的投影表示平面的投影，如图 3-20 所示。

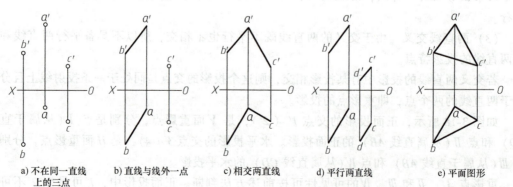

a) 不在同一直线上的三点　　b) 直线与线外一点　　c) 相交两直线　　d) 平行两直线　　e) 平面图形

图 3-20 用几何元素表示平面

(2) 用迹线表示 如图 3-21 所示，平面与投影面的交线称为平面的迹线，故平面也可以用迹线表示。用迹线表示的平面，称为迹线平面。平面与 V 面、H 面、W 面的交线，分别称为正面迹线（V 面迹线）、水平迹线（H 面迹线）、侧面迹线（W 面迹线）。迹线的符号用平面名称的大写字母附加投影面名称的注脚表示，如图 3-21 中的 $P_V$、$P_H$、$P_W$。迹线是投影面上的直线，它在该投影面上的投影位于原处，用粗实线表示，并标注上述符号；它在另外两个投影面上的投影，分别在相应的投影轴上，无须做任何表示和标注。

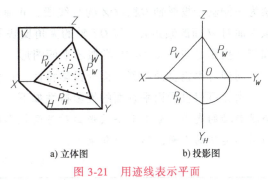

a) 立体图  b) 投影图

图 3-21 用迹线表示平面

**2. 各种位置平面的投影**

根据平面在三投影面体系中相对三个投影面所处的位置不同，可将平面分为一般位置平面（与三个投影面都倾斜）、投影面垂直面（与一个投影面垂直，与另两个投影面倾斜）、投影面平行面（与一个投影面平行，与另两个投影面垂直）三类。其中，后两类平面为特殊位置平面。

(1) 一般位置平面 如图 3-22 所示，△ABC 倾斜于 V、H、W 面，是一般位置平面。

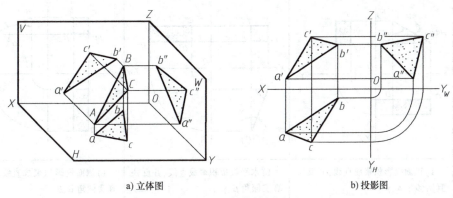

a) 立体图  b) 投影图

图 3-22 一般位置平面

图 3-22b 所示为 △ABC 的三面投影，三个投影都是 △ABC 的类似形（边数相等），且均不能直接反映平面对投影面的真实倾角。

由此可得处于一般位置平面的投影特性：它的三个投影均为与原形类似的平面图形，而且面积缩小。

(2) 投影面垂直面 投影面垂直面有三种：
正垂面：垂直于 V 面，倾斜于 H、W 面；
铅垂面：垂直于 H 面，倾斜于 V、W 面；
侧垂面：垂直于 W 面，倾斜于 H、V 面。
表 3-3 列出了三种投影面垂直面的立体图、投影图和投影特性。
现以正垂面为例，讨论投影面垂直面的投影特性：正垂面 ABCD 的正面投影 $a'b'c'd'$ 积

聚为一倾斜于投影轴 $OX$、$OZ$ 的直线段；正垂面的正面投影 $a'b'c'd'$ 与 $OX$ 轴的夹角反映了该平面对 $H$ 面的倾角 $\alpha$，与 $OZ$ 轴的夹角反映了该平面对 $W$ 面的倾角 $\gamma$；正垂面的水平投影和侧面投影是与平面 $ABCD$ 类似的平面图形。

同理可得铅垂面和侧垂面的投影特性，见表3-3。

由此可得投影面垂直面的投影特性如下：在所垂直的投影面上的投影，积聚成直线；它与投影轴的夹角，分别反映该平面对另两投影面的真实倾角；在另外两个投影面上的投影为与原形类似的平面图形，面积缩小。

表3-3　投影面垂直面的投影特性

| 名称 | 正垂面 | 铅垂面 | 侧垂面 |
|---|---|---|---|
| 立体图 | | | |
| 投影图 | | | |
| 投影特性 | 1)正面投影积聚成直线，并反映真实倾角 $\alpha$、$\gamma$<br>2)水平投影、侧面投影仍为平面图形，面积缩小 | 1)水平投影积聚成直线，并反映真实倾角 $\beta$、$\gamma$<br>2)正面投影、侧面投影仍为平面图形，面积缩小 | 1)侧面投影积聚成直线，并反映真实倾角 $\alpha$、$\beta$<br>2)正面投影、水平投影仍为平面图形，面积缩小 |

(3) 投影面平行面　投影面平行面有三种。

正平面：平行于 $V$ 面，垂直于 $H$、$W$ 面。

水平面：平行于 $H$ 面，垂直于 $V$、$W$ 面。

侧平面：平行于 $W$ 面，垂直于 $H$、$V$ 面。

表3-4列出了三种投影面平行面的立体图、投影图和投影特性。

现以水平面为例，讨论投影面平行面的投影特性：水平面 $EFGH$ 的水平投影 $efgh$ 反映该平面图形的实形；水平面的正面投影 $e'f'g'h'$ 和侧面投影 $e''f''g''h''$ 均积聚成直线段，且 $e'f'g'h' // OX$ 轴，$e''f''g''h'' // OY_W$ 轴。

同理可得正平面和侧平面的投影特性，见表3-4。

表 3-4 投影面平行面的投影特性

| 名称 | 正平面 | 水平面 | 侧平面 |
|---|---|---|---|
| 立体图 | | | |
| 投影图 | | | |
| 投影特性 | 1) 正面投影反映实形<br>2) 水平投影 // $OX$ 轴,侧面投影 // $OZ$ 轴,并分别积聚成直线 | 1) 水平投影反映实形<br>2) 正面投影 // $OX$ 轴,侧面投影 // $OY_W$ 轴,并分别积聚成直线 | 1) 侧面投影反映实形<br>2) 正面投影 // $OZ$ 轴,水平投影 // $OY_H$ 轴,并分别积聚成直线 |

由此可得投影面平行面的投影特性如下:在所平行的投影面上的投影反映实形;在另外两个投影面上的投影分别积聚成直线,且平行于相应的投影轴。

**3. 平面内的点和直线**

点和直线在平面内的几何条件如下:

1) 若点从属于平面内的任一直线,则点从属于该平面,如图 3-23a 所示。

2) 若直线通过属于平面的两个点,或通过平面内的一个点,且平行于属于该平面的任一直线,则直线属于该平面,如图 3-23b、c 所示。

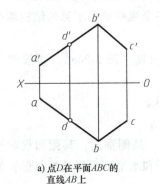
a) 点 $D$ 在平面 $ABC$ 的直线 $AB$ 上

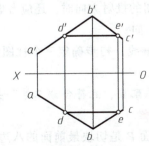
b) 直线 $DE$ 通过平面 $ABC$ 上的两个点 $D$、$E$

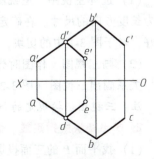
c) 直线 $DE$ 通过平面 $ABC$ 上的点 $D$,且平行于平面 $ABC$ 上的直线 $BC$

图 3-23 平面内的点和直线

【例3-1】 如图3-24所示，判断点 $D$ 是否在平面 $\triangle ABC$ 内。

**解** 若点 $D$ 能位于平面 $\triangle ABC$ 的一条直线上，则点 $D$ 在平面 $\triangle ABC$ 内；否则，就不在平面 $\triangle ABC$ 内。

判断过程如下：连接点 $A$、$D$ 的同面投影，并延长到与 $BC$ 的同面投影相交。因图中的直线 $AD$、$BC$ 的同面投影的交点在一条投影连线上，便可认为是直线 $BC$ 上的一点 $E$ 的两面投影 $e'$、$e$，于是点 $D$ 在 $\triangle ABC$ 内的直线 $AE$ 上，由此可判断出点 $D$ 在平面 $\triangle ABC$ 内。

【例3-2】 如图3-25所示，已知四边形 $ABCD$ 的两面投影，在其上取一点 $K$，使点 $K$ 在 $H$ 面之上 10mm，在 $V$ 面之前 15mm。

**解** 可在四边形 $ABCD$ 内取位于 $H$ 面之上 10mm 的水平线 $EF$，再在 $EF$ 上取位于 $V$ 面之前 15mm 的点 $K$。作图过程如下：先在 $OX$ 轴上方 10mm 处作出 $e'f'$，再由 $e'f'$ 作 $ef$；在 $ef$ 上取位于 $OX$ 轴之前 15mm 的 $k$，即为所求点 $K$ 的水平投影。由 $k$ 作出点 $K$ 的正面投影 $k'$。

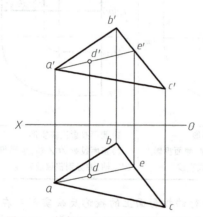

图3-24 判断点 $D$ 是否在平面 $\triangle ABC$ 内

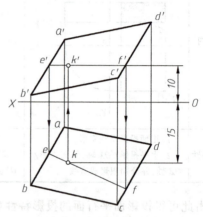

图3-25 在四边形 $ABCD$ 内取与两投影面为已知距离的点 $K$

## 任务实施：

### 1. 画切块三视图

（1）选择主视图　主视图应能明显地表现零件的形状特征。一般常以零件的最大尺寸作为长度方向的尺寸。在确定主视图的投射方向时，还应考虑各个视图中看不见的结构越少越好，对于图3-1中的切块，可选 $A$ 向。

（2）画三视图　作图时先画基准线，初步确定三个视图的位置（图3-26a），再按"三等"关系画出三视图（图3-26b）。

注：三视图应按规定的位置关系配置，且符合"三等"关系。

### 2. 找出切块中指定线、面的投影

（1）找平面 $P$ 的三面投影　平面 $P$ 是切块最前面的八边形，是侧垂面，其侧面投影是一条直线（倾斜于坐标轴），如图3-27左视图中的 $p''$，正面投影和水平面投影是类似形，如图3-27主视图中的 $p'$ 和俯视图中的 $p$。

（2）找直线 $CB$、$DB$ 的投影　直线 $CB$、$DB$ 都在平面 $P$ 上，直线 $CB$ 在最下面，是侧垂

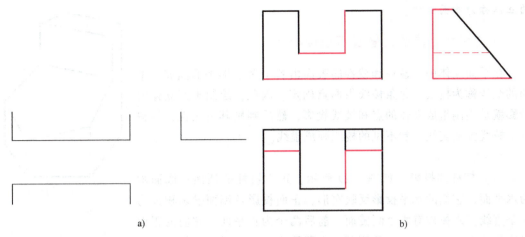

图 3-26 切块三视图画法

线,侧面投影积聚成一点,如图 3-27 左视图中的 $c''$($b''$);正面投影在主视图最下面,反映实长,垂直于 $OZ$ 轴,如图 3-27 中的 $c'b'$;水平投影在俯视图最前面,反映实长,垂直于 $OY$ 轴,如图 3-27 中的 $cb$。

直线 $DB$ 在最右面,是侧平线,侧面投影反映实长且倾斜于投影轴,如图 3-27 左视图中的 $d''c''$;正面投影在主视图最右面,为变短的直线,平行于 $OZ$ 轴,如图 3-27 中的 $d'b'$;水平投影在俯视图右前位置,为变短的直线,平行于 $OY$ 轴,如图 3-27 中的 $db$。

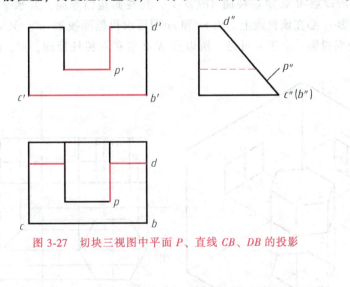

图 3-27 切块三视图中平面 $P$、直线 $CB$、$DB$ 的投影

## 任务二 绘制切口五棱柱的三视图

**任务分析**:如图 3-28 所示,切口五棱柱属于平面立体截切,绘制其三视图时必须明确如下两点:平面立体及其表面点的投影画法;平面立体的截交线形状及投影画法。

**基本知识**:

立体表面由若干面围成。表面均为平面的立体称为平面立体,表面为曲面或平面与曲面的立体称为曲面立体。

## 一、平面立体的投影及其表面取点

在平面立体中，棱柱和棱锥的表面由若干多边形平面围成，平面的交线称为棱线，每条棱线由两点确定。因此，绘制平面立体的投影就是绘制组成立体的点和棱线投影，然后判别其可见性，看得见的棱线画成实线，看不见的棱线画成虚线。

### 1. 棱柱

（1）棱柱的投影  如图 3-29 所示，正六棱柱的顶面和底面均为水平面，它们的水平投影反映实形，正面投影及侧面投影积聚为一条直线。六棱柱有六个侧棱面，前后两个为正平面，它们的正面投影反映实形，水平投影及侧面投影积聚为一条直线。其他四个侧棱面均为铅垂面，其水平投影均积聚为直线，正面投影和侧面投影均为类似形。

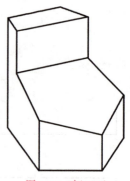

图 3-28  切口五棱柱立体图

作图时，可先画正六棱柱的水平投影正六边形，再根据投影规律和棱柱高度作出其他两个投影。

（2）棱柱表面取点  首先确定点所在的平面，并分析该平面的投影特性。若该平面垂直于某一投影面，则点在该投影面上的投影必定落在这个平面的积聚性投影上。

如图 3-29 所示，已知棱柱表面上点 $M$ 的正面投影 $m'$，求作点 $M$ 其他两面投影 $m$、$m''$。由于 $m'$ 可见，所以点 $M$ 必定在棱面 $ABCD$ 上，此棱面是铅垂面，其水平投影积聚成直线，点 $M$ 的水平投影 $m$ 必在该直线上，由 $m'$ 和 $m$ 即可求得侧面投影 $m''$。又知点 $N$ 的水平投影 $n$，求作其他两面投影。由于 $n$ 可见，所以点 $N$ 必定在六棱柱顶面，$n'$、$n''$ 分别在顶面的积聚直线上。

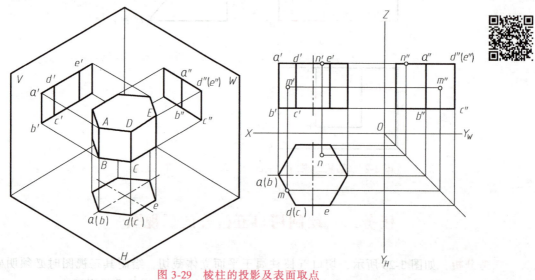

图 3-29  棱柱的投影及表面取点

### 2. 棱锥

（1）棱锥的投影  如图 3-30 所示，正三棱锥的底面 $ABC$ 为水平面，因此它的水平投影反映底面实形，其正面投影和侧面投影积聚成一条直线。棱面 △$SAC$ 为侧垂面，它的侧面投影积聚成一条直线，水平投影和正面投影均为类似形。棱面△SAB、△SBC 为一般位置平面，它们的三面投影均为类似形。

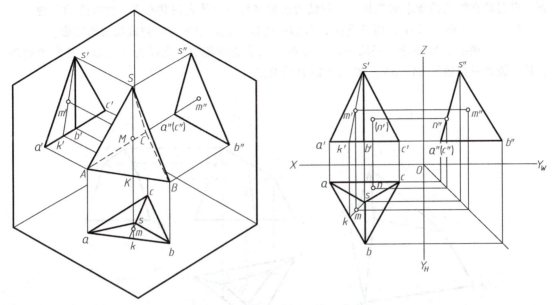

图 3-30　棱锥的投影及表面取点

作图时，先画出底面△ABC 的各面投影，再作出锥顶 S 的各面投影，然后连接各棱线即得正三棱锥的三面投影。

（2）棱锥表面取点　首先确定点所在的平面，再分析该平面的投影特性。若该平面为一般位置平面，可采用辅助直线法求出点的投影。

如图 3-30 所示，已知正三棱锥表面上点 M 的正面投影 m′，求作点 M 其他两面投影 m、m″。由于 m′可见，所以点 M 必定在棱面△SAB 上。△SAB 是一般位置平面，过点 M 及锥顶点 S 作一条辅助直线 SK，与底边 AB 交于点 K，作出直线 SK 的三面投影。根据点的从属关系，求出点 M 的其他两面投影。又知点 N 的水平投影 n，求作其他两面投影。由于 n 可见，所以点 N 必定在棱面△SAC 上，n″必定在直线 s″a″(c″) 上，由 n、n″即可求出 n′。

## 二、平面立体的截交线

平面与立体表面相交，可以认为是立体被平面截切，因此该平面通常称为截平面。截平面与立体表面的交线，称为截交线。截交线围成的平面图形，称为截断面，如图 3-31 所示。

截交线的性质如下：

共有性：截交线既在截平面上，又在立体表面上，因此截交线是截平面与立体表面的共有线，截交线上的点是截平面与立体表面的共有点。

封闭性：由于任何立体表面都有一定的范围，所以截交线一般是封闭的平面图形。

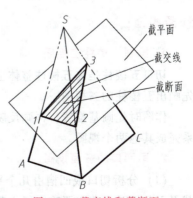

图 3-31　截交线和截断面

截平面截切平面立体所形成的交线为封闭的平面多边形,该多边形的每条边都是截平面与立体棱面或顶面、底面相交形成的交线,多边形的各顶点一般是立体的棱线与截平面的交点。根据截交线的性质求截交线,可归结为求截平面与立体表面共有点、共有线的问题。

**【例 3-3】** 图 3-31 中,用正垂面 $P$ 截切三棱锥,试画出三棱锥被截切后的投影。

**分析:** 如图 3-32 所示,平面 $P$ 与三棱锥的三个棱面相交,交线为三角形,三角形的顶点是三棱锥三条棱线 $SA$、$SB$、$SC$ 与平面 $P$ 的交点。

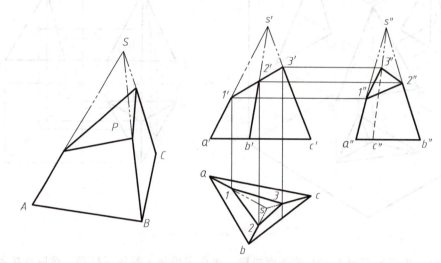

图 3-32 三棱锥的截交线

作图步骤如下:
1) 作出完整三棱锥的三视图。
2) 作截交线的三面投影。

① 平面 $P$ 为正垂面,其正面投影具有积聚性,可直接得到各棱线与平面 $P$ 交点的正面投影 $1'$、$2'$、$3'$。
② 根据 $1'$、$2'$、$3'$,在各棱线的水平投影上求出截交线各顶点的水平投影 $1$、$2$、$3$;
③ 根据 $1'$、$2'$、$3'$,在各棱线的侧面投影上求出截交线各顶点的侧面投影 $1''$、$2''$、$3''$;
④ 依次连接各顶点的同面投影,即得截交线的水平投影 △$123$ 和侧面投影 △$1''2''3''$。
⑤ 整理轮廓线,并判断可见性。

## 任务实施:

### 1. 绘制五棱柱三视图

切口五棱柱是在五棱柱整体上用两个截平面截切而成的,所以画切口五棱柱的三视图需先画出五棱柱的三视图。

作图时先画基准线,再画反映平面立体底面实形的视图(俯视图),最后按"三等"关系完成其他两个视图。

### 2. 画切口的三面投影

(1) 分析切口或凹槽由几个平面截切及各截平面的位置 当立体被两个或两个以上的截平面截切时,首先要确定每个截平面与立体的截交线,同时还要考虑截平面之间有无交线。

五棱柱切口被正平面 P 和侧垂面 Q 所截切而成。五棱柱与平面 P 的交线为 B-A-F-G，其水平投影和侧面投影积聚成直线段；五棱柱与 Q 平面的交线为 B-C-D-E-G，其水平投影积聚在五棱柱侧面的水平投影上，侧面投影积聚成直线段；P、Q 两截平面的交线为 BG。作图时，只要分别求出五棱柱上点 A、B、C、D、E、G、F 的三面投影，然后顺序连接各点的同面投影即可。

（2）作图步骤

1）由于正平面 P 和侧垂面 Q 的侧面投影均积聚成直线，可直接画出，所以先画切口的侧面投影；在五棱柱的侧面投影上，找出截交线上点 A、B、C、D、E、G、F 的侧面投影 a″、b″、c″、d″、e″、g″、f″，如图 3-33 所示。

2）由五棱柱各面投影的积聚性，求出各点的水平投影和正面投影。

3）按 A-B-C-D-E-G-F-A 的顺序连接各点同面投影。

4）整理轮廓线，并判断可见性。

5）经检查、修正，再按线型的规格加深，如图 3-33 所示。

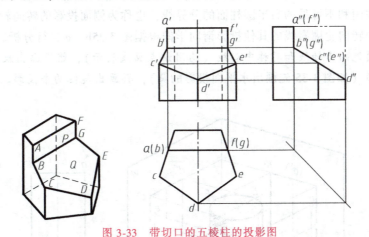

图 3-33　带切口的五棱柱的投影图

## 任务三　绘制连杆头的三视图

**任务分析**：图 3-34 所示的连杆头由三个同轴回转体组成，切割后表面产生截交线。因此，画连杆的三视图所需知识点如下：回转体及其表面点投影求法；回转体截交线形状及投影画法。

**基本知识**：

### 一、回转体的投影及其表面取点

工程中常见的曲面立体是回转体。最常见的回转体有圆柱、圆锥、球和环等。在投影图上表示回转体就是把围成立体的回转面或平面与回转面表示出来，并判断其可见性。

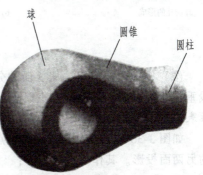

图 3-34　连杆头立体图

## 1. 圆柱

(1) 圆柱的投影　圆柱表面由圆柱面、顶面圆和底面圆组成。其中圆柱面是由一直线（母线）绕与之平行的轴线回转而成的，如图3-35a所示。

图3-35b、c所示为圆柱的投影。该圆柱轴线为铅垂线。其顶面圆、底面圆为水平面，在水平投影上反映实形，正面投影和侧面投影分别积聚成一条直线。圆柱面是铅垂面，圆柱面上所有素线（母线在回转面上任意位置）都是铅垂线，因此圆柱面的水平投影积聚成一个圆，在正面投影和侧面投影上分别画出决定投影范围的轮廓素线投影，即为圆柱面可见部分与不可见部分的分界线投影。

正面投影上是最左素线 $AA_0$、最右素线 $BB_0$ 的投影 $a'a_0'$、$b'b_0'$。$AA_0$、$BB_0$ 是正面投影可见的前半圆柱面和不可见的后半圆柱面的分界线，也称为正面投影的转向轮廓素线，而这两条正面投影的转向轮廓素线水平面投影积聚在圆周的最左点 $a(a_0)$ 和最右点 $b(b_0)$；其侧面投影 $a''a_0''$ 与 $b''b_0''$ 与圆柱轴线的侧面投影重合，不用画出。

侧面投影上是最前素线 $CC_0$、最后素线 $DD_0$ 的投影 $c''c_0''$ 与 $d''d_0''$。$CC_0$、$DD_0$ 是侧面投影可见的左半圆柱面和不可见的右半圆柱面的分界线，也称为侧面投影的转向轮廓素线，而这两条侧面投影的转向轮廓素线的其他投影请同学们根据图3-35b、c自行分析。

作图时必须先画出轴线和对称中心线（均用细点画线表示），然后画出反映顶面圆、底面圆实形的投影（如图3-35先画出水平面投影的圆），再画出其他两个投影。

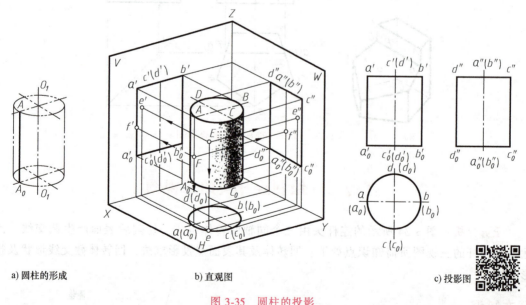

a) 圆柱的形成　　　　b) 直观图　　　　c) 投影图

图3-35　圆柱的投影

(2) 圆柱表面取点　从前面的分析可知，当圆柱轴线处于特殊位置时，圆柱面在与轴线垂直的投影面上的投影有积聚性，其顶面圆和底面圆的另两面投影有积聚性。因此，在圆柱表面取点可利用积聚性作图。

如图3-36所示，已知圆柱面上点 $E$、$F$、$G$ 的正面投影 $e'$、$f'$、$(g')$，试分别求出它们的另两面投影。其作图方法如下：

1) 求 $e$、$e''$。由于 $e'$ 是可见的，所以点 $E$ 在前半个圆柱面上，又因点 $E$ 在左半个圆柱面上，所以 $e''$ 也必为可见。作图时可利用圆柱面有积聚性的投影，先求出点 $E$ 的水平投影 $e$（在前半个圆周上），再由 $e'$ 和 $e$ 求出侧面投影 $e''$。

2）求 $f$、$f''$。由于点 $F$ 在圆柱的最左正视转向轮廓线上，故另两面投影均可直接求出。其水平投影 $f$ 积聚在圆柱面水平投影（圆）的最左点上，即与最左正视转向轮廓线的水平投影重合，其侧面投影 $f''$ 重合在圆柱轴线的侧面投影上，且 $f''$ 可见。

3）求 $g$、$g''$。由于 $(g')$ 为不可见，所以点 $G$ 在后半个圆柱面上，又因点 $G$ 在右半个圆柱面上，所以 $(g'')$ 也不可见。作图时可利用圆柱面有积聚性的投影，先求出点 $G$ 的水平投影 $g$（在后半个圆周上），再由 $(g')$ 和 $g$ 求出侧面投影 $(g'')$。

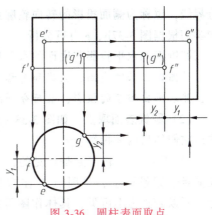

图 3-36　圆柱表面取点

### 2. 圆锥

(1) 圆锥体的投影　圆锥表面由圆锥面和底圆组成。圆锥面是由一条直母线绕与它相交的轴线回转而成的，如图 3-37a 所示。

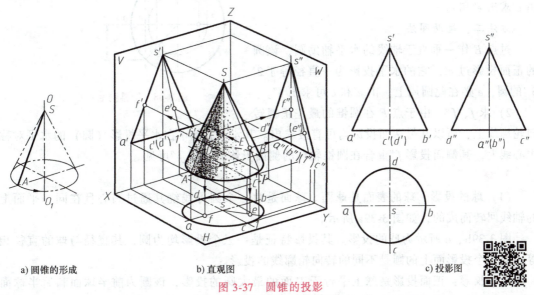

a) 圆锥的形成　　　　b) 直观图　　　　c) 投影图

图 3-37　圆锥的投影

图 3-37b、c 所示为圆锥的投影。该圆锥轴线为铅垂线，底面为水平面，其水平投影反映实形，其正面投影和侧面投影积聚成一条直线。圆锥面上所有素线均与轴线相交于锥顶，因此圆锥面的正面投影和侧面投影分别为决定其投影范围的轮廓素线投影。

正面投影上是最左素线 $SA$、最右素线 $SB$ 的投影 $s'a'$、$s'b'$。$SA$、$SB$ 是正面投影可见的前半圆锥面和不可见的后半圆锥面的分界线，也称为正面投影的转向轮廓素线，而这两条正面投影的转向轮廓素线水平面投影 $sa$ 和 $sb$ 与圆锥水平投影（圆）的水平对称中心线重合，不用画出。

侧面投影 $s''a''$ 和 $s''b''$ 与圆锥轴线的侧面投影重合，不用画出。侧面投影上是最前素线 $SC$、最后素线 $SD$ 的投影。$SC$、$SD$ 是侧面投影可见的左半圆锥面和不可见的右半圆锥面的分界线，也称为侧面投影的转向轮廓素线。而这两条侧面投影的转向轮廓素线的其他投影请同学们根据图 3-37b、c 自行分析。

圆锥面的水平投影与底面的水平投影重合，显然，圆锥面的三个投影都没有积聚性。

作图时，必须先画出轴线和对称中心线（均用细点画线表示），再画出底面圆的各个投影，然后画出锥顶的投影，最后分别画出其轮廓素线，即完成圆锥的各面投影。

（2）圆锥表面取点  如图 3-38 所示，已知圆锥面上点 $E$、$F$ 的正面投影 $e'$、$f'$，试分别求出它们的另两面投影。

1）求 $e$、$e''$。由于 $e'$ 是可见的，所以点 $E$ 必在前半个圆锥面上，又因点 $E$ 在右半个圆锥面上，所以 $e''$ 必为不可见，具体作图可采用下列两种方法：

方法一：辅助素线法

过锥顶 $S$ 和 $E$ 作一辅助线 $SI$，由已知条件可确定正面投影 $s'1'$，求出它的水平投影 $s1$ 和侧面投影 $s''1''$，再根据点在直线上的投影性质，由 $e'$ 求出 $e''$ 和 $e$。

方法二：辅助圆法

过点 $E$ 作一垂直于轴线的水平辅助圆，该圆的正面投影过 $e'$，它的水平投影为一直径等于 $2'3'$ 的圆，$e$ 必在此圆周上，由 $e'$ 和 $e$ 可求出 $e''$。

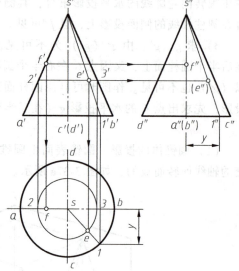

图 3-38  圆锥的表面取点

2）求 $f$、$f''$。由于点 $F$ 在圆锥的最左正视转向轮廓线上，所以其另两面投影均可直接求出。其水平投影 $f$ 在水平投影（圆）的水平对称中心线上，其侧面投影 $f''$ 重合在圆锥轴线的侧面投影上，且 $f''$ 可见。

### 3. 球

（1）球的投影  球的表面是球面。球面是由一个圆母线绕其通过圆心且在同一平面上的轴线回转而成的，如图 3-39a 所示。

图 3-39b、c 所示为球的投影。其投影特征是：三个投影均为圆，其直径与球的直径相等。但三个投影面上的圆是不同的转向轮廓线的投影。

正面投影：正面投影是球上平行于 $V$ 面的最大圆的投影，该圆为前半球面和后半球面的分界线，其水平投影与球水平投影的水平对称中心线重合，其侧面投影与球侧面投影的垂直对称中心线重合，不必画出。

水平投影：水平投影是球上平行于 $H$ 面的最大圆的投影，该圆为上半球面和下半球面的分界线。其正面投影与球正面投影的水平对称中心线重合，其侧面投影与球侧面投影的水平对称中心线重合，不必画出。

侧面投影：侧面投影是球上平行于 $W$ 面的最大圆的投影，该圆是左半球面和右半球面的分界线，它们的其他两面投影请同学们根据图 3-39b、c 自行分析。

作图时，可先画出对称中心线，确定球心的三个投影，再画出三个与球等直径的圆。

（2）球表面取点  球面的投影没有积聚性，且球面上也不存在直线，因此必须采用辅助圆法求作其表面上点的投影。

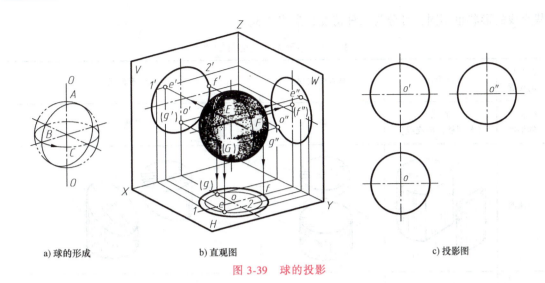

a) 球的形成　　b) 直观图　　c) 投影图

图 3-39　球的投影

如图 3-40 所示,已知球表面上点 E、F、G 的正面投影 e′、f′、(g′),试求出其另两面投影。其作图方法如下:

1) 求 e、e″。由于 e′是可见的,且为前半球面上的一般位置点,所以可作纬圆(正平圆、水平圆或侧平圆)求解。如果过 e′作水平线(纬圆)与球正面投影(圆)交于 1′、2′,以 1′2′为直径在水平投影上作水平圆,则点 E 的水平投影 e 在该纬圆的水平投影上,再由 e、e′求出 e″。因点 E 位于上半球面上,故 e 为可见,又因为点 E 在左半球面上,所以 e″也为可见。

2) 求 f、f″和 g、g″。由于点 F、G 是球面上特殊位置的点,所以可直接作图求出。由于 f′可见,且在球的正视转向轮廓线的正面投影(圆)上,所以水平投影 f 在水平对称中心线上,侧面投影 (f″) 在垂直中心对称线上。因点 F 在上半球面上,故 f 为可见,又因为点 F 在右半球面上,所以 (f″) 为不可见。由于 (g′) 为不可见,且在垂直对称中心线上,所以点 G 在后半球面的侧视转向轮廓线上,可由 (g′) 先求出 g″,且为可见;再求出 (g),且为不可见。

## 二、回转体的截交线

截平面与回转体相交时,截交线一般是封闭的平面曲线,有时为曲线与直线围成的平面图形。作图时,首先分析截平面与回转体的相对位置,从而了解截交线的形状。当截平面为特殊位置平面时,截交线的投影就重合在截平面具有积聚性的同面投影上,再根据曲面立体表面取点的方法作出截交线。先求特殊位置点(大多在回转体的转向轮廓素线上),再求一般位置点,最后将这些点连成截交线的投影,并标明可见性。

**1. 圆柱的截交线**

由于截平面与圆柱体的相对位置不同,

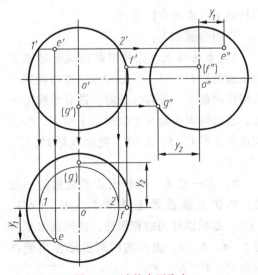

图 3-40　球的表面取点

截交线的形状也不同,可分为三种情况,见表3-5。

表3-5 平面与圆柱的截交线

| 截平面的位置 | 平行于轴线 | 垂直于轴线 | 倾斜于轴线 | |
|---|---|---|---|---|
| 截交线的形状 | 直线<br>(与圆柱面的交线) | 圆 | 椭圆 | |
| 立体图 | | | | |
| 投影图 | | | 一般情况 | 特例:当截平面与圆柱轴线成45°时,截交线仍为椭圆,但该椭圆在左视图中的投影为一个圆 |

【例3-4】 如图3-41所示,求圆柱被正垂面截切后的截交线投影。

**分析**:由于截平面与圆柱轴线倾斜,所以截交线应为椭圆。截交线的正面投影积聚成直线。由于圆柱面具有积聚性,所以截交线的水平投影与圆柱面的投影重合,侧面投影可根据圆柱面上取点的方法求出。

作图步骤如下:

1) 求特殊点。先找出截交线上特殊点的正面投影 $1'$、$5'$、$3'$、$(7')$,这些特殊点是圆柱的最左、最右、最前、最后素线上的点,也是椭圆长轴和短轴的四个端点。作出其水平投影 1、5、3、7,侧面投影 $1''$、$5''$、$3''$、$7''$。

2) 求一般点。再作出适当数量的一般点。先在正面投影上选取 $2'$、$4'$、$(6')$、$(8')$,根据圆柱面的积聚性,找出其水平投影 2、4、6、8,由点的两面投影作出侧面投影 $2''$、$4''$、$6''$、$8''$。

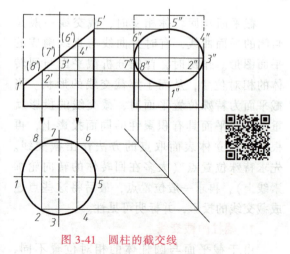

图3-41 圆柱的截交线

3）连接各点。将这些点的侧面投影依次光滑地连接起来，就得到截交线的三面投影。

【例 3-5】 如图 3-42a 所示，补全接头的正面投影和水平投影。

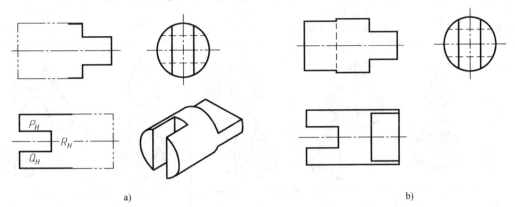

图 3-42 补全接头的正面投影和水平投影

**分析**：该圆柱轴线为侧垂线，其侧面投影为圆，因此圆柱表面上点的侧面投影都积聚在该圆周上。由已知条件可知，接头左端的槽由两个平行于轴线的正平面 $P$、$Q$（矩形）和一个垂直于轴线的侧平面 $R$（圆弧）切割而成。接头右端可看成由一个平行于圆柱底面的截平面和两个平行于圆柱轴线的截平面将圆柱的右上角、右下角各切去了一块。

作图步骤如下：

1）截平面 $P$、$Q$ 的侧面投影分别积聚成直线，且直线的两端点位于侧面圆周上；水平投影分别重合在 $P_H$、$Q_H$ 上，截平面 $P$、$Q$ 的正面投影重合，反映实形，根据两面投影可作出其正面投影。

2）截平面 $R$ 与圆柱的交线是两段平行于侧面且夹在平面 $P$、$Q$ 之间的圆弧，它们的侧面投影反映实形，并与圆柱面的侧面投影重合，正面投影积聚成一条直线。

3）整理轮廓，判断可见性。左端的槽使得圆柱最上、最下两条素线被截断，因此正面投影只保留这两条转向轮廓线的右边，截平面 $R$ 的正面投影在截平面 $P$、$Q$ 中的部分不可见，故画成虚线。接头右端凸起的各面投影画法与左端槽口相类似，请同学们自行分析，最后结果如图 3-42b 所示。

**2. 圆锥的截交线**

由于截平面与圆锥轴线的相对位置不同，平面截切圆锥形成的截交线有五种情况，见表 3-6。

【例 3-6】 如图 3-43 所示，一轴线为侧垂线的圆锥被一水平面所截切，画出该截交线的水平投影和侧面投影。

**分析**：由于截平面平行于圆锥轴线，所以与圆锥面的截交线为双曲线，其正面投影和侧面投影均积聚成一条直线。

作图步骤如下：

1）先作出特殊点。正面投影中最右点 $1'$、$(5')$ 在圆锥底圆上，可直接作出侧面投影 $1''$、$5''$，再根据投影规律作出水平投影 $1$、$5$。最左点 $3'$ 在转向轮廓线上，可直接作出水平投影 $3$ 和侧面投影 $3''$。

表 3-6 平面与圆锥的截交线

| 截平面的位置 | 与轴线垂直 | 过圆锥顶点 | 平行于任一素线 | 与轴线倾斜（不平行于任一素线） | 与轴线平行（平行于二条素线） |
|---|---|---|---|---|---|
| 截交线的形状 | 圆 | 两相交直线（与圆锥面的交线） | 抛物线（与圆锥面的交线） | 椭圆 | 双曲线（与圆锥面的交线） |
| 立体图 | | | | | |
| 投影图 | | | | | |

2) 再作出一般点。2′、(4′) 是截交线上任意点的正面投影，根据圆锥表面取点的方法作辅助圆，在侧面投影上求出 2″、4″，然后根据两投影求出水平投影 2、4。同理也可以作出其他一般点。

3) 依次光滑连接各点，即得截交线的水平投影。

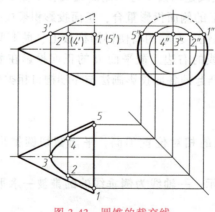

图 3-43　圆锥的截交线

### 3. 球的截交线

平面与球的截交线是圆。当截平面平行于投影面时，截交线在该投影面上的投影反映实形，另两面投影积聚成直线，如图 3-44a 所示。当截平面倾斜于投影面时，截交线在该投影面上的投影为椭圆。图 3-44b 所示为球被正垂面 P 截切之后的投影，截交线的正面投影积聚成直线，与 $P_V$ 重合，水平投影和侧面投影均为椭圆。

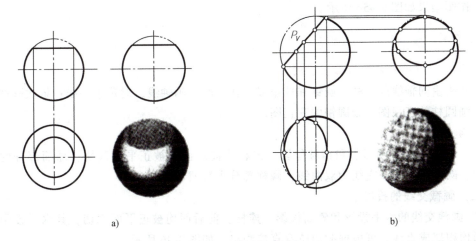

a)　　　　　　　　　　　b)

图 3-44　平面与球相交

【例 3-7】 如图 3-45a 所示，画开槽半球的三视图。

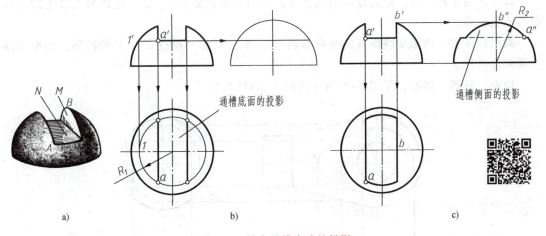

图 3-45　补全开槽半球的投影

**分析**：球表面的凹槽由两个侧平面 $M$ 和一个水平面 $N$ 切割构成，截平面 $M$ 各截得一段平行于侧面的圆弧，而截平面 $N$ 则截得前后各一段水平圆弧，截平面之间的交线为正垂线。

作图步骤如下：

1) 先画半圆球的三视图，再按槽宽在主视图上画出反映槽形特征的投影，如图 3-45b 所示。

2) 画俯视图，画出截平面 $N$ 与球的交线圆弧的水平面投影（半径 $R_1$ 由点 $1'$ 求得 $1$ 来确定），再画两个截平面 $M$ 的水平面投影（积聚成直线），如图 3-45b 所示，画出槽的水平投影。

3) 画左视图，画出截平面 $N$ 与球的交线圆弧侧面投影（半径 $R_2$ 由点 $b'$ 求得 $b''$ 作出），再画截平面 $N$ 的侧面投影（积聚成直线），如图 3-45c 所示。

4) 整理轮廓，判断可见性。球侧面投影的转向轮廓线处在截平面 $N$ 以上的部分被截切，不必画出。截平面 $N$ 的侧面投影处在截平面 $M$ 中的部分被左半边部分球面所挡，故画虚线。作图结果如图 3-45c 所示。

**任务实施：**

### 1. 绘制连杆头各部分整体三视图

连杆头由同轴线的圆柱、圆锥和球组成。作图时先画轴线、对称中心线；依次画球的三视图、画圆柱的三视图、画圆锥的三视图。

### 2. 求截交线的投影

（1）分析截交线的形状和相对位置　连杆头前后面均被正平面截切，球面部分的截交线为圆；圆锥部分的截交线为双曲线；圆柱部分未被截切。

（2）画截交线的投影

1）画截交线的水平投影和侧面投影。连杆头前后面均被正平面截切，其水平投影和侧面投影均积聚成直线，可根据截切位置直接画出，如图 3-46 所示。

2）画截交线的正面投影。确定球面与圆锥面的分界线：从球心 $o'$ 作圆锥正面轮廓线的垂线得 $a'$、$b'$，连线 $a'b'$ 即为球面与圆锥面的分界。

以 $o'3'$ 为半径作圆，即为球面的截交线。该圆与 $a'b'$ 交于 $1'$、$2'$，此即截交线上圆与双曲线的结合点。

画出圆锥面上的截交线即双曲线特殊点 Ⅰ、Ⅱ、Ⅵ 和一般点 Ⅳ、Ⅴ 的投影，光滑连线并判断可见性。

检查、整理、加深，得图 3-46 所示连杆头三视图。

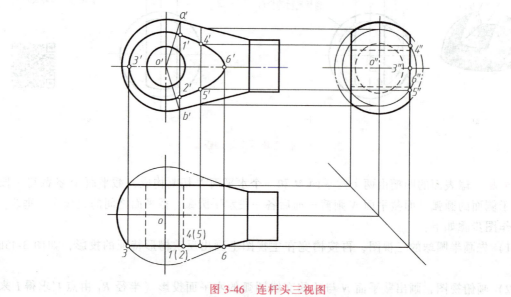

图 3-46　连杆头三视图

## 任务四　绘制组合回转体的三视图

**任务分析：** 组合回转体由半球、圆柱、长圆形凸台组成，并且彼此相交，如图 3-47 所示。要绘制其三视图，必须明确相贯线的性质及画法。

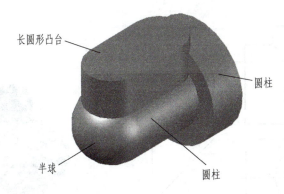

图 3-47 组合回转体立体图

**基本知识：**

两立体相交称为相贯，相交两立体表面的交线称为相贯线。

相贯线的基本性质如下：

（1）共有性  相贯线是相交两立体表面的分界线，也是它们的共有线，因此相贯线上的点是两立体表面的公有点。

（2）封闭性  由于立体有一定的范围，因此相贯线一般为封闭的空间曲线或折线，如图 3-48 所示。特殊情况下为平面曲线或直线。

下面仅以常见的两种回转体（圆柱与圆柱、圆柱与圆锥）正交为例，介绍求两回转体相贯线的方法。

## 一、圆柱与圆柱正交

### 1. 利用积聚性法求相贯线

两圆柱相贯或圆柱与其他回转体相贯时，如果圆柱的轴线垂直于一投影面，则圆柱面在这个投影面上的投影有积聚性。因此，就可以认为相贯线的这一投影是已知的。利用这

图 3-48　曲面立体的相贯体零件

个已知投影，按照曲面立体表面取点的方法，求出相贯线的其他投影。这种求相贯线的方法称为积聚性法。

【例 3-8】求图 3-49 中两圆柱正交的相贯线。

**分析**：图中两圆柱轴线垂直相交，称为正交。根据相贯线的共有性，相贯线是直立圆柱表面的线，而直立圆柱表面的水平投影积聚成圆，因此相贯线的水平投影也就是这个圆，这是相贯线的一个已知投影。又因为相贯线也是水平圆柱表面的线，水平圆柱的侧面投影积聚成圆，所以相贯线的侧面投影必在这个圆上，而且应当在两圆柱侧面投影的重叠区域内的一段圆弧上。因此，只需求出相贯线的正面投影。

作图步骤如下：

1）求特殊点。分别求轮廓线上的特殊点Ⅰ、Ⅱ、Ⅲ、Ⅳ，它们是相贯线上最左、最右、最前、最后的点。它们的正面投影 1′、2′，水平投影 1、2、3、4 和侧面投影 3″、4″都

可以直接求出，再利用投影规律求出3′、4′。

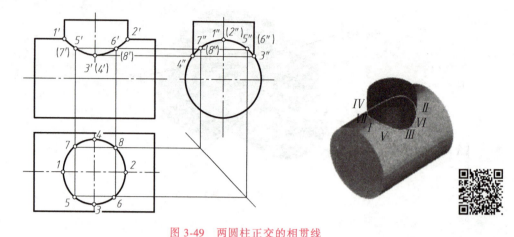

图 3-49 两圆柱正交的相贯线

2）求一般位置点。根据连线的需要，作出适当数量一般位置点，如点Ⅴ、Ⅵ、Ⅶ、Ⅷ。可先在相贯线水平投影上取点5、6、7、8，再在相贯线的侧面投影上求出5″、6″、7″、8″，然后求出5′、6′、7′、8′。

3）光滑连线。根据点的水平投影顺序，光滑连接各点相应的正面投影，因相贯线前后对称，所以只需光滑连接1′-5′-3′-6′-2′，即为相贯线的正面投影。

4）整理轮廓线。

### 2. 两圆柱正交相贯线投影的简化画法

两圆柱异径正交相贯线的投影可用简化画法画出，如图 3-50 所示。以大圆柱半径为半径，过1′、2′作圆弧。这种方法是以圆弧代替相贯线的投影，在以后的作图中可以采用。

注：当两圆柱的直径发生变化时，相贯线的形状和位置也随之变化。一般相贯线总是向直径大的圆柱轴线方向弯曲，如图 3-51 所示。

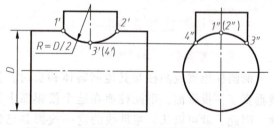

图 3-50 两圆柱正交相贯线投影的简化画法

## 二、圆柱与圆锥正交

因圆锥的圆锥面投影没有积聚性，所以需借助辅助平面法求解。辅助平面法就是假想用一个辅助平面截切相贯两回转体，则辅助平面与两立体表面都产生截交线。截交线的交点既属于辅助平面，又属于两回转体表面，是三面共有点，即相贯线上的点。利用这种方法求出相贯线上若干点，依次将其光滑地连接起来，便是所求的相贯线。这种方法称为"三面共点辅助平面法"，简称辅助平面法。

【例 3-9】 求图 3-52 中圆柱和圆锥正交的相贯线。

分析：圆柱的轴线为侧垂线，圆锥的轴线为铅垂线，选用水平面作为辅助平面，它与圆柱面的截交线是与轴线平行的两直线，与圆锥面的截交线为圆；两直线与圆的交点即为相贯线上的点。两直线和圆的投影都是简单易画的图形（圆和直线）。本例中，由于相贯线的侧

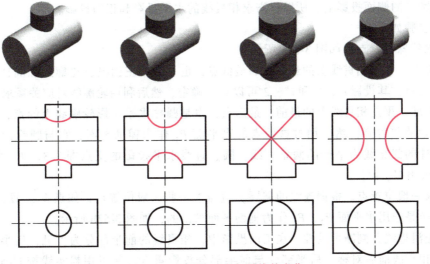

图 3-51 两圆柱正交相贯线的变化

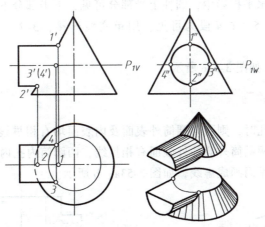

a) 求特殊位置点

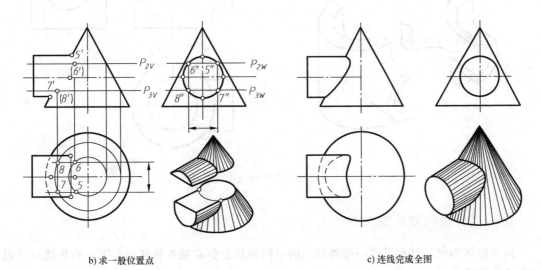

b) 求一般位置点　　　　　　　c) 连线完成全图

图 3-52 圆柱和圆锥正交的相贯线

面投影在圆柱的侧面投影上，所以只需求相贯线的水平投影和正面投影。

作图步骤如下：

1) 求特殊位置点，如图3-52a所示。

① 点Ⅰ、Ⅱ是相贯线上的最高点和最低点，也是圆锥正面投影轮廓线和圆柱正面投影轮廓线的交点，其投影1′、2′和1″、2″可以直接确定，然后利用轮廓线对应关系求出1、2。

② 点Ⅲ、Ⅳ是相贯线上的最前、最后点，也是圆柱水平投影轮廓线上的点，侧面投影3″、4″可以直接得到，然后用过这两点的水平面$P_1$作为辅助平面，它与圆锥的截交线为圆，与圆柱的截交线为平行的两条直线，圆、直线水平投影的交点即为3、4。由3、4和3″、4″可求出3′、4′。

2) 求一般位置点。根据连线的需要，适当求一些一般位置点，如点Ⅴ、Ⅵ、Ⅶ、Ⅷ，它们的投影是选用水平面$P_2$、$P_3$作为辅助平面求出的，如图3-52b所示。

3) 光滑连线并判断可见性。在正面投影中，相贯线的前半部分为可见，后半部分为不可见；因相贯线前后对称，后半部分与前半部分投影重合，所以用粗实线按1′-5′-3′-7′-2′顺序光滑连线。由于水平投影中，圆柱上半部分可见，下半部分不可见，所以相贯线的水平投影以3、4为界，3-5-1-6-4段为可见，用粗实线连接，3-7-2-8-4段为不可见，用虚线连接。

4) 整理轮廓线，如图3-52c所示。

### 三、内相贯线的画法

当圆筒上钻有圆孔时，则孔与圆筒外表面及内表面均有相贯线，如图3-53a所示；当圆筒与圆筒相贯时，则两圆筒外圆柱外表面有相贯线，两圆筒内孔内表面也有相贯线，但内相贯线的投影由于不可见而画成虚线，如图3-53a、b所示。

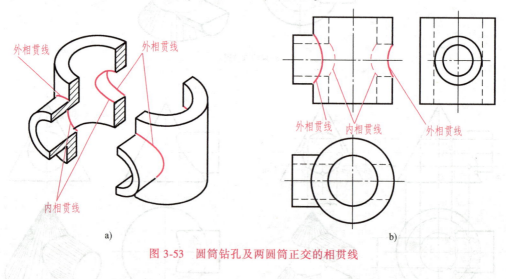

图3-53 圆筒钻孔及两圆筒正交的相贯线

### 四、相贯线的特殊情况

两回转体相交，其相贯线一般是封闭的空间曲线，但在某些特殊情况下，相贯线也可以是平面曲线或直线。

### 1. 相贯线为平面曲线

（1）两同轴回转体的相贯线　两同轴回转体相交，其相贯线是垂直于轴线的圆。当轴线平行于某一投影面时，交线圆在该投影面上的投影是过两立体投影轮廓线交点的直线段，如图 3-54 所示。

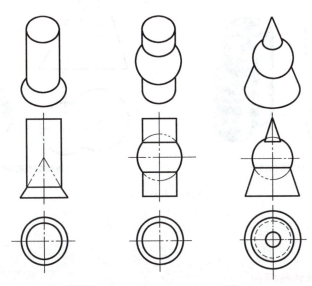

图 3-54　同轴回转体的相贯线

（2）两个外切于同一球面的回转体的相贯线　其立体图和三视图如图 3-55 所示。

两回转体轴线相交，若它们能公切一个球，则相贯线一定是平面曲线，即相交的两个椭圆。图 3-55 中的圆柱与圆柱、圆柱与圆锥相交并公切一个球，因此其相贯线都是垂直于正面的两个椭圆。连接其正面投影的转向轮廓素线的交点，得到两条相交直线，即为相贯线的正面投影。

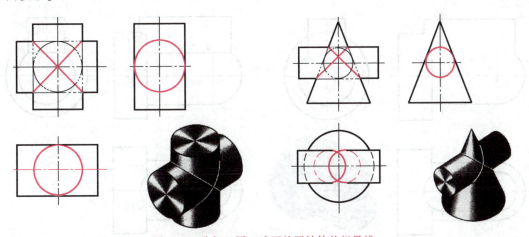

图 3-55　公切于同一球面的回转体的相贯线

### 2. 相贯线为直线

两轴线平行的圆柱、两共锥顶圆锥的相贯线为直线。两轴线平行的圆柱相交时，其相贯线为平行于圆柱轴线的直线,如图3-56a所示;两共锥顶圆锥相交时,其相贯线为过锥顶的直线,如图3-56b所示。

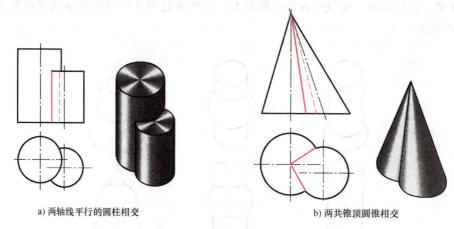

a) 两轴线平行的圆柱相交　　　　　　b) 两共锥顶圆锥相交

图 3-56　相贯线为直线

## 任务实施:

### 1. 分析组合回转体的结构

图3-47所示立体的主体是由轴线为侧垂线的三个同轴回转体所组成的组合回转体,左端是半球,中间是与半球等径的小圆柱,右端是大圆柱;主体的上方有一个长圆形凸台,它与半球、小圆柱、大圆柱表面都有相贯线,这个长圆形凸台由左右两端的半圆柱面和前后两侧的正平面围成。整个相贯体前后对称,相贯线也前后对称。由于凸台的前后、左右表面的水平投影有积聚性,相贯线的水平投影都重合在其上,所以只要作出相贯线的正面投影和侧面投影即可。

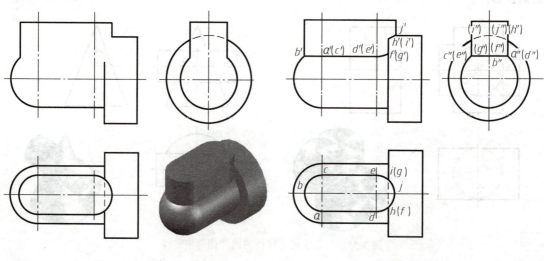

a)　　　　　　　　　　　　　　　　b)

图 3-57　组合回转体的三视图

**2. 画基本体投影**

画组合回转体各部分基本体的投影，如图 3-57a 所示。

**3. 画相贯线的投影**

从左向右逐段分析相贯线。情况如下：凸台左端的半圆柱面与半球的相贯线为半个水平的圆周（*ABC*）；凸台前后两个正平面与小圆柱面相交于小圆柱面上的两条素线（*AD* 和 *CE*）；凸台右端的半圆柱面与小圆柱面的相贯线分别为前后两段空间曲线（*DF* 和 *EG*）；凸台右端的半圆柱面与大圆柱左端面相交于半圆柱面上的前后两条素线（*HF* 和 *IG*），凸台右端的半圆柱面与大圆柱面的相贯线为一段空间曲线（*HJI*）。

作图时，从左向右逐段补全相贯线的正面投影和侧面投影，图中的相贯线可以用表面取点法或简化画法作出。

# 任务五　绘制轴承座的三视图

**任务分析**：如图 3-58 所示，轴承座由若干个基本体组成。这种由两个或两个以上的基本几何体构成的物体，称为组合体。要正确画出轴承座的三视图，必须明确组合体的组合方式和表面连接关系，以及形体分析法。

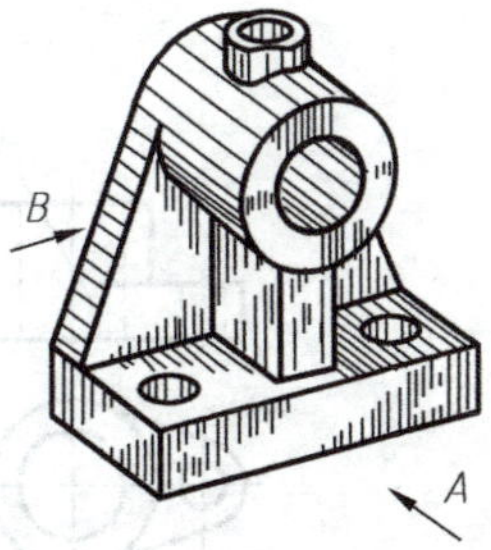

**基本知识：**

## 一、组合体的组合方式和相邻表面之间的连接关系

**1. 组合体的组合方式**

组合体有切割和叠加两种组合形式，常见的组合体则是这两种方式的综合，如图 3-59 所示。

图 3-58　轴承座立体图

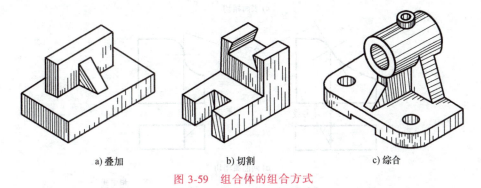

a) 叠加　　　　b) 切割　　　　c) 综合

图 3-59　组合体的组合方式

**2. 组合体的连接关系**

无论以何种方式构成组合体，其基本体的相邻表面都存在一定的相互连接关系，一般可分为平齐、相切、相交等情况。

（1）平齐　当两形体的邻接表面共面时，两表面为平齐，因而视图上两邻接表面之间无分界线，如图 3-60a 所示；当两形体的邻接表面不共面时，两表面不平齐，则必须画出它们的分界线，如图 3-60b 所示。

（2）相切　当两形体的表面相切时，两表面在相切处光滑过渡，不应画线，如图3-60c所示。

当两曲面相切时，还要看两曲面的公切面是否垂直于投影面。如果两曲面的公切面垂直于投影面，则在该投影面上相切处要画线；否则不画线，如图3-60d所示。

（3）相交　当两形体的表面相交时，相交处会产生不同形式的交线，在视图中应画出这些交线的投影，如图3-60e所示。

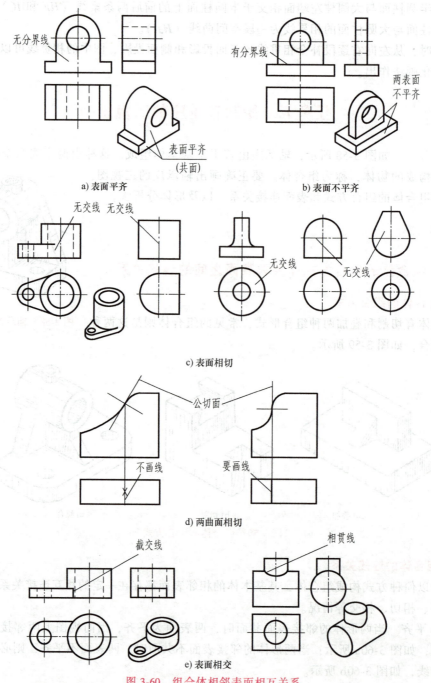

图3-60　组合体相邻表面相互关系

## 二、形体分析法

形体分析法是解决组合体问题的基本方法。所谓形体分析就是将组合体按照其组成方式分解为若干基本体，弄清楚各基本体的形状、它们之间的相对位置和表面间的相互关系。这种方法也称为形体分析法，在画图、读图和标注尺寸的过程中，常常要运用形体分析法。

## 任务实施：

### 1. 形体分析

画图之前，首先应对组合体进行形体分析。轴承座由上部的凸台Ⅴ、圆筒Ⅰ、支承板Ⅱ、底板Ⅳ及肋板Ⅲ组成。凸台与圆筒正交，在外表面和内表面上都有相贯线。支承板、肋板和底板分别是不同形状的平板。支承板的左右侧面都与圆筒的外圆柱面相切，肋板的左右侧面与圆筒的外圆柱面相交，底板的顶面与支承板、肋板的底面相互重合。

### 2. 选择视图

首先要确定主视图，一般是将组合体的主要表面或主要轴线放置在与投影面平行或垂直位置，并以最能反映该组合体各部分形状和位置特征的一个视图作为主视图。同时还应考虑如下方面：使其他两个视图上的虚线尽量少一些；尽量使画出的三视图长大于宽。后两点不能兼顾时，以前面所讲主视图的选择原则为准。

图 3-61 中，对轴承座沿 A 向观察，所得视图满足上述要求，因此 A 向视图可以作为主视图；主视图方向确定后，其他视图的方向则随之确定。

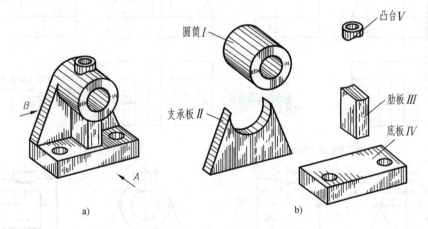

图 3-61　轴承座

### 3. 选择图幅和比例

根据组合体的复杂程度和尺寸大小，应选择国家标准规定的图幅和比例。在选择时，应充分考虑到视图、尺寸、技术要求及标题栏的大小和位置等。

### 4. 布置视图，画基准线

根据组合体的总体尺寸，通过简单计算将各视图均匀地布置在图框内。各视图位置确定后，用细点画线或细实线画出基准线。基准线一般为底面、对称面、重要端面、重要轴线等，如图 3-62a 所示。

5. 画底稿

依次画出每个简单形体的三视图,如图 3-62a~f 所示。画底稿时应注意如下事项:

1)在画各基本体的视图时,应先画主要形体,后画次要形体,先画可见部分,后画不

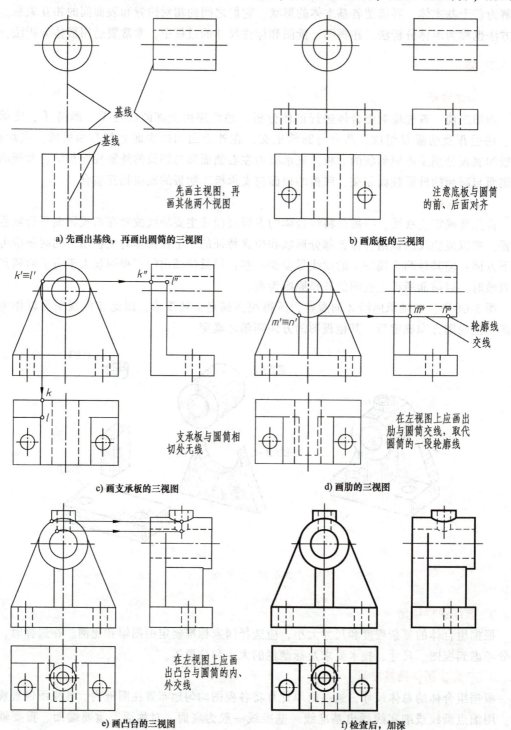

图 3-62 轴承座三视图的作图步骤

可见部分。如图中先画底板和圆筒，后画支承板和肋板。

2）画每一个基本体时，一般应该三个视图对应着一起画。先画反映实形或有特征的视图，再按投影关系画其他视图（如图中圆筒先画主视图，凸台先画俯视图，支承板先画主视图等）。尤其要注意必须按投影关系正确地画出相切和相交处的投影。

#### 6. 检查并加深

检查底稿，改正错误，然后再加深，如图 3-62f 所示。

注：此任务中的轴承座是以叠加为主的组合体，以切割为主的组合体三视图画法与前面任务二中切口五棱柱三视图画法基本相同：从被切割形体的整体的投影开始，按切割的顺序逐次画完全图，如图 3-63 和图 3-64 所示导向块三视图画法。

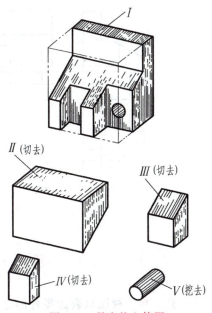

图 3-63　导向块立体图

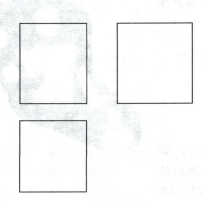

a）画长方体的三视图

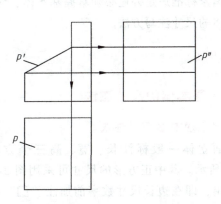

b）切去形体 II，先画主视图，后画其他视图

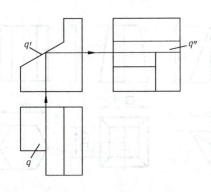

c）切去形体 III，先画俯视图，后画其他视图

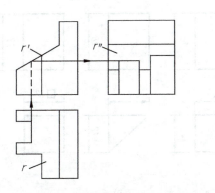

d）切去形体 IV，先画俯视图，后画其他视图

图 3-64　导向块三视图画图步骤

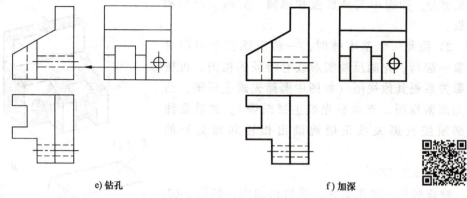

e) 钻孔　　　　　　　　　　　　f) 加深

图 3-64　导向块三视图画图步骤（续）

## 任务六　标注支架的尺寸

**任务分析**：视图只表达零件的结构形状，要确定零件的大小，必须标注尺寸。若要正确、完整、清晰地标出图 3-65 所示支架的尺寸，除遵循尺寸注法国家标准规定外还必须掌握基本体、切割体、相贯体及组合体的尺寸注写方法。

**基本知识**：

### 一、基本体的尺寸注法

#### 1. 平面立体的尺寸注法

平面立体一般标注长、宽、高三个方向的尺寸，如图 3-66 所示。其中正方形的尺寸可采用图 3-66c、e 所示的形式注出，即在边长尺寸数字前加注"□"符号。图 3-66f 中加"( )"的尺寸称为参考尺寸。

图 3-65　支架立体图

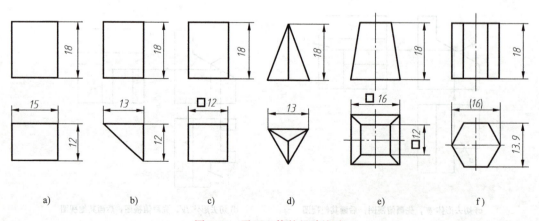

图 3-66　平面立体的尺寸注法

## 2. 回转体的尺寸注法

圆柱和圆锥应注出底圆直径和高度尺寸，圆锥台还应加注顶圆的直径。直径尺寸应在其数字前加注符号"φ"，一般注在非圆视图上。这种注写形式用一个视图就能确定其形状和大小，其他视图可省略，如图 3-67a～c 所示。标注圆球的直径和半径时，应分别在"φ""R"前加注符号"S"，如图 3-67d、e 所示。

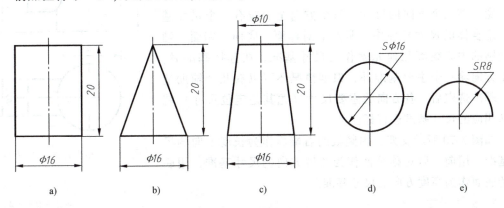

图 3-67　回转体的尺寸注法

## 二、基本几何体切割后的尺寸注法

除了标注基本几何体的定形尺寸以外，基本几何体截割后还要标注确定截平面位置的尺寸。

注：截交线为截平面截断立体后自然形成的交线，因此不标注截交线的尺寸，如图 3-68 所示。

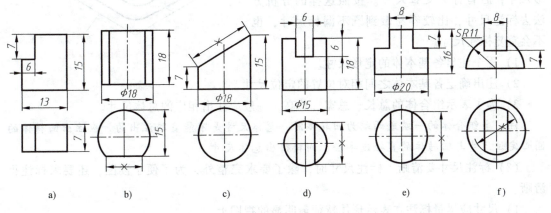

图 3-68　切割体的尺寸注法

## 三、相贯体的尺寸注法

除标注两相交基本体的定形尺寸外，还要注出确定两相交基本体相对位置的定位尺寸。对于相贯的两个圆柱体，要以轴线为基准确定两圆柱的位置。

注：由于相贯线为自然形成的交线，所以无须标注相贯线的尺寸，如图3-69所示。

### 四、组合体的尺寸注法

#### 1. 选择尺寸基准

标注或测量尺寸的起始位置，称为尺寸基准。组合体有长、宽、高三个方向的尺寸，每个方向至少应有一个尺寸基准。组合体的尺寸标注中，常选取对称面、底面、端面、轴线或圆的中心线等几何元素作为尺寸基准。在选择基准时，每个方向除一个主要基准外，根据情况还可以有几个辅助基准。基准选定后，各方向的主要尺寸（尤其是定位尺寸）就应从相应的尺寸基准进行标注。

如图3-70所示支架，用竖板的右端面作为长度方向的尺寸基准，用前、后对称平面作为宽度方向的尺寸基准，用底板的底面作为高度方向的尺寸基准。

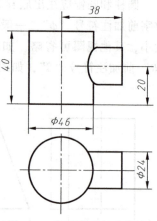

图3-69 相贯体的尺寸注法

#### 2. 标注尺寸

（1）标注尺寸要正确　所注尺寸数值要正确无误，注法要符合国家标准中有关尺寸注法的基本规定。

（2）标注尺寸要完整　要达到这个要求，应首先按形体分析法将组合体分解为若干基本体，再注出表示各个基本体的形状和大小的尺寸以及确定这些基本体间相对位置的尺寸。前者称为定形尺寸，后者称为定位尺寸。按照这样的分析方法去标注尺寸，比较容易做到既不漏标尺寸，也不会重复标注尺寸。

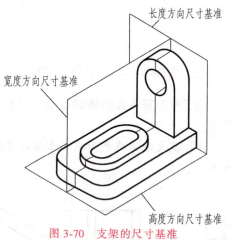

图3-70 支架的尺寸基准

1）逐个注出各基本体的定形尺寸。

2）注出确定各基本体之间相对位置的定位尺寸。

3）为了表示组合体的总长、总宽、总高，一般应注出相应的总体尺寸。

注：当组合体的一端或两端为回转体时，总体尺寸是不能直接注出的。应注出回转体的圆心定位尺寸与回转体的直径或半径，间接得出总体尺寸。

（3）标注尺寸要清晰　标注尺寸时，除了要求完整外，为了便于读图，还要求标注得清晰。

1）尺寸应尽量标注在表示形体特征最明显的视图上。

2）同一基本体的定形尺寸以及相关联的定位尺寸尽量集中注写。

3）尺寸应尽量注在视图的外侧，以保持图形的清晰。同一方向几个连续尺寸应尽量标注在同一条线上。

4）同心圆柱的直径尺寸尽量注在非圆视图上，而圆弧的半径尺寸则必须注在投影为圆弧的视图上。

5）尽量避免在虚线上标注尺寸。

6）尺寸线与尺寸界线，尺寸线、尺寸界线与轮廓线都应避免相交。相互平行的尺寸应按"小尺寸在内，大尺寸在外"的原则放置。

7）内形尺寸与外形尺寸最好分别注在视图的两侧。

在标注尺寸时，有时会出现不能兼顾以上各点的情况，这时必须在保证尺寸标注正确、完整的前提下，灵活掌握，力求清晰。

### 五、常见结构的尺寸注法

图 3-71 所示为常见结构的尺寸标注。

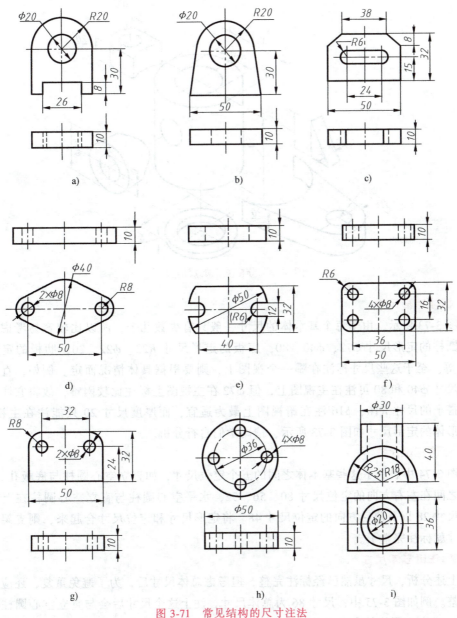

图 3-71 常见结构的尺寸注法

## 任务实施：

### 1. 选择尺寸基准

图 3-72 为图 3-65 所示支架的轴测图分解。图中支架长度方向的尺寸基准为直立空心圆柱的轴线，宽度方向的尺寸基准为底板及直立空心圆柱的前后对称面，高度方向的尺寸基准为直立空心圆柱的上表面。

### 2. 形体分析

如图 3-72 所示，将支架分解成六个基本体后，分别注出其定形尺寸。

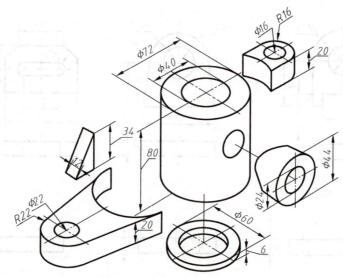

图 3-72　分析支架的定形尺寸

### 3. 标注定形尺寸

如图 3-73 所示，由于每个基本体的尺寸一般只有少数几个，所以比较容易考虑，如直立空心圆柱的定形尺寸 $\phi72$、$\phi40$、80，底板的定形尺寸 $R22$、$\phi22$、20，肋板的定形尺寸 34、12 等。至于这些尺寸标注在哪一个视图上，则要根据具体情况而定。例如，直立空心圆柱的尺寸 $\phi40$ 和 80 可注在主视图上，但 $\phi72$ 在主视图上标注比较困难，故将它注在左视图上。搭子的尺寸 $R16$、$\phi16$ 注在俯视图上最为适宜，而厚度尺寸 20 只能注在主视图上，其余各形体的定形尺寸如图 3-73 所示，请同学们自行分析。

### 4. 标注定位尺寸

在图 3-74 中表示了这些基本体之间的五个定位尺寸，如直立空心圆柱与底板孔、肋板、搭子孔之间在左右方向的定位尺寸 80、56、52，水平空心圆柱与直立空心圆柱在上下方向的定位尺寸 28 以及前后方向的定位尺寸 48。将定形尺寸和定位尺寸合起来，则支架上所必需的尺寸就标注完整了。

### 5. 标注出总体尺寸

按上述分析，尺寸虽然已经标注完整，但考虑总体尺寸后，为了避免重复，还应进行适当的调整。例如图 3-75 中，尺寸 86 为总体尺寸，注上这个尺寸后会与直立空心圆柱的高度尺寸 80、扁空心圆柱的高度尺寸 6 重复，因此应将尺寸 6 省略。当物体的端部为同轴线的

项目三 识读和绘制零件三视图

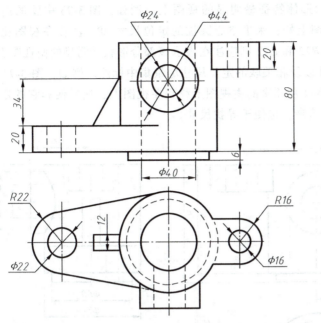
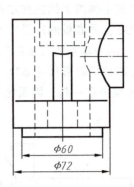

图 3-73 标注支架的定形尺寸

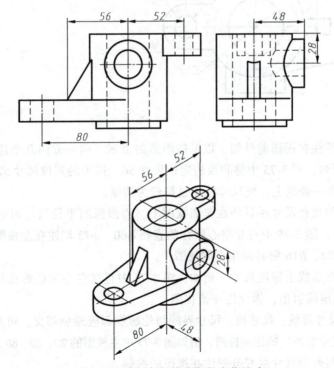

图 3-74 分析与标注支架的定位尺寸

圆柱或圆孔（如图中底板的左端、直立空心圆柱的后端等）时，一般不再标注总体尺寸。如图 3-75 所示，标注了定位尺寸 48 及圆柱直径 φ72 后，就不再需要标注总宽尺寸了。

**6. 合理布置支架尺寸**

根据尺寸标注要清晰的要求，合理布置支架尺寸。

1) 尺寸应尽量标注在表示形体特征最明显的视图上。例如,图 3-75 中肋的高度尺寸 34,注在主视图上比注在左视图上好;水平空心圆柱的定位尺寸 28,注在左视图比注在主视图上好;而底板的定形尺寸 R22 和 φ22 则应注在表示该部分形状最明显的俯视图上。

2) 同一基本体的定形尺寸以及相关联的定位尺寸尽量集中标注。例如,图 3-75 中将水平空心圆柱的定形尺寸 φ24、φ44 从原来的主视图上移到左视图上,这样便和它的定位尺寸 28、48 集中在一起,因而比较清晰,也便于寻找尺寸。

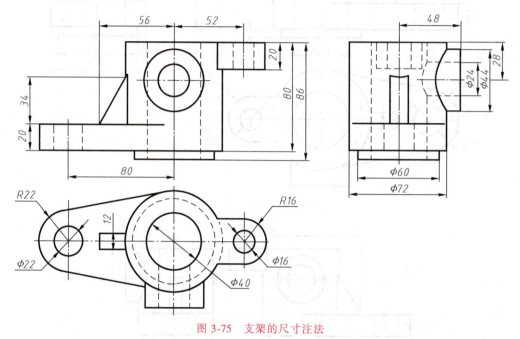

图 3-75  支架的尺寸注法

3) 尺寸应尽量注在视图的外侧,以保持图形的清晰。同一方向几个连续尺寸应尽量排在同一条线上。例如,图 3-75 中将肋板的定位尺寸 56、搭子的定位尺寸 52 和水平空心圆柱的定位尺寸 48 排在一条线上,使尺寸标注显得较为清晰。

4) 同心圆柱的直径尺寸尽量注在非圆视图上,而圆弧的半径尺寸则必须注在投影为圆弧的视图上。例如,图 3-75 中直立空心圆柱的直径 φ60、φ72 均注在左视图上,而底板及搭子上的圆弧半径 R22、R16 则必须注在俯视图上。

5) 尽量避免在虚线上标注尺寸。例如,图 3-75 中直立空心圆柱的孔径 φ40,若标注在主、左视图上将从虚线引出,因此注在俯视图上。

6) 尺寸线与尺寸界线,尺寸线、尺寸界线与轮廓线都应避免相交。相互平行的尺寸应按"小尺寸在内,大尺寸在外"的原则排列,例如图 3-75 中主视图的 20、80、86 三个尺寸。

7) 内形尺寸与外形尺寸最好分别注在视图的两侧。

## 任务七  识读轴承座三视图

**任务分析**:读图和画图是学习本课程的两个重要目的。画图是运用正投影法把零件表达在平面上,而读图则是运用正投影原理,根据视图想象出零件的结构形状。若想看懂图 3-76

所示轴承座三视图，必须掌握正确的读图方法。

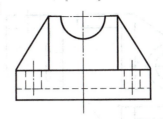
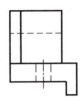

## 基本知识：

### 一、读图的基本知识

#### 1. 几个视图联系起来看

一般情况下，仅根据一个视图不能完全确定物体的形状。例如图3-77所示的五组视图，它们的主视图都相同，但结合俯视图可以看出其表示了五种不同形状的物体。

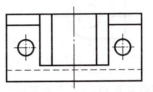

图 3-76　轴承座三视图

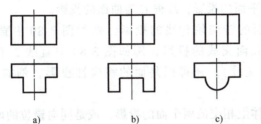

a)　　　　b)　　　　c)　　　　d)　　　　e)

图 3-77　仅根据一个视图不能确定物体的形状

又如图3-78所示的三组视图，它们的主、俯视图都相同，但结合左视图分析可知其表示三种不同形状的物体。

由此可见，读图时，一般要将几个视图联系起来分析和构思，这样才能弄清物体的形状和结构。

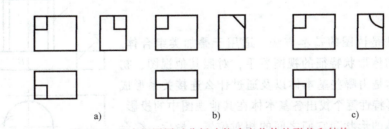

a)　　　　　　b)　　　　　　c)

图 3-78　几个视图同时分析才能确定物体的形状和结构

#### 2. 寻找特征视图

所谓特征视图，就是把物体的形状特征及相对位置反映得最充分的那个视图。例如图3-78中的左视图。找到这个视图，再配合其他视图，就能较快地认清物体了。

但是，由于组合体的组成方式不同，物体的形状特征及相对位置并非总是集中在一个视图上，有时是分散于各个视图上。例如图3-79中的支架就是由四个形体叠加构成的，主视图反映物体 A、B 的特征，左视图反映物体 C 的特征，俯视图反映物体 D 的特征。因此，在读图时要抓住反映特征较多的视图。

#### 3. 了解视图中的线框和图线的含义

弄清视图中线和线框的含义，是读图的基础。下面以图3-80所示为例说明。

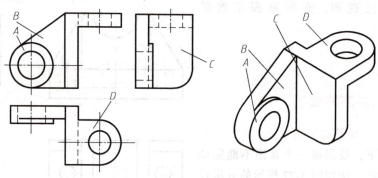

图 3-79　识图时应找出特征视图

视图中每个封闭线框可以是形体上不同位置平面和曲面的投影，也可以是孔的投影。例如图 3-80 主视图中 A、B 和 D 线框为平面的投影，线框 C 为曲面的投影。

视图中的每一条图线可以是曲面的转向轮廓线的投影，例如图 3-80 中直线 1 是圆柱的转向轮廓线投影；也可以是两表面交线的投影，例如图 3-80 中直线 2（平面与平面的交线）、直线 3（平面与曲面的交线）；还可以是面的积聚性投影，例如图 3-80 中直线 4。

任何相邻的两个封闭线框应是物体上相交的两个面的投影，或是同向错位的两个面的投影。例如图 3-80 中 A 和 B、B 和 C 都是相交两表面的投影，B 和 D 则是前后平行两表面的投影。

大封闭线框包含小封闭线框，表示在大形体上有凸起或凹下的小形体，如图 3-80 中线框 5。

## 二、读图的基本方法

### 1. 形体分析法

形体分析法是读图的基本方法，适用于叠加类组合体。一般是从反映物体形状特征的视图着手，对照其他视图，初步分析出该物体是由哪些基本体以及通过什么连接关系形成的。然后按投影特性逐个找出各基本体在其他视图中的投影，以确定各基本体的形状和它们之间的相对位置。最后，综合想象出物体的整体形状。

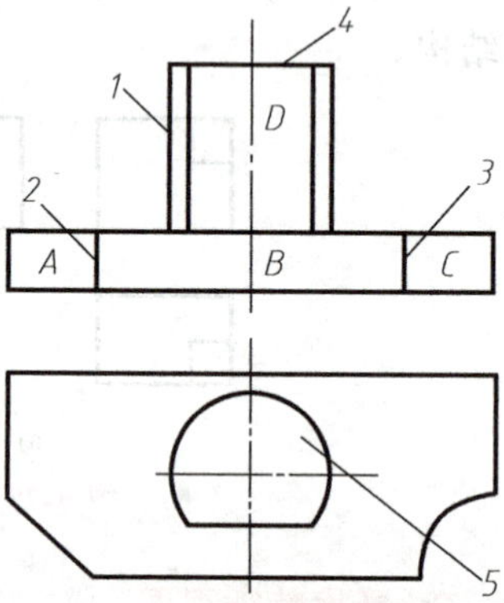

### 2. 线面分析法

图 3-80　线框和图线的含义

当形体被多个平面切割、形体的形状不规则或在某视图中形体结构的投影重叠时，运用形体分析法往往难于读懂。这时，需要运用线面投影理论来分析物体的表面形状、面与面的相对位置以及面与面之间的表面交线，并借助立体的概念来想象物体的形状。这种方法称为线面分析法，适用于切割类组合体。

下面以图 3-81 所示压块为例，说明线面分析的识图方法。

（1）确定物体的整体形状　根据图 3-81a 可知，压块三视图的外形均是有缺角和缺口的矩形，能初步认定该物体是由长方体切割而成的。

（2）确定切割面的位置和面的形状　从图 3-81b 所示主视图中的斜线 $a'$ 出发，结合其他

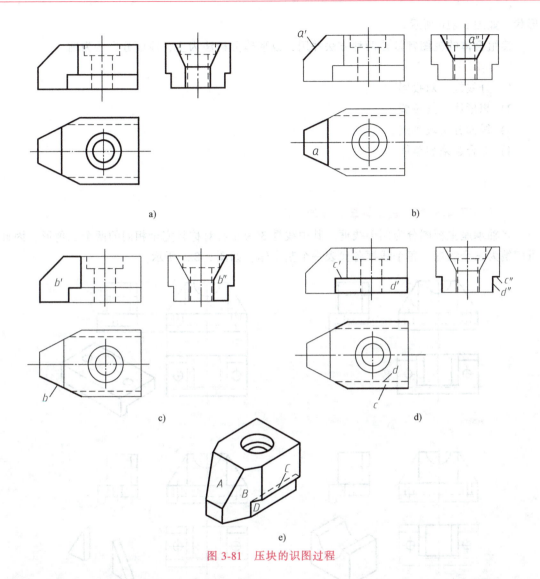

图 3-81 压块的识图过程

两面视图可知，A 面是垂直于 V 面的梯形平面。因此，长方体的左上角是由 A 面切割而成的。由于平面 A 对 W 面和 H 面都处于倾斜位置，所以它们的侧面投影 a″ 和水平投影 a 是类似图形，不反映 A 面的真实形状。

从图 3-81c 所示俯视图中的斜线 b 出发，结合其他两面视图可知，B 面是铅垂面。因此，长方体的左端就是由这样的两个平面切割而成的。平面 B 对 V 面和 W 面都处于倾斜位置，因而其正面投影和侧面投影是类似的七边形线框。

由图 3-81d 可知，从左视图上的直线 c″、d″ 入手，可找到 C、D 面的三个投影。从投影图中可知 D 面为正平面，C 面为水平面，长方体的前后两边就是由这样两个平面切割而成的。

图中大封闭线框包含小封闭圆，表示在大形体上有凹下的阶梯孔。

（3）综合想象其整体形状 搞清楚各截切面的空间位置和形状后，根据基本体形状、各截切面与基本体的相对位置，进一步分析视图中的线、线框的含义，可以综合想象出整体形状，如图 3-81e 所示。

读组合体的视图常常是两种方法并用，以形体分析法为主，线面分析法为辅。

### 3. 读图的一般步骤

1) 分线框，对投影。
2) 想形体，辨位置。
3) 线面分析攻难点。
4) 综合起来想整体。

## 任务实施：

### 1. 从视图中分离出表示各基本体的线框

将轴承座主视图分为四个线框。其中线框 3 为左右对称且完全相同的两个三角形，因此可归纳为三个线框。每个线框各代表一个基本体，如图 3-82a 所示。

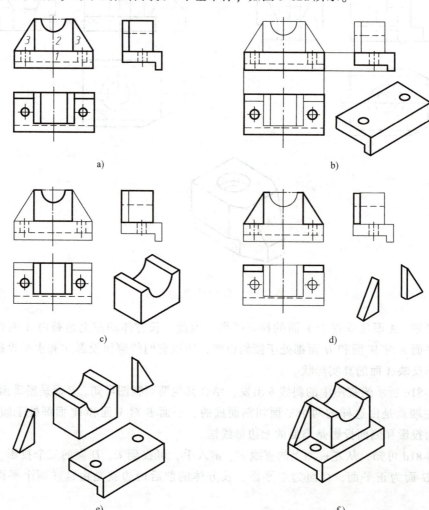

图 3-82 轴承座的读图方法

## 2. 找出各线框对应的其他投影并结合各自的特征视图逐一构思其形状

如图 3-82b 所示，线框 1 的主、俯视图是矩形。左视图是 L 形，可以想象出该形体是一块直角弯板，板上钻了两个圆孔。

如图 3-82c 所示，线框 2 的俯视图是一个中间带有两条直线的矩形。其左视图是一个矩形，矩形的中间有一条虚线，可以想象出它的形状是在一个长方体的中部挖了一个半圆槽。

如图 3-82d 所示，线框 3 的俯、左视图都是矩形，因此它们是两块三棱柱对称地分布在轴承座的左右两侧。

## 3. 综合想象出整体形状

根据各部分的形状和它们的相对位置综合想象出其整体形状，如图 3-82e、f 所示。

# 任务八　绘制支座轴测图

**任务分析**：三视图能够准确地表达出形体的形状，且作图简单，但是直观性较差。为弥补这一缺点，有时需要画出形体的轴测投影图。因此，轴测投影图是一种辅助图样，是对正投影图的补充。如要根据图 3-83 所示支座三视图正确地画出其轴测图，则必须掌握轴测图的画法。

**基本知识：**

## 一、基本体轴测图的画法

### 1. 轴测图基本知识

（1）**轴测图的形成**　将物体连同其参考直角坐标系，沿不平行于任一坐标面的方向，用平行投影法将其投射在单一投影面上所得到的图形，称为轴测图。轴测图有正轴测图和斜轴测图之分。按投射方向与轴测投影面垂直的方法画出来的是正轴测图；按投射方向与轴测投影面倾斜的方法画出来的是斜轴测图，如图 3-84 所示。

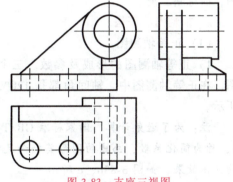

图 3-83　支座三视图

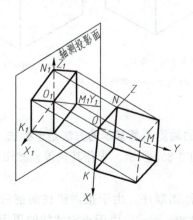

a) 正等轴测图的形成

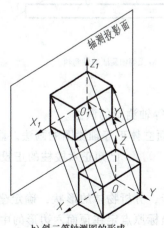

b) 斜二等轴测图的形成

图 3-84　轴测图的形成

(2) 术语

1) 轴测投影面。轴测图是单面投影图,这个投影面就称为轴测投影面。

2) 轴测轴。空间直角坐标轴在轴测投影面上的投影称为轴测轴。

3) 轴间角。轴测图中两轴测轴间的夹角称为轴间角。

4) 轴向伸缩系数。轴测轴上的单位长度与相应空间坐标轴上的单位长度的比值称为轴向伸缩系数。

(3) 轴测投影特性

1) 物体上与坐标轴平行的线段,在轴测图中平行于相应的轴测轴。

2) 物体上相互平行的线段,在轴测图中也相互平行。

(4) 轴测图分类

1) 正轴测图。用正投影法得到的轴测投影,称为正轴测图,其中常用的是正等轴测图,简称正等测。

2) 斜轴测图。用斜投影法得到的轴测投影,称为斜轴测图,其中常用的是斜二等轴测图,简称斜二测。

**2. 轴测图的画法**

(1) 正等轴测图

1) 正等轴测图的形成及参数。三个轴向伸缩系数都相等的正轴测图,称为正等轴测图。在正等轴测图中,轴间角都是120°,各轴向的伸缩系数为 $p=q=r=0.82$,如图 3-85a 所示。

注:为了避免计算,国家标准 GB/T 4458.3—2013《机械制图 轴测图》规定 $p=q=r=1$,称为简化系数,画出的图形其轴向尺寸均约是原来图形的 1.22 倍,图形大了些,但不影响立体效果,如图 3-85b、c 所示。

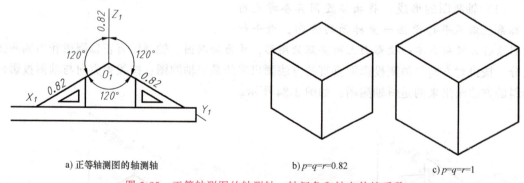

a) 正等轴测图的轴测轴　　b) $p=q=r=0.82$　　c) $p=q=r=1$

图 3-85　正等轴测图的轴测轴、轴间角和轴向伸缩系数

2) 正等轴测图的画法。

① 平面立体正等轴测图的画法。画平面立体的轴测图最基本的方法是坐标法。

【例 3-10】 已知正六棱柱的正投影图,如图 3-86a 所示,求作其正等轴测图。

**解**

第一步,分析物体的形状,确定坐标原点和作图顺序。由于正六棱柱的前后、左右对称,故把坐标原点定在顶面六边形的中心,如图 3-86a 所示。由于正六棱柱的顶面和底面均为平行于水平面的六边形,在轴测图中,顶面可见,底面不可见。为减少作图线,应从顶面开始画。

第二步，画轴测轴，如图 3-86b 所示。

第三步，用坐标定点法作图。

a. 画出六棱柱顶面的轴测图。以 $O_1$ 为中点，在 $O_0X_1$ 轴上取 $I \, IV = 14$，在 $Y_1$ 轴上取 $AB = ab$，如图 3-86b 所示。过点 $A$、$B$ 分别作 $O_1X_1$ 轴的平行线，且分别以点 $A$、$B$ 为中点，在所作的平行线上取 $II \, III = 23$，$V \, VI = 56$，如图 3-86c 所示。再用直线顺次连接 $I$ - $II$ - $III$ - $IV$ - $V$ - $VI$，得顶面的轴测图，如图 3-86d 所示。

b. 画棱面的轴测图。过 $VI$、$I$、$II$、$III$ 各点向下作 $Z_1$ 轴的平行线，并在各平行线上按尺寸 $h$ 取点再依次连线，如图 3-86e 所示。

c. 完成全图。擦去多余图线并加深，正六棱柱的正等轴测图如图 3-86f 所示。

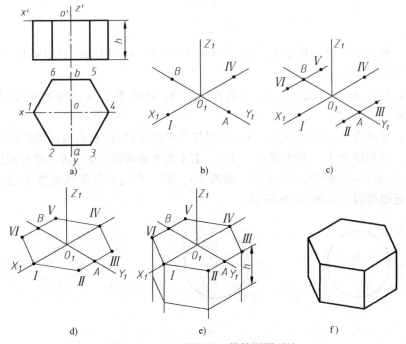

图 3-86　正六棱柱的正等轴测图画法

注：轴测图中一般只画出可见部分，必要时才画出不可见部分。

② 回转体的正等轴测图。回转体的正等轴测图画法中，主要了解平行于投影面的圆的正等轴测图的画法。由于正等轴测图的三个坐标轴都与轴测投影面倾斜，所以平行于投影面的圆的正等轴测图均为椭圆，如图 3-87 所示。由图可见：$XOY$ 面上椭圆的长轴垂直于 $OZ$ 轴；$XOZ$ 面上椭圆的长轴垂直于 $OY$ 轴；$YOZ$ 面上椭圆的长轴垂直于 $OX$ 轴。

注：椭圆长轴约为 $1.22d$，短轴约为 $0.7d$，在利用计算机画正等测图时，知道这两个参数非常方便。

【例 3-11】 求作图 3-88a 所示半径为 $R$ 的水平圆的正等轴测图。用四心圆弧法作图。

解

第一步，定出直角坐标的原点及坐标轴。画圆的外切正方形 $1234$，与圆相切于 $a$、$b$、$c$、$d$ 四点，如图 3-88b 所示。

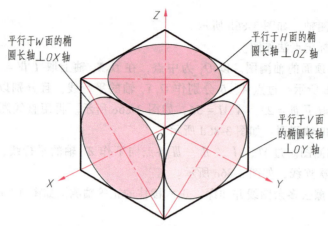

图 3-87 平行于轴测投影面的圆的正等轴测图

第二步，画出轴测轴，并在 $X_1$、$Y_1$ 轴上截取 $O_1A = O_1C = O_1B = O_1D = R$，得 $A$、$B$、$C$、$D$ 四点，如图 3-88c 所示。

第三步，过点 $A$、$C$ 和点 $B$、$D$ 分别作 $Y_1$、$X_1$ 轴的平行线，得菱形 I II III IV，如图 3-88d 所示。

第四步，连接点 I、$C$ 和点 III、$A$，分别与 II IV 交于点 $O_3$ 和点 $O_2$，如图 3-88e 所示。

第五步，分别以点 I、III 为圆心，I $C$、III $A$ 为半径画弧 $CD$、$AB$，再分别以点 $O_2$、$O_3$ 为圆心，$O_2A = O_2D = O_3B = O_3C$ 为半径，画弧 $AD$、$BC$。由这四段圆弧光滑连接而成的图形，即为所求的近似椭圆，如图 3-88f 所示。

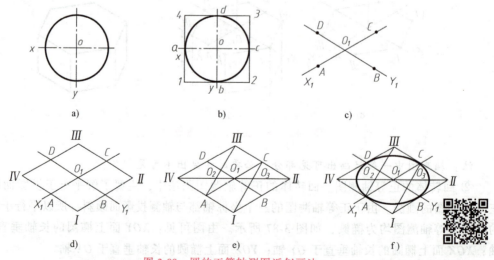

图 3-88 圆的正等轴测图近似画法

【例 3-12】 作圆柱体的正等轴测图。

**解**

第一步，定原点和坐标轴，如图 3-89a 所示。

第二步，画两端面圆的正等轴测图，用移心法（用四心圆弧法画上底面圆的正等轴测图，将上底面的四个圆心按高度下移画出下底面的正等轴测图）画底面，如图 3-89b 所示。

第三步,作两椭圆的公切线,擦去多余线条,加深完成全图,如图3-89c所示。

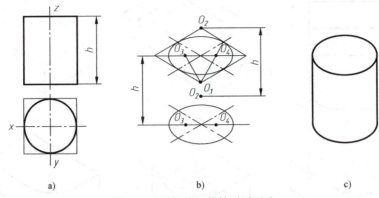

图 3-89　圆柱的正等轴测图画法

③ 平行于基本投影面的圆角的正等轴测图的画法。平行于基本投影面的圆角,实质上就是平行于基本投影面的圆的一部分。因此,可以用近似法画圆角的正等轴测图。特别是常见的1/4圆周的圆角,其正等测恰好就是上述近似椭圆四段圆弧中的一段,如图3-90所示。

【例3-13】　画出如图3-91a所示带圆角的长方体底板的正等轴测图。

**解**

第一步,按图3-91b所示画出图形,并按圆角半径 R 在底板相应的棱线上找出切点 1、2 和切点 3、4。

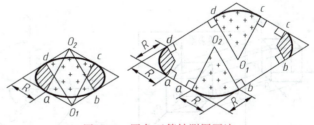

图 3-90　圆角正等轴测图画法

第二步,过切点1、2和切点3、4分别作切点所在直线的垂线,其交点 $O_1$、$O_2$ 就是轴测圆角的圆心,如图3-91c所示。

第三步,分别以 $O_1$、$O_2$ 为圆心,以 $O_1 1$、$O_2 3$ 为半径画弧 12、34,即得底板上顶面圆角的正等轴测图,如图3-91d所示。

第四步,将顶面圆角的圆心 $O_1$、$O_2$ 及其切点分别沿 $Z_1$ 轴下移底板厚度 H,再用与顶面圆弧相同的半径分别画圆弧,并作出对应圆弧的公切线,即得底板圆角的正等轴测图,如图3-91e所示。

第五步,擦去作图线并加深图线,最后得到带圆角的长方形底板的正等轴测图,如图3-91f所示。

(2) 斜二等轴测图

1) 斜二测图的形成及参数。轴测投影面平行于一个坐标平面(XOZ)的斜轴测投影图称为斜二等测轴测图,简称斜二测图。随着投射方向的不同,Y轴的方向可以任意选定,如图3-92所示。在斜二测图中,$OX \perp OZ$ 轴,$OY$ 与 $OX$、$OZ$ 的夹角均为135°,三个轴向伸缩系数分别为 $p_1 = r_1 = 1$,$q_1 = 0.5$。

2) 斜二测的投影特性。由于平行于 XOZ 坐标面的表面,其斜二测轴测图能反映实形,故特别适合用来绘制单方向形状较复杂(有较多的圆或曲线)的物体,比较简便易画。

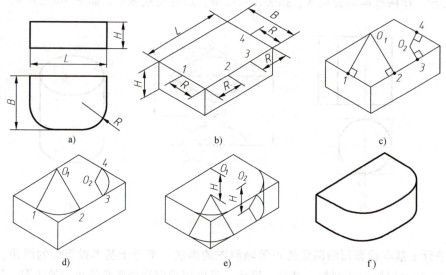

图 3-91 带圆角底板的正等轴测图的画法

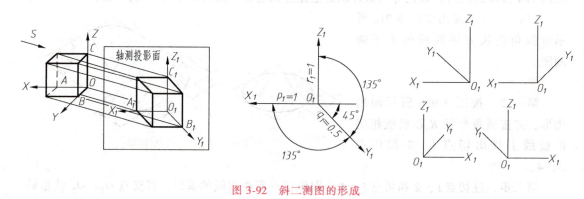

图 3-92 斜二测图的形成

3) 斜二测图的画法。

① 平面体的正等测的作图方法对斜二测同样适用,只是轴向伸缩系数不同而已。

② 回转体斜二测图画法举例如下。

【例 3-14】 画图 3-93a 所示圆台的斜二测图。

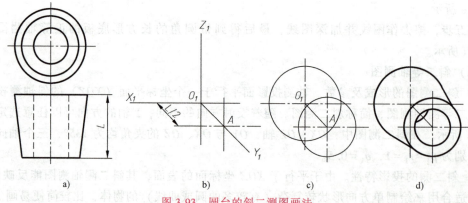

图 3-93 圆台的斜二测图画法

**解** 圆台的两个圆均平行于 $XOZ$ 面，适合画斜二测图。作图方法与步骤如图 3-93b~d 所示。

第一步，画出轴测轴 $OX$、$OY$、$OZ$，在 $OY$ 轴上量取 $L/2$，定出前端面的圆心 $A$，如图 3-93b 所示。

第二步，作出前后端面圆的轴测投影，如图 3-93c 所示。

第三步，作出两端面圆的公切线及前孔口和后孔口圆的可见部分。

第四步，擦去多余的图线并加深，即得到的圆台的斜二测图，如图 3-93d 所示。

### 二、组合体的正等轴测图画法

画组合体的正等轴测图时，要先进行形体分析，再作图。组合体轴测图的主要画法有切割法和叠加法。切割法是对于某些以切割为主的立体，可先画出其切割前的完整形体，再按形体形成的过程逐一切割而得到立体轴测图的方法；叠加法是对于某些以叠加为主的立体，可按形体形成的过程逐一叠加，从而得到立体轴测图的方法。实际上，大多数组合体既有切割又有叠加，因此在具体作图时切割法和叠加法总是交叉使用。

【例 3-15】 根据图 3-94a 所示视图作出正等轴测图。

**解**

1) 切割法。先画长方体，再逐步切割形体作图，如图 3-94b~e 所示步骤。

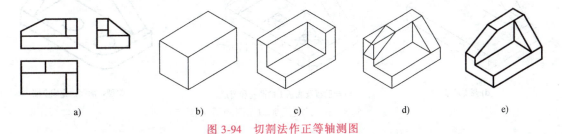

图 3-94 切割法作正等轴测图

2) 叠加法。先画长方体底板，再加立板，然后加上三角形斜块，如图 3-95 所示步骤。

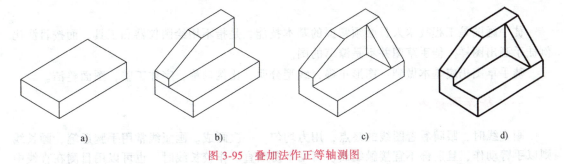

图 3-95 叠加法作正等轴测图

### 任务实施：

#### 1. 形体分析

由图 3-96a 所示三视图可知，该立体是以叠加为主的组合体，由底板、圆柱筒、支承板、肋板四部分组成，形体上的圆的方向各不相同，不适合画斜二测，因此画正等轴测图。

## 2. 画轴测图

按照逐个形体叠加的顺序画图。轴测图中一般不画虚线。作图步骤如图 3-96b~f 所示。

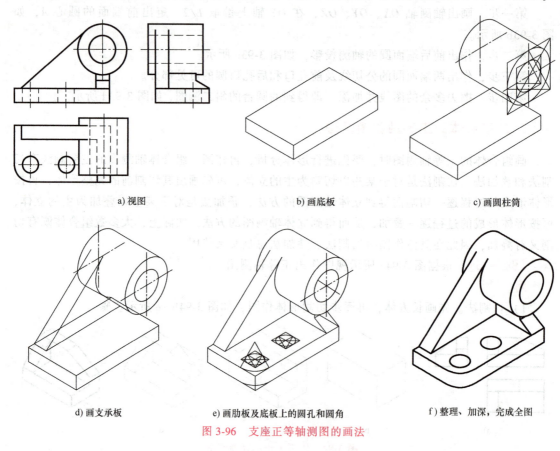

a) 视图　　　　　　　　　b) 画底板　　　　　　　　　c) 画圆柱筒

d) 画支承板　　　　e) 画肋板及底板上的圆孔和圆角　　　f) 整理、加深，完成全图

图 3-96　支座正等轴测图的画法

# 项目知识扩展　徒手画草图

徒手画图是工程技术人员必须掌握的基本技能，是指不用绘图仪器和工具，而按目测比例徒手画出图样。徒手草图并不是潦草的图。

徒手草图仍应基本做到：图形正确，线型分明，比例匀称，字体工整，图面整洁。

## 一、徒手画直线

画直线时，眼睛看着图线的终点，用力均匀，一次画成。画短线常用手腕运笔，画长线则以手臂动作，且肘部不宜接触纸面，否则不易画直。作较长线时，也可以用目测在直线中间定出几个点，然后分段画。画水平线时由左向右画，画铅垂线时由上向下画，画斜线时由左下向右上画，如图 3-97 所示。

## 二、徒手等分线段

等分线段时，根据等分数的不同，应凭目测，先分成相等或成一定比例的两大段或几大段，然后逐步分成符合要求的多个相等小段。例如八等分线段，先目测取得中点 4，再取分

图 3-97 徒手画直线

点 2、6，最后取其余分点 1、3、5、7，如图 3-98a 所示。又如五等分线段，先目测将线段分成 3∶2，得分点 2，再得分点 3，最后取得分点 1 和 4，如图 3-98b 所示。

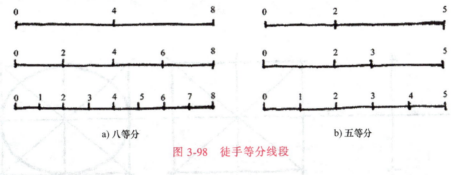

a) 八等分　　　　　　　　　　　　b) 五等分

图 3-98 徒手等分线段

### 三、徒手画角度线

对 30°、45°、60°等常见角度，可根据两直角边的比例关系，先定出两端点，然后连接两点即为所画的角度线，如图 3-99 所示。

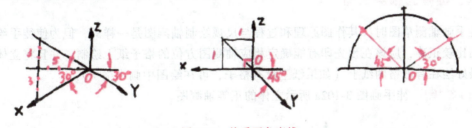

图 3-99 徒手画角度线

### 四、徒手画圆

画圆时，先徒手作两条互相垂直的中心线，定出圆心，再根据直径大小，用目测估计半径大小，在中心线上截得四点，然后徒手将各点连接成圆。当所画的圆较大时，可过圆心多作几条不同方向的直径线，在中心线和这些直径线上按目测定出若干点后，再徒手连成圆，如图 3-100 所示。

### 五、徒手画椭圆

根据椭圆的长短轴，目测定出其端点位置，过四个端点画一个矩形，徒手作椭圆与此矩形相切，如图 3-101 所示。

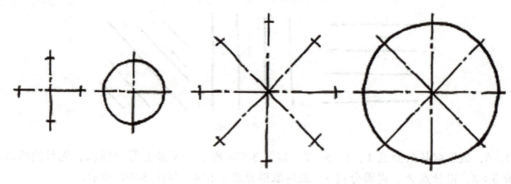

图 3-100 徒手画圆

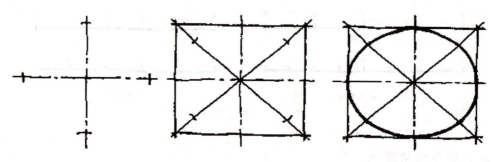

图 3-101 徒手画椭圆

### 六、徒手画轴测草图

徒手画轴测草图时，其作图原理和过程与尺规绘制轴测图是一样的，但为使徒手绘制的轴测图比较正确，应该在预先印有能确定相应轴测图方位的格子纸上绘制，并且将立体的三视图最好绘在有方格的纸上（如果纸上没有格子，可在绘图中画出格子）。

【例 3-16】 徒手画图 3-102a 所示立体的正等轴测图。

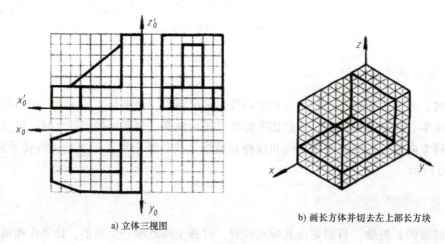

a) 立体三视图    b) 画长方体并切去左上部长方块

图 3-102 徒手画轴测草图

项目三　识读和绘制零件三视图

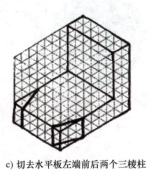
c) 切去水平板左端前后两个三棱柱

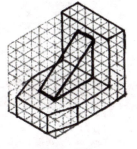
d) 叠加三棱柱

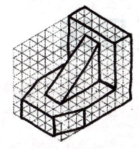
e) 擦去多余图线，整理完成全图

图 3-102　徒手画轴测草图（续）

**解**　由三视图可知，该立体可看作由一个长方体经过切割和叠加某些部分后所形成的，因此在画图时，先画出长方体，再在左上部切割掉一个长方块而形成 L 形体，然后在 L 形体水平板左端前后对称地切掉两个三棱柱，最后在水平板上叠加一个三棱柱。具体绘图步骤如图 3-102b~e 所示。

# 项目四

## 识读和绘制机件表达方案图

### 📘 基本知识学习导航

本项目重点知识：基本视图、向视图、局部视图、斜视图的画法和标注；剖视图的概念，全剖、半剖、局部剖视图的画法和标注；断面图的概念、种类、画法和标注以及肋板的规定画法等。

1. 视图

基本视图——共六个，优先选用主、俯、左视图。

向视图——利用它可以自由配置视图的位置。

局部视图——表示机件局部外形的基本视图。

斜视图——表示机件倾斜部分的局部外形。

2. 剖切面的种类

单一剖切面。

几个平行的剖切平面，注意两剖切平面连接处不画线。

几个相交的剖切平面，注意倾斜剖切面剖切后的旋转处理。

以组合的剖切形式剖切——复合剖。

以上每一种方式都可有全剖、半剖、局部剖视图。

3. 三种剖视图

全剖视图——用于外形简单、内形需表达的机件。

半剖视图——主要用于内、外都需表示的具有对称平面的机件。

局部剖视图——用于内、外形都需表示又没有对称平面的机件。

4. 断面图

断面图——表达机件某局部处的断面实形。

移出断面图——断面的轮廓线以粗实线表示。

重合断面图——断面的轮廓线以细实线表示。

5. 剖视、断面的标注

标注要素：表示剖切面起、迄的短粗线，表示投射方向的箭头和表示视图名称的大写字母。

剖切面的起、迄和转折线不要与图中的粗实线、虚线相交，剖视名称（如 A—A）必须写在剖视图的上方。

# 任务一　绘制摇杆表达方案图

**任务分析**：要把图 4-1 所示的摇杆表达清楚，仅用我们学习过的三视图是不够的。为了满足实际表达的需要，我们还需学习国家标准中规定的视图的表示方法。

**基本知识**：

根据国家标准的规定，视图分为基本视图、向视图、局部视图和斜视图，主要用于表达机件的外形。

**一、基本视图**（GB/T 17451—1998 和 GB/T 13361—2012）

图 4-1　摇杆的立体图

机件向基本投影面投射所得的视图，称为基本视图。

当机件的外形比较复杂时，为了清晰地表示出其上、下、左、右、前、后的不同形状，根据实际需要，除了已学的三个视图外，还可再加三个视图。在原有的三个投影面的基础上，再增设三个互相垂直的投影面，从而构成一个正六面体的六个侧面，这六个侧面称为基本投影面。然后按图 4-2 所示规定展开投影面，便得到六个基本视图，各视图名称规定为：主视图、俯视图、左视图、仰视图（自下方投影）、右视图（自右方投影）、后视图（自后方投影），将其展开成同一平面后，基本视图的配置如图 4-3 所示。当六个基本视图按图 4-3 所示配置时，可不标注视图名称。

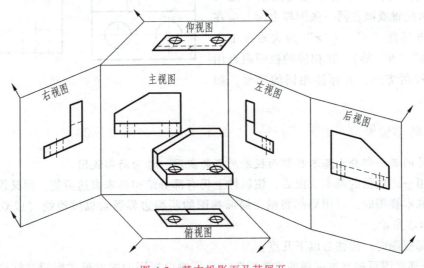

图 4-2　基本投影面及其展开

从图 4-3 中还可看出，六个基本视图之间仍然符合"长对正、高平齐、宽相等"的投影规律。左视图和右视图的形状左右对称，俯视图和仰视图的形状上下对称，主视图和后视图

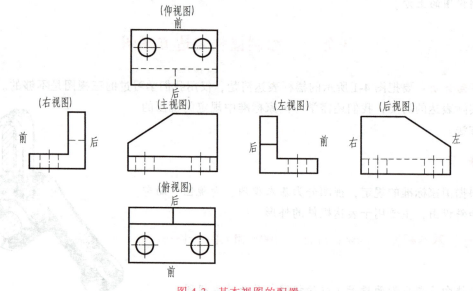

图 4-3　基本视图的配置

也是左右对称。从视图中还可看出机件前后、左右、上下的方位关系。

注：在绘制机械图样时，一般不需要将机件的六个基本视图全部画出，而是根据机件的结构特点和复杂程度，选择适当的基本视图。

一般优先采用主、俯、左视图。

## 二、向视图（GB/T 17451—1998）

向视图是可以自由配置的视图。

实际绘图时，六个基本视图如果不能按图 4-3 所示配置或画在同一张图样上时，应在视图的上方标注"×"（"×"为大写拉丁字母，如"A""B"等），在相应的视图附近用箭头指明投射方向，并标注相同的字母，如图 4-4 所示。

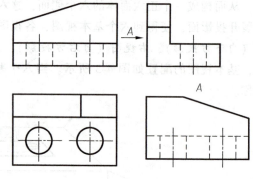

图 4-4　向视图

## 三、局部视图（GB/T 17451—1998 和 GB/T 4458.1—2002）

将机件的某一部分向基本投影面投射所得的视图，称为局部视图。

当采用一定数量的基本视图后，该机件上仍有部分结构尚未表达清楚，而又没有必要画出完整的基本视图时，可用局部视图，局部视图的断裂边界通常以波浪线（或双折线）表示，如图 4-5 所示。

画局部视图时，应注意以下几点：

1）局部视图可按基本视图的位置配置，也可按向视图的配置形式配置并标注。标注方法如图 4-5 所示。当局部视图按基本视图关系配置、中间又没有其他图形隔开时，可省略标注，如图 4-5 中"A"向局部视图、图 4-6 中局部视图。

2）局部视图的断裂边界应以波浪线（或双折线）来表示，如图 4-5 所示。当所表示的

项目四 识读和绘制机件表达方案图

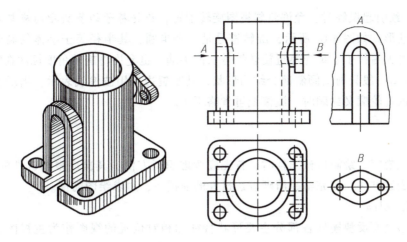

图 4-5 局部视图

局部结构是完整的且轮廓又封闭时，波浪线可省略不画，如图 4-5 中"B"向局部视图。

### 四、斜视图（GB/T 17451—1998）

机件向不平行于基本投影面的平面投射所得的视图，称为斜视图。

如图 4-6a 所示机件，由于机件上右边部分的结构形状是倾斜的，且不平行于任何基本投影面，无法在基本投影面上表达该部分的实形和标注真实尺寸。这时，为了清晰地表达倾斜部分的实形，可以设立一个与该倾斜结构平行且垂直于一个基本投影面的辅助投影面，将倾斜部分向该面进行投影，就可以得到反映倾斜结构实形的视图，即斜视图。

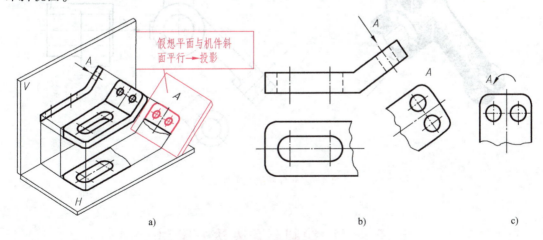

图 4-6 斜视图

画斜视图时，应注意以下几点：

1）必须在视图的上方标注视图的名称"×"，在相应的视图附近用箭头指明投射方向，并标注相同的大写拉丁字母"×"，如图 4-6b 中的"A"，字母必须水平书写。

2）斜视图一般按投影关系配置，如图 4-6b 所示，必要时也可配置在其他适当的位置。

103

3) 在不致引起误解时，允许将斜视图旋转配置，旋转符号的箭头指向应与实际旋转方向一致，标注形式如图 4-6c 所示，旋转符号是一个半圆，其半径等于字体的高度。表示该斜视图名称的大写拉丁字母应靠近旋转符号的箭头端，也允许将旋转角度标注在字母之后。

4) 斜视图一般只画出倾斜部分结构形状，其断裂边界用波浪线表示，当所表示的倾斜结构是完整的且轮廓又封闭时，波浪线可省略不画。

**任务实施：**

国家标准规定：绘制机械图样时，首先应考虑识图方便，其次应根据机件的结构特点，选用合适的表达方法，在完整、清晰表达机件的前提下，力求绘图简便。

### 1. 确定主视图

选定能够全面反映摇杆各部分主要形状特征和相对位置的视图作为主视图，如图 4-7a 所示 C 向。

### 2. 确定其他图形

由于摇杆的形状不规则，选定主视图后，如果采用主、俯、左、右四个视图，则不能完整表达所有部分的实形，这会影响图形的清晰程度和尺寸注法。如果用两个局部视图和一个斜视图，就能完整和清晰地表达摇杆，如图 4-7b 所示。因此，在表达机件时，视图的选择完全是根据需要来确定的，而不是对任何机件都需要用所有的视图来表达。

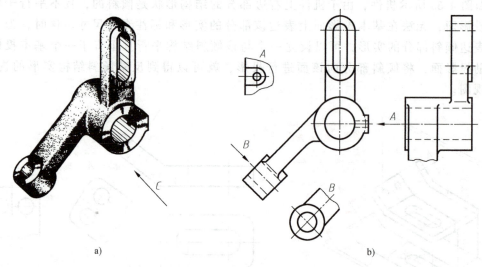

图 4-7 摇杆的表达方案图

## 任务二　绘制泵盖表达方案图

**任务分析**：图 4-8a 所示的泵盖用两个视图就可表达清楚其结构，如图 4-8b 所示，但其内部形状比较复杂，在主视图中出现了许多细虚线，使图形不清楚，不便于绘图、标注尺寸和读图。为了将内部结构表达清楚，同时又要避免出现过多的细虚线，可以采用剖视图的方法表达。

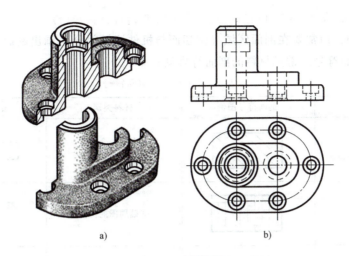

a)　　　　　　　　　　　　b)

图 4-8　泵盖视图

## 基本知识：

### 一、剖视图的概念（GB/T 17452—1998 和 GB/T 4458.6—2002）

假想用剖切面剖开机件，将处在观察者和剖切面之间的部分移去，而将其余部分向投影面投射所得的图形，称为剖视图，简称剖视，如图 4-9 所示。

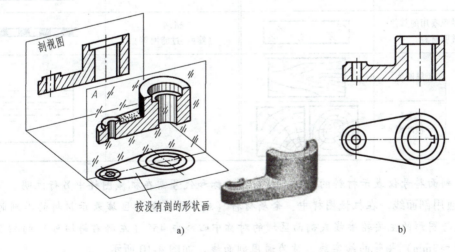

a)　　　　　　　　　　　　b)

图 4-9　剖视图

### 二、剖视图的画法和标注

#### 1. 确定剖切面的位置

画剖视图时，应首先选择最合适的剖切位置，以便充分地表达机件的内部结构形状，剖切面一般应通过机件上孔的轴线、槽的对称面等结构。

## 2. 剖面符号画法（GB/T 17453—2005 和 GB/T 4457.5—2013）

1）剖视图中，通常要在剖面区域（剖切面与机件接触部分）画出剖面符号。不同的材料采用不同的剖面符号。常见材料的剖面符号见表 4-1。

表 4-1 常见材料的剖面符号

| 材料类别 | 剖面符号图例 | 材料类别 | 剖面符号图例 |
| --- | --- | --- | --- |
| 金属材料<br>（已有规定剖面符号者除外） | | 木质胶合板<br>（不分层数） | |
| 线圈绕组元件 | | 基础周围的泥土 | |
| 转子、电枢、变压器和电抗器等的叠钢片 | | 混凝土 | |
| 非金属材料<br>（已有规定剖面符号者除外） | | 钢筋混凝土 | |
| 型砂、填砂、粉末冶金、砂轮、陶瓷刀片、硬质合金刀片等 | | 砖 | |
| 玻璃及供观察用的其他透明材料 | | 格网<br>（筛网、过滤网等） | |
| 木材 纵断面 | | 液体 | |
| 木材 横断面 | | | |

注：剖面符号仅表示材料的类别，材料的名称和代号需在机械图样中另行注明。

2）通用剖面线。在机械图样中，金属材料（或不需在剖面区域表示材料的类别时）的剖面线是与图形的主要轮廓线或剖面区域的对称中心线成 45°（左斜右斜均可）的相互平行且间距（≈3mm）相等的细实线，称为通用剖面线，如图 4-10 所示。

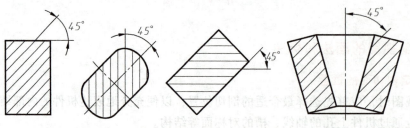

图 4-10 通用剖面线的画法

注：当画出的剖面线与图形的主要轮廓线或剖面区域的对称中心线平行时，该图形上的剖面线应画成与图形的主要轮廓线或剖面区域的对称中心线成30°（或60°），倾斜方向和间距仍应与其他剖视图上的剖面线一致，如图4-11所示。

对于同一零件来说，在同一张图样的各剖视图和断面图中，剖面线倾斜的方向要一致，间隔要相同。

### 3. 剖视图的标注（GB/T 4458.6—2002）

剖切线：表示剖切面位置的线，以细单点画线表示，也可省略不画。

剖切符号：在剖切面积聚为直线的视图上用粗实线（长5~8mm）表示剖切平面起、迄和转折的位置，尽量不与图形的轮廓线相交。

投射方向：在剖切符号外侧画出与剖切符号相垂直的细实线和箭头表示投射方向。

剖视图名称：在剖视图的上方用大写拉丁字母标出剖视图的名称"×—×"，在相应的视图上用剖切符号表示剖切位置，用细实线和箭头表示投射方向，并标注相同的字母，字母一律水平书写。

注：当剖视图按投影关系配置，中间又没有其他图形隔开时，可省略箭头，如图4-11所示；当单一剖切平面通过机件的对称平面或基本对称平面，且符合上述条件时，不必标注，如图4-9b和图4-11中的主视图所示。

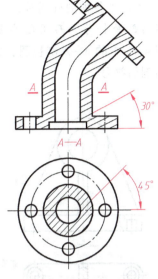

图4-11 特殊情况时剖面线的画法

### 4. 画剖视图时应注意的问题

1）剖切面是假想的，机件并没有被真正切开，因此机件的某个视图画成剖视图时，其他视图仍应完整地画出，如图4-9所示。

2）剖切面后方的可见轮廓线应全部画出，不得遗漏。图4-12所示为几种孔的剖视图画法。

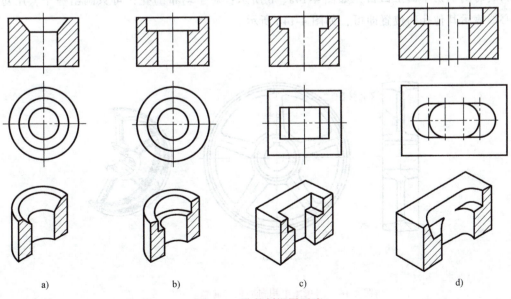

a)　　　　　　　b)　　　　　　　c)　　　　　　　d)

图4-12 孔的剖视图画法

3）剖视图及其他视图中，若不可见部分已表达清楚，则细虚线可不画。

### 三、剖视图的规定画法

1）画各种剖视图时，对于机件的肋板、轮辐及薄壁等，如按纵向剖切，这些结构都不画剖面符号，而用粗实线将它们与邻接部分分开，如图4-13中的左视图所示。但图4-13中的A—A剖视图，因为剖切平面垂直于肋板和支承板（横向剖切），所以仍要画出剖面符号。

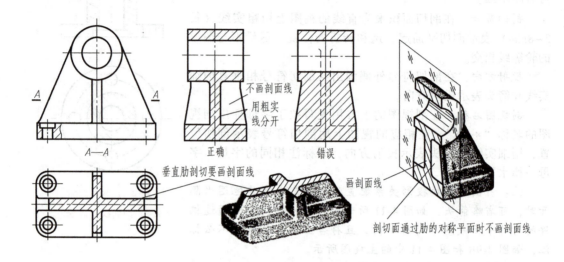

图4-13 剖视图中肋板的画法

2）当零件回转体上均匀分布的肋板、轮辐、孔等结构不处于剖切平面上时，可将这些结构旋转到剖切平面上画出，如图4-14a、b所示；对于均布的孔，可只画出一个，用对称中心线表示其他孔的位置即可，如图4-14b所示。

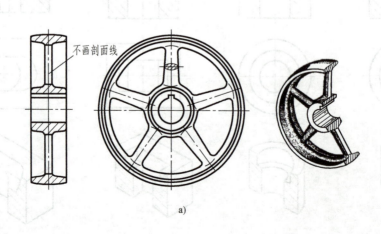

a)

图4-14 剖视图中均布肋板、轮辐、孔的画法

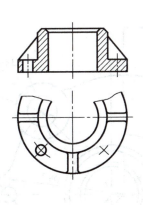
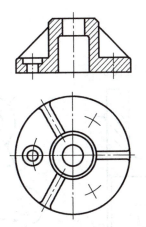

b)

图 4-14 剖视图中均布肋板、轮辐、孔的画法（续）

**任务实施：**

根据以上知识把泵盖主视图画成剖视图。

1) 选择剖切位置：沿前后对称面剖切，如图 4-8a 所示。
2) 把泵盖主视图画成剖视图，如图 4-15 所示。

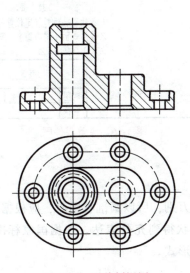

图 4-15 泵盖剖视图

## 任务三　识读泵盖表达方案图

**任务分析：** 图 4-16 所示的泵盖表达方案中用到了剖视图，但与任务二中泵盖的剖视图所用的剖切面不同，为了看懂该泵盖的表达方案，我们还需学习剖视图中剖切面的种类。

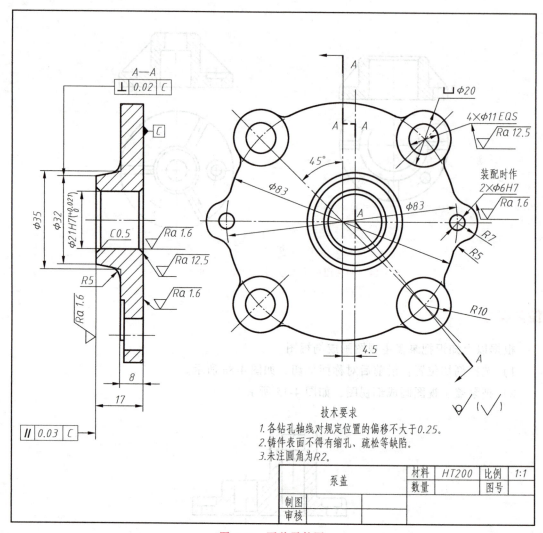

图 4-16 泵盖零件图

**基本知识：**

由于机件的结构形状千差万别，所以画剖视图时，应根据机件的结构特点，选用不同的剖切面，以便使机件的内部形状得到充分表达。根据国家标准（GB/T 17452—1998）的规定，常用的剖切面有如下几种形式。

**一、单一剖切面**

假想用一个剖切面（通常用平面，也可用柱面）剖开机件的方法，称为单一剖。单一剖切面通常指平面和曲面，前面介绍的剖视图都是采用单一剖切平面剖开机件得到的，是最常用的剖切形式。

图 4-17 中的"A—A"剖视图也是用单一剖切平面剖切得到的，表达了弯管及其顶部凸缘、凸台和通孔的形状。由于剖切平面不平行于任何基本投影面，所以这样的剖切方法也称

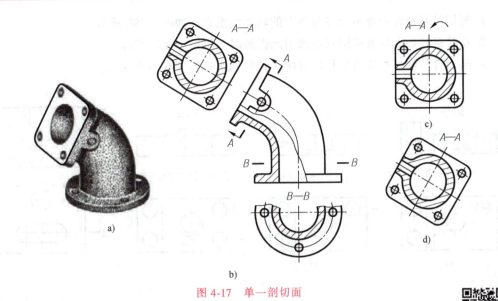

图 4-17 单一剖切面

为斜剖。

斜剖视图可按投影关系配置在与剖切符号相对应的位置上,也可将剖视图平移至图样的适当位置,在不致引起误解时,还允许将图形旋转,旋转后的标注形式如图 4-17c 所示。斜剖视图必须标注,不能省略,标注方法如图 4-17b~d 所示。

## 二、几个平行的剖切平面

采用几个(两个以上)平行的剖切平面剖开机件的方法。

当机件上具有几种不同的结构要素(如孔、槽等),而且它们的中心线排列在相互平行的平面上时,可采用几个平行的剖切平面剖开机件,如图 4-18 所示。

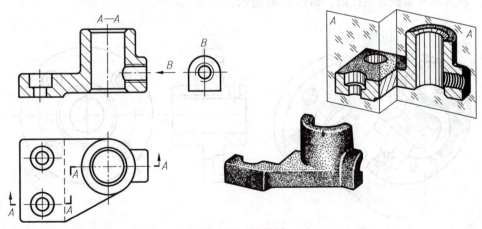

图 4-18 阶梯剖

画此类剖视图时,应注意以下几点。

1) 用几个平行的剖切平面剖切机件必须进行标注,标注方法如图 4-18 所示(如按投影关系配置,中间又无其他图形隔开时,可省箭头)。但要注意:

① 剖切符号的转折处不允许与图上的轮廓线重合，如图 4-19b 所示。
② 在转折处如因位置有限且不致引起误解时，可以不注写字母。
③ 剖切符号转折处成直角且两对应的转折剖切符号应在一条线上。

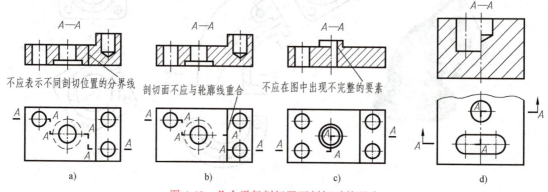

图 4-19 几个平行剖切平面剖切时的画法

2) 剖视图上不允许画出剖切平面转折处的分界线，如图 4-19a 所示。而且剖切平面的转折处也不应与图中的轮廓线重合，如图 4-19b 所示。

3) 剖视图上一般不应出现不完整的结构要素，如图 4-19c 所示。仅有两个要素在图形上具有共同的对称中心线或轴线时，可以各画一半，两者以共同的对称中心线或轴线分界，如图 4-19d 所示。

### 三、几个相交的剖切平面

当机件上具有几种不同的结构要素（如孔、槽等），不在同一平面上，但却沿机件的某一回转轴线周向分布时，可用几个相交（两个以上）的剖切平面（交线垂直于某一基本投影面）剖开机件来获得剖视图，如图 4-20 所示。

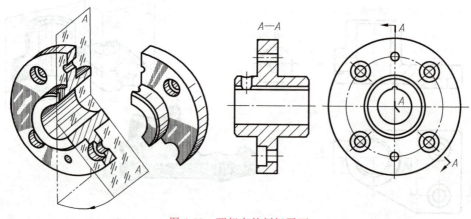

图 4-20 两相交的剖切平面

画此类剖视图时，应注意以下几点：

1) 用几个相交的剖切平面剖切机件必须进行标注，标注方法如图 4-20 所示（如按投影关系配置，中间又无其他图形隔开时，可省箭头）。

2) 画此类剖视图时，首先假想按剖切位置剖开机件，再将其有关部分旋转至与选定的投影面平行后，然后进行投射。因此，此类剖视有些部分不一定符合三等关系。如图 4-20 所示的机件，就是将下方阶梯孔旋转到与正面平行，再投射。因此，主、左视图中，阶梯孔的投影不再保持原位置"高平齐"关系。

3) 凡是没有被剖切平面剖到的结构，应按原来的位置画出它们的投影，如图 4-21 所示。当剖切后产生不完整要素时，此部分应按不剖绘制，如图 4-22 所示。

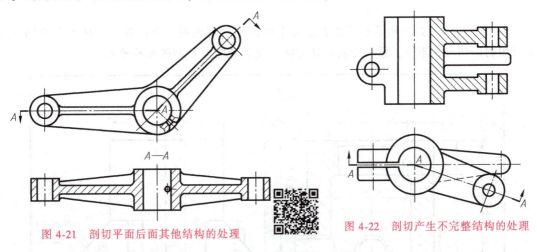

图 4-21　剖切平面后面其他结构的处理　　图 4-22　剖切产生不完整结构的处理

## 四、组合的剖切平面

用组合的剖切平面剖开机件的方法，称为复合剖。

在以上方法都不能简单而又集中地表示出机件内形时，可采用组合的剖切平面，如图 4-23 所示。

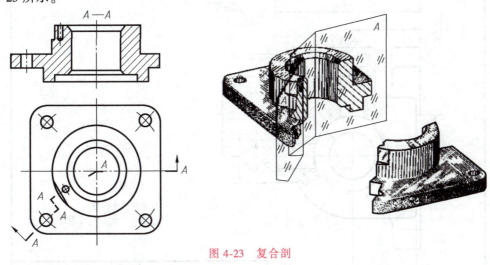

图 4-23　复合剖

## 任务实施：

### 1. 图形分析，明确表达方式

泵盖表达方案中用到了两个图形，主视图是用组合的剖切平面获得的全剖视图，表达了

泵盖孔 φ21 和 4 个 φ11 孔的内部结构；左视图用视图，表达了泵盖的端面外形。

**2. 形体分析，确定机件结构形状**

从两个视图看，泵盖由两部分组成：左边是圆锥台，右边是均布着 4 个半圆柱凸起的圆盘，圆锥台和圆盘圆心前后偏移 4.5；圆盘周围均布 4 个 φ11 孔和 2 个 φ6 的锥销孔。

## 任务四 识读泵体表达方案图

**任务分析：** 图 4-24 所示的泵体表达方案中用到的剖视图，与任务二和任务三中的剖视图所用的剖切方式不同，要读懂其表达方案，我们还需学习剖视图的种类。

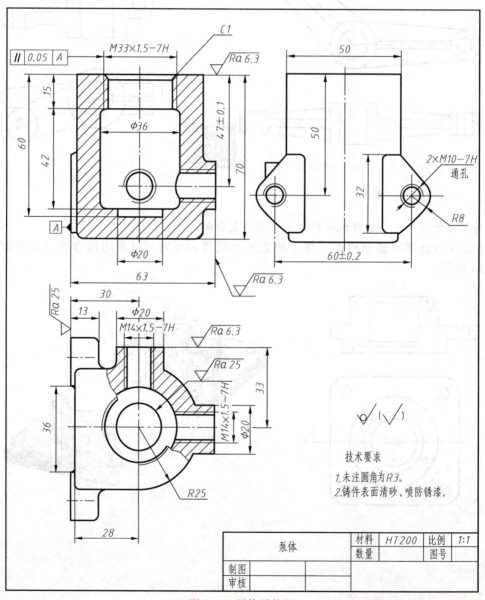

图 4-24 泵体零件图

**基本知识：**

按机件被剖开的范围来分，国家标准规定剖视图可分为全剖视图、半剖视图和局部剖视图三种。

### 一、全剖视图

用剖切面完全地剖开机件所得到的剖视图，称为全剖视图，可简称为全剖视。全剖视图可以由单一剖切面或其他几种剖切面剖切获得。前面图例出现的剖视图多数都属于全剖视图。

由于画全剖视图时将机件完全剖开，机件的外形结构在全剖视图中不能充分表达，所以全剖视一般适用于外形简单、内部结构复杂的机件。

对于外形结构较复杂的机件，若采用全剖视时，其尚未表达清楚的外形结构可以采用其他视图表示。

### 二、半剖视图

当机件具有对称平面，向垂直于对称平面的投影面上投影所得的图形，可以对称中心线为界，一半画成剖视图，另一半画成视图，这种图形称为半剖视图，可简称为半剖视，如图 4-25 所示。半剖视图可以由单一剖切面或其他几种剖切面剖切获得。

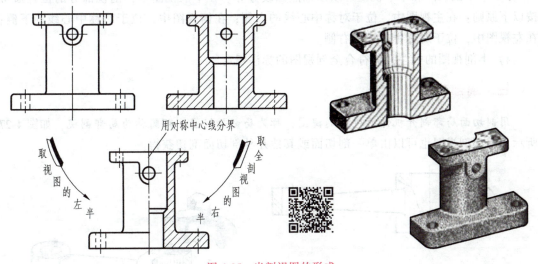

图 4-25 半剖视图的形成

#### 1. 半剖视图的应用

半剖视图既表达了机件的外形，又表达了机件的内部结构，适用于内、外形状都需要表达的对称机件。

图 4-25 所示的机件，左右、前后对称，因此主视图和俯视图都可以画成半剖视图，如图 4-26a 所示。

#### 2. 画半剖视图的注意事项

1) 只有当物体对称时，才能在与对称面垂直的投影面上作半剖视图，如图 4-26a 所示。

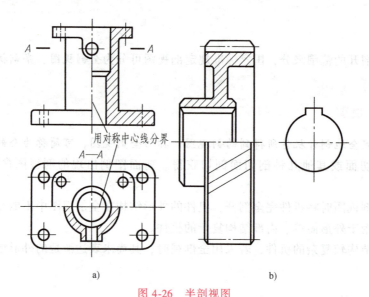

图 4-26 半剖视图

但当物体基本对称,而不对称的部分已在其他视图中表达清楚时,也可以画成半剖视图,如图 4-26b 所示。

2)在表示外形的半个视图中,一般不画细虚线。

3)半个剖视图和半个视图必须以细点画线分界。在半剖视图中,剖视部分的位置通常按以下原则:在主视图中,位于对称中心线的右侧;在俯视图中,位于对称中心线的下侧;在左视图中,位于对称中心线的右侧。

4)半剖视图的标注,仍符合全剖视图的标注规定。

## 三、局部剖视图

用剖切面局部剖开机件所得的剖视图,称为局部剖视图,可简称为局部剖视,如图 4-27 所示。局部剖视图也可以由单一剖切面或其他几种剖切面剖切获得。

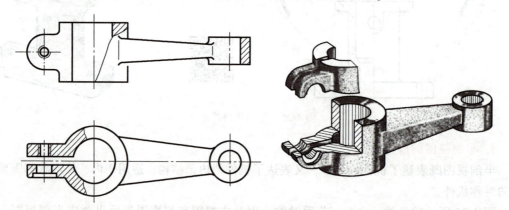

图 4-27 局部剖视图

**1. 局部剖视图的应用**

1)当机件内外形状都需要表达,且不对称时,可采用局部剖视表达,如图 4-28 所示。

2）当机件只有局部内形需要表达，而不宜采用全剖视时，可采用局部剖视表达，如图4-27所示。

3）当对称机件的轮廓线与对称线重合，而不宜采用半剖视时，可采用局部剖视表达，如图4-29所示。

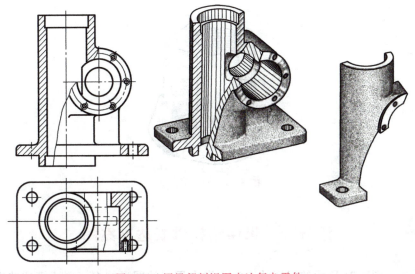

图4-28 用局部剖视图表达复杂零件

### 2. 画局部剖视图的注意事项

1）局部剖视图中，可用波浪线或双折线作为剖开部分和未剖部分的分界线。波浪线要画在机件实体部分，不得与其他图线重合，也不得在其他图线的延长线上，如图4-27所示；使用双折线表示局部范围时，双折线要超出轮廓线少许，如图4-29所示。

2）当被剖切的结构为回转体时，允许将该结构的轴线作为局部剖视图与视图的分界线，如图4-27所示。

3）当单一剖切平面的剖切位置明确时，局部剖视图不必标注。

4）局部剖视是一种灵活、便捷的表达方法，其剖切位置和剖切范围，可根据实际

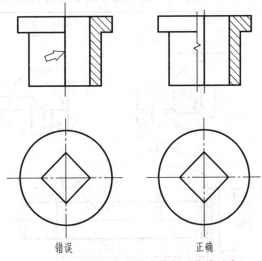

图4-29 对称机件的轮廓线与对称线重合

需要确定。但在一个视图中，过多选用局部剖视，会使图形凌乱，给识图造成困难。

## 任务实施：

### 1. 图形分析

根据以上基本知识可知，泵体由三个图形表达，主视图是全剖视图，表达了$\phi20$和$\phi36$的内部结构；俯视图是局部剖视图，表达了M14的内部结构和顶面的外形；左视图是外形图（视图）。

## 2. 形体分析

从三个视图看，泵体由三部分组成：半圆柱和四棱柱组成的主体，其圆柱形的内腔用于容纳其他零件；两块三角形的安装板；两个圆柱形的进、出油口，分别位于泵体的右边和后边。

综合分析后，想象出泵体的形状，如图 4-30 所示。

图 4-30　泵体立体图

# 任务五　识读蜗杆轴表达方案图

**任务分析**：图 4-31 所示的蜗杆轴表达方案中用到的图形较多，要读懂这些图形，我们需学习断面图、局部放大图和细小结构的简化画法。

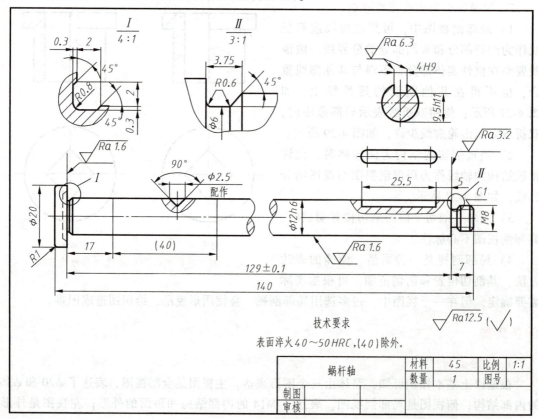

图 4-31　蜗杆轴零件图

**基本知识：**

## 一、断面图（GB/T 17452—1998 和 GB/T 4458.6—2002）

### 1. 断面图的概念

假想用剖切面将机件的某处断开，仅画出该剖切面与机件接触部分的图形，这种图形称为断面图，简称断面，如图 4-32 所示。

断面图使用的剖切平面垂直于结构要素的中心线（轴线或主要轮廓线）。

画断面图时，应特别注意断面图与剖视图之间的区别。断面图只画出物体被切处的断面形状。而剖视图除了画出断面形状之外，还必须画出断面之后所有的可见轮廓。图 4-32 所示为剖视图与断面图的区别。

断面图可分为移出断面图和重合断面图。

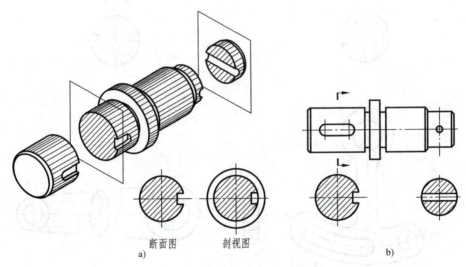

图 4-32　剖视图与断面图的区别

### 2. 移出断面图

画在视图之外的断面图，称为移出断面图，如图 4-32 所示。

（1）画移出断面图的注意事项

1）移出断面图的轮廓线用粗实线绘制。

2）为了读图方便，移出断面图尽可能画在剖切符号或剖切线的延长线上，如图 4-32 所示。必要时可画在其他适当位置，如图 4-33 中的 A—A 断面。

3）当剖切平面通过由回转面形成的孔或凹坑等结构的轴线时，这些结构应按剖视图画出，如图 4-33a、b 所示。

4）当剖切平面通过非圆孔，会导致出现完全分离的两个断面时，这些结构按剖视图绘制，如图 4-33e 所示。

5）对称的移出断面图，可画在视图的中断处，如图 4-33f 所示。当移出断面图由两个或多个相交的剖切平面剖切而形成时，断面图的中间应断开，如图 4-34 所示。

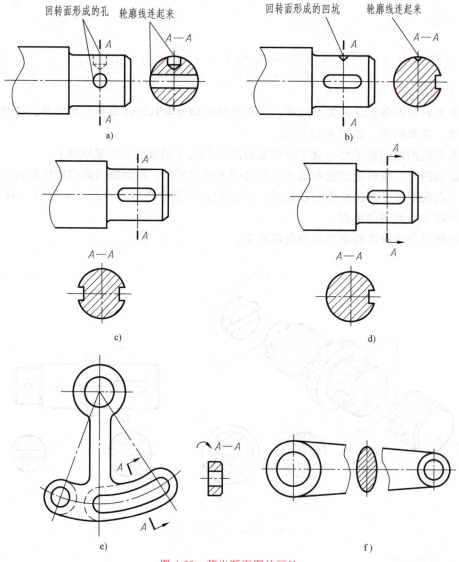

图 4-33 移出断面图的画法

（2）移出断面图的标注　移出断面图的标注形式及内容与剖视图相同，根据具体配置位置的情况，标注可简化和省略。

1）当断面图画在剖切线的延长线上时，如果断面图是对称图形，则不必标注，画出剖切线（细点画线），如图 4-32b 中右图所示；如果断面图形不对称，则可省略字母，如图 4-32b 中左图所示。

2）当断面图按投影关系配置，中间无其他图形隔开时，无论断面图对称与

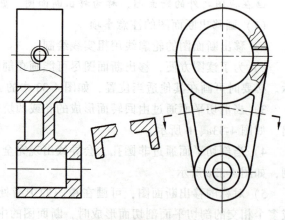

图 4-34 两断面中间断开

否,均不必标注箭头,如图 4-33a、b 所示。

3) 当断面图配置在其他位置时,若断面图对称,则不必标注箭头;若断面图不对称,则应画出剖切符号、箭头、字母,并用大写字母标注断面图名称,如图 4-33c、d 所示。

4) 配置在视图中断处的对称断面图,不必标注,如图 4-33f 所示。

#### 3. 重合断面图

画在视图之内的断面图,称为重合断面图。重合断面图是重叠画在视图上,为了重叠后不至影响图形的清晰程度,一般多用于断面形状较简单的情况。

(1) 画重合断面图的注意事项

1) 重合断面图的轮廓线用细实线绘制,如图 4-35 所示。

2) 当视图中的轮廓线与重合断面图重叠时,视图中的轮廓线仍应连续画出,不可间断,如图 4-35 所示。

(2) 重合断面图的标注　重合断面图可省略标注,如图 4-35 所示。

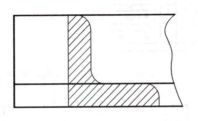
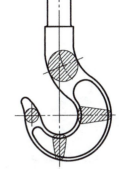

a) 不对称的重合断面图　　b) 对称的重合断面图

图 4-35　重合断面图

### 二、局部放大图（GB/T 4458.1—2002）

机件上有些结构太细小,在视图中表达不够清晰,同时也不便于标注尺寸。将机件的部分结构,用大于原图形所采用的比例画出的图形,称为局部放大图,如图 4-36 所示。

画局部放大图时,应注意以下几点:

1) 局部放大图的放大比例为放大图中物体要素的线性尺寸与实际物体相应要素的线性尺寸之比,与原图形所采用的比例无关。

2) 局部放大图应尽量配置在被放大部位附近,可画成视图、剖视图或断面图,与被放大部分的表示方法无关。

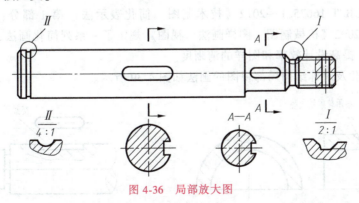

图 4-36　局部放大图

3) 局部放大图必须标注,其标注方法是:在视图中,仅有一处需放大时,将需要放大的部位用细实线圈出,然后在局部放大图上方注写绘图比例,如图 4-37 所示。当需要放大的部位不止一处时,应在视图中对这些部位用罗马数字编号,并在局部放大图的上方注写相应编号和所采用的比例,如图 4-36 所示。

4) 同一机件上不同部位的局部放大图,当图形相同或对称时,只需画出一个,如图 4-38 所示。

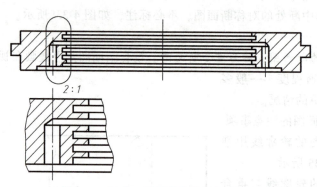

图 4-37　仅有一处需放大的局部放大图

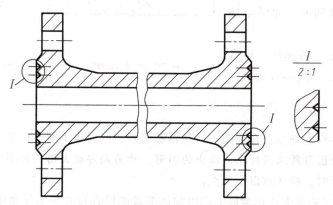

图 4-38　被放大部位图形相同

### 三、简化画法（GB/T 16675.1—2012 和 GB/T 4458.1—2002）

国家标准 GB/T 16675.1—2012《技术制图　简化表示法　第 1 部分：图样画法》和 GB/T 4458.1—2002《机械制图　图样画法　视图》规定了一系列简化画法,其目的是减少绘图的工作量,提高设计效率和图样的清晰度。

1) 交线简化及对称结构局部视图的画法如图 4-39 所示。

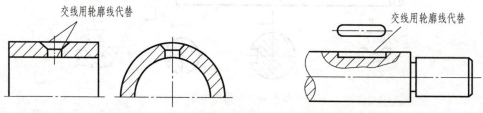

图 4-39　交线简化及对称结构局部视图的画法

2) 断开画法。当较长机件（如轴、杆、型材等）沿长度方向的形状一致或按一定规律变化时,可断开后缩短绘制,其断裂边界可用波浪线绘制,也可用双折线或细点画线绘制。

采用这种画法时,尺寸应按原长标注,如图 4-40 所示。

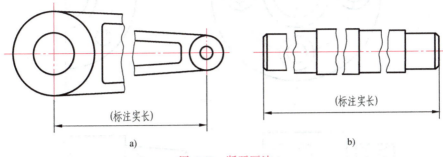

图 4-40 断开画法

3) 零件中重复结构成规律分布时,允许画出一个或几个完整的结构,但需反映分布情况,并在零件图中必须注明该结构的总数。对称的重复结构,用细点画线表示各对称结构的位置,如图 4-41a 所示;不对称的重复结构,则用细实线连接,如图 4-41b 所示。

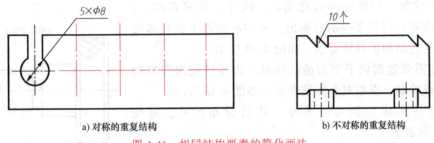

图 4-41 相同结构要素的简化画法

4) 若干直径相同且成规律分布的孔(圆孔、螺孔、沉孔等),可以仅画出一个或几个,其余只需用细点画线表示其中心位置,在图中标注孔的尺寸时应注明孔的总数,如图 4-42 所示。

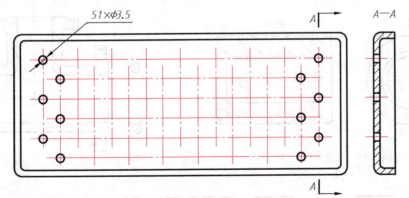

图 4-42 直径相同孔的简化画法

5) 对称机件的简化画法。在不致引起误解时,对于对称机件的视图可只画一半或四分之一,并在对称中心线的两端面画出两条与其垂直的平行细实线,如图 4-43 所示。

6) 平面的表达方法。为了避免增加视图和剖视图或断面图,当图形不能充分表达平面时,可用平面符号(两相交细实线)表示,如图 4-44 所示。

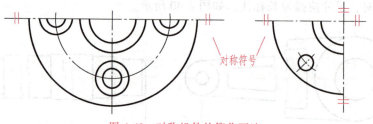

图 4-43 对称机件的简化画法

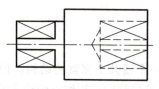 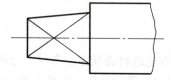

图 4-44 平面的表达方法

7)网状物、编织物的简化画法。机件上的滚花部分,可在轮廓线附近用粗实线示意画出,并在零件图上或技术要求中注明这些结构的具体要求,如图 4-45 所示。

8)当需表达剖切平面前的结构时,这些结构按假想投影的轮廓线绘制,以细双点画线表示,如图 4-46 所示。

9)圆柱形法兰和类似零件上均匀分布的孔,可按图 4-47 所示表达。

10)在不引起误解时,物体上的小圆角、锐边的小倒圆或 45°小倒角,允许省略不画,但必须注明尺寸或在技术要求中加以说明,如图 4-48 所示。

图 4-45 网状物、编织物的简化画法

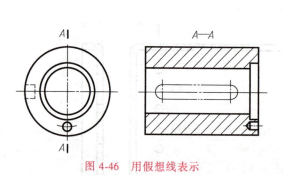

图 4-46 用假想线表示

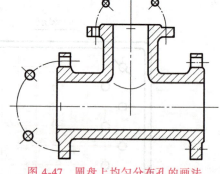

图 4-47 圆盘上均匀分布孔的画法

图 4-48 圆角及倒角的画法

## 任务实施：

### 1. 图形分析

根据以上基本知识可知，蜗杆轴用了五个图形表达：主视图、局部视图、移出断面图和两个局部放大图。主视图采用断开画法，并用局部剖视图来表达左面圆锥凹坑和右面键槽深度；局部视图用来表达键槽形状；移出断面用于表达键槽的宽度；两个局部放大图用于表达左右两槽结构，放大后，内部结构更清晰，也便于标注尺寸。

### 2. 形体分析

该零件结构简单，由三段直径不同的圆柱体构成主体，上面有圆锥凹坑、键槽等结构。

## 项目知识扩展　轴测剖视图

在轴测图上，为了表示机件的内部形状，也可采取剖视画法，称为轴测剖视图。但为了保持外形的清晰，不论机件是否对称，常用两个互相垂直的剖切平面将机件剖开。

### 一、轴测剖视图的画法

画法一：先画外形再取剖视，如图4-49所示。

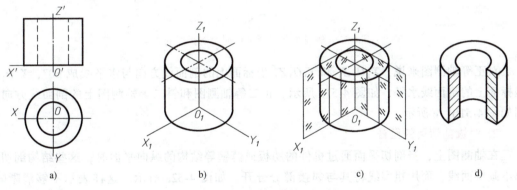

图4-49　套筒的轴测剖视图画法

画法二：先画剖面形状，再画剖开后的可见投影。其绘图步骤如下：

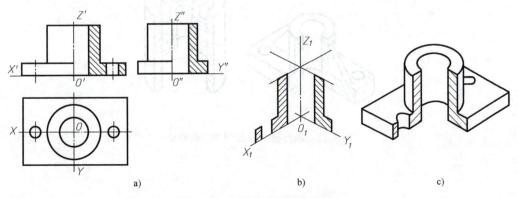

图4-50　支座的轴测剖视图画法

1）在支座的视图上确定坐标轴的位置，如图 4-50a 所示。
2）在轴测图上作出 $X_1O_1Z_1$ 和 $Y_1O_1Z_1$ 面上的剖面形状，如图 4-50b 所示。
3）画出剖面后的可见投影，如图 4-50c 所示。

画法二的优点是可以少画被切去的线，但对初学者来说，画法一比较容易入手。

## 二、轴测剖视图上的有关规定

### 1. 剖面线的方向

若在机件的剖视图上画与坐标轴成 45°的剖面线，则其相关坐标轴的截距为 1∶1 的关系。在形成剖视图的过程中这种关系保持不变，如图 4-51 所示。

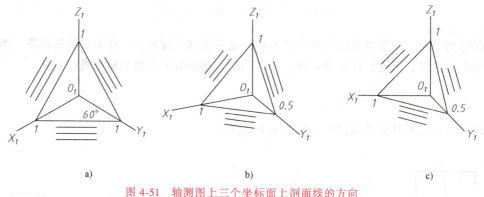

图 4-51 轴测图上三个坐标面上剖面线的方向

对正等轴测图来说，$X_1O_1Z_1$ 和 $Y_1O_1Z_1$ 坐标面上的剖面线方向与水平线成 60°，$X_1O_1Y_1$ 坐标面上的剖面线水平，如图 4-51a 所示；正二等轴测图和斜二等轴测图上的剖面线方向分别如图 4-51b、c 所示。

### 2. 肋板剖切后的画法

在轴测图上，当剖切平面通过机件的肋板或薄壁等结构的纵向平面时，这些结构剖切后都不画剖面线，而用粗实线将其与邻接部分分开，如图 4-52a 所示。这样表示不够清晰时，也允许在肋板和薄壁的剖面处画上细点，如图 4-52b 所示。

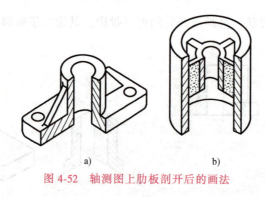

图 4-52 轴测图上肋板剖开后的画法

# 项目五

## 识读和绘制零件图

### 基本知识学习导航

识读和绘制机械图样（零件图和装配图）是本课程的最终学习目标，因此零件图是本课程重点内容之一。

本项目重点基本知识如下：

1. 零件的视图选择

明确视图的选择原则；明确视图选择往往不只一解，需择优而取；明确典型零件的视图规律。

2. 零件尺寸标注

1）了解设计基准和工艺基准的含义、选择原则和两者的结合，明确典型零件的尺寸选择规律。

2）了解零件尺寸注法的基本原则。

3）掌握常见局部结构的习惯注法。

3. 零件的技术要求

要了解表面粗糙度、极限与配合以及几何公差的基本概念及符号含义。掌握其在图样上标注的方法。

4. 识读零件图的步骤和方法。

5. 零件图的测绘方法与步骤。

6. 了解第三角投影画法。

### 任务一　识读托脚零件结构形状

**任务分析**：从项目一的学习中，我们知道零件图有四个内容：一组图形、完整的尺寸、技术要求和标题栏。零件图的第一个内容——一组图形用来表达零件的结构形状。

本任务我们要识读托脚零件图（图5-1）的第一个内容：一组图形。要完成这一任务，我们需要学习零件图视图的选择、典型零件的表达方案选择、零件常见工艺结构。

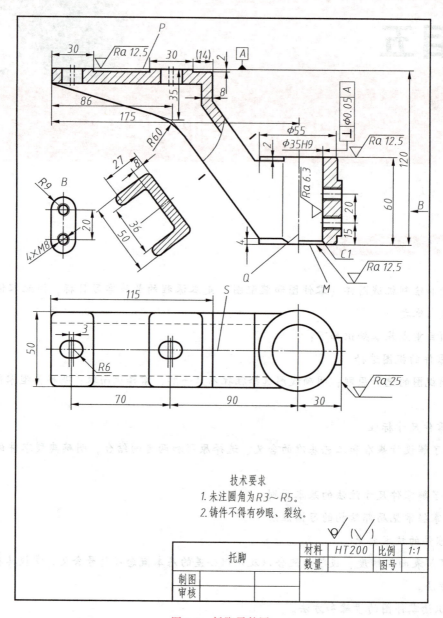

图 5-1 托脚零件图

**基本知识：**

### 一、零件图的视图选择

**1. 主视图的选择**

（1）投射方向 按表示的零件信息量最多选择主视图——最能明显地反映零件结构形状特征。

（2）位置 按加工位置选择主视图——按零件在主要加工工序中的装夹位置；按工作

位置选择主视图——加工位置多变时,应按零件在机器上的工作位置。

### 2. 选择其他视图

1) 其他视图可表达主视图未表达清楚之处,配合主视图将零件的结构形状完整、清晰地表达出来。

2) 选择时,习惯上俯视图优先于仰视图,左视图优先于右视图。

## 二、典型零件的表达方案选择

按零件的结构和作用分,典型零件大致可分为轴套类零件、轮盘类零件、叉架类零件、箱体类零件四种。

### 1. 轴套类零件

(1) 结构分析　轴的主要作用是安装、支承传动件(如齿轮、链轮和带轮等),传递运动和动力。

轴的主体结构为若干段相互衔接的直径和长度不同的圆柱体,各段长度总和远大于圆柱体直径。常用为各轴段具有共同轴线的阶梯轴。轴之所以呈阶梯状,一是为了轴上零件定位,二是为了便于轴上零件的装配,如图5-2a中的轴。

(2) 表达方案　绝大多数轴套类零件的主要加工方法明确,在卧式车床上车削。从这一点出发,轴套类零件按加工位置(轴线水平)选择主视图。轴类零件一般只用一个主视图来表示轴上各轴段长度、直径及各种结构的轴向位置;实心轴以显示外形为主,局部孔和槽用局部剖视图表达;键槽、花键等结构需单独的断面图表达;某些细小结构用局部放大图表示,如图5-2b所示轴零件图。

套类零件的画法,除因其均有空腔,主视图需全剖或半剖外,其余与轴的画法基本相同。

### 2. 轮盘类零件

(1) 结构分析　轮盘类零件主要由不同直径的同心圆柱面所组成,其厚度相对于直径小得多,呈盘状,周边常分布一些孔、槽等。轮类零件一般通过键、销与轴连接来传递转矩;盘类零件可起支承、定位和密封等作用,如图5-3a所示法兰盘轴测图。

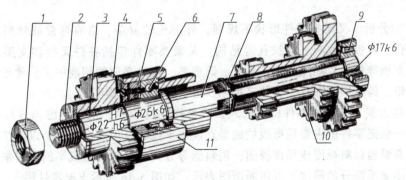

a) 轴和轴上零件

图5-2　轴

1—螺母　2—垫圈　3—键　4—交换齿轮　5—轴承压盖　6、9—轴承
7—轴　8—弹簧挡圈　10—滑动齿轮块　11—轴承座

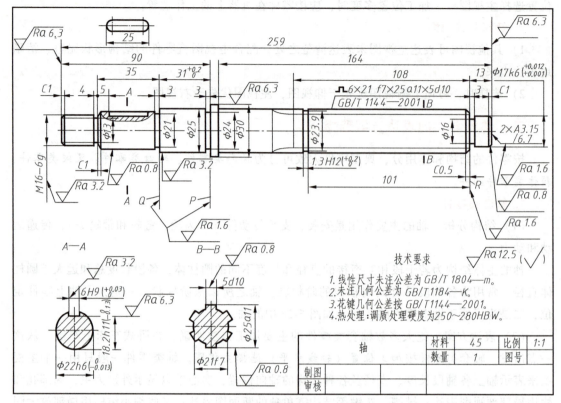

b) 轴零件图

图 5-2 轴（续）

（2）表达方案 轮盘类零件一般采用主视图和左视图两个基本视图，因轮盘类零件主要在车床和镗床上加工，所以主视图常将轴线置于水平放置，以符合零件的加工位置，用单一剖切平面、相交的剖切平面等剖切方法作出全剖或半剖视图表示各部分之间的相对位置，可用断面图、局部剖视图、局部放大图等来表示其上的个别细节，如图 5-3b 所示法兰盘零件图。

### 3. 叉架类零件

（1）结构分析 叉架类零件形状不规则，外形比较复杂，常有弯曲或倾斜结构，并带有肋板、轴孔、耳板、底板、螺纹孔等结构。叉架类零件包括各种叉杆和支架，通常起传动、连接、支承等作用。加工方法多为铸、锻成坯，再经必要的切削加工。常见局部工艺结构为铸造圆角、铸造斜度和孔中倒角，如图 5-4a 所示支架轴测图。

（2）表达方案 叉架类零件的型式较多，选择主视图时，主要考虑工作位置和零件的形状特征。一般把零件的主要轮廓线放成垂直或水平位置，用两个或两个以上基本视图，根据具体结构需要辅以斜视图或局部视图，用斜剖等方式作全剖视图或半剖视图来表达内部结构，对于连接支承部分的形状，可用断面图表示，如图 5-4b 所示支架零件图。

### 4. 箱体类零件

（1）结构分析 箱体类零件一般为机器、部件的主体，其内部有空腔、孔等结构，以支承和容纳运动零件，形状比较复杂，多为铸件，经必要的机械加工而成，具有加强肋、凹坑、凸台、铸造圆角、起模斜度等常见结构，如图 5-5a 所示的蝶阀阀体。

a) 法兰盘轴测图

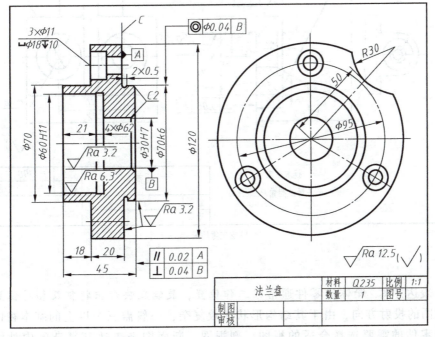

b) 法兰盘零件图

图 5-3　法兰盘

a) 支架轴测图

图 5-4　支架

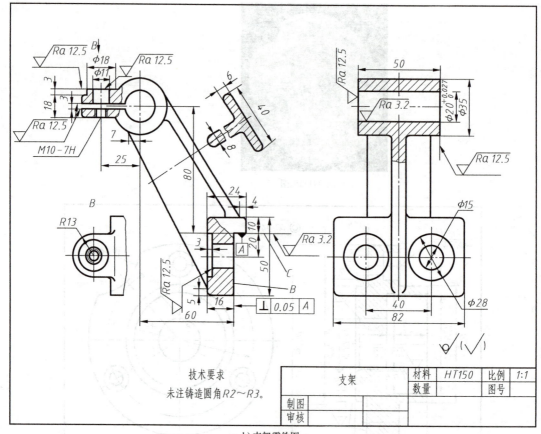

b) 支架零件图

图 5-4 支架（续）

（2）表达方案 箱体类零件通常以工作位置，最能反映形状特征及相对位置的一面作为主视图的投射方向，由于其结构形状比较复杂，一般需三个以上的基本视图，并可根据具体零件的需要选择合适的视图、剖视图、断面图来表达其复杂的内外结构，如图 5-5b 所示。

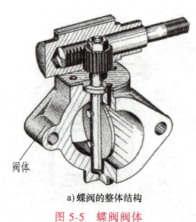

a) 蝶阀的整体结构

图 5-5 蝶阀阀体

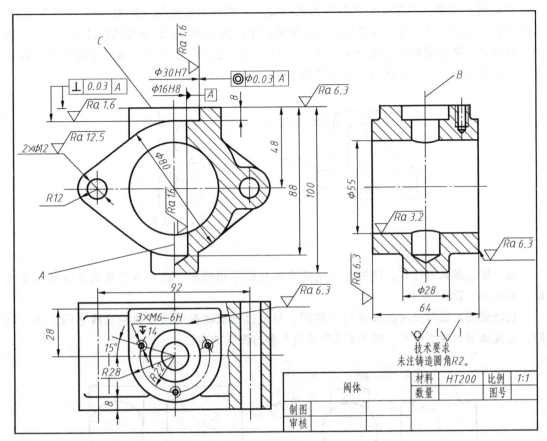

b) 蝶阀阀体零件图

图 5-5 蝶阀阀体（续）

## 三、零件常见工艺结构

### 1. 铸造工艺结构

（1）起模斜度 用铸造方法制造零件的毛坯时，为了便于将木模从砂型中取出，一般沿木模起模的方向做成约 1∶20 的斜度，称为起模斜度。这种斜度在图上可以不标注，也可不画出，如图 5-6 所示。必要时，可在技术要求中注明。

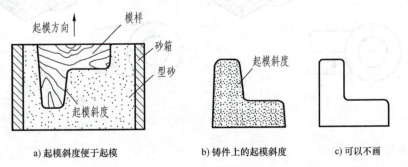

a) 起模斜度便于起模　　b) 铸件上的起模斜度　　c) 可以不画

图 5-6 起模斜度

（2）铸造圆角　在铸件毛坯各表面的相交处，都有铸造圆角，如图 5-6、图 5-7 所示。这样既便于起模，又能防止在浇注时金属液将砂型转角处冲坏，还可避免铸件在冷却时产生裂纹或缩孔。铸造圆角半径在图上一般不注出，而写在技术要求中。铸件毛坯底面（做安装面）常需经切削加工，这时铸造圆角被削平，如图 5-7 所示。

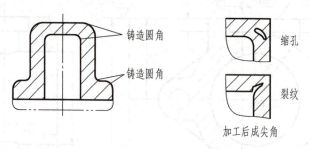

图 5-7　铸造圆角

由于铸造圆角的存在，使铸件表面的交线变得不很明显，这种不明显的交线称为过渡线，如图 5-8 所示。

过渡线的画法与交线的画法基本相同，只是过渡线的两端与圆角轮廓线之间应留有空隙，过渡线用细实线绘制。图 5-8 是常见的几种过渡线的画法。

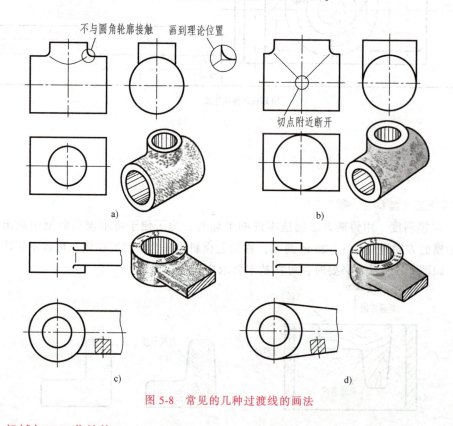

图 5-8　常见的几种过渡线的画法

### 2. 机械加工工艺结构

（1）倒角与倒圆　为了去除毛刺、锐边和便于装配，轴和孔的端部一般都加工成倒角，如图5-9a所示；为了避免因应力集中而产生裂纹，在轴肩处往往加工成圆角的过渡形式，即倒圆，如图5-2b所示的轴零件图。

（2）退刀槽和越程槽　切削时，为了便于退出刀具或使砂轮越过加工面，同时也便于零件定位，从而设置退刀槽和越程槽，如图5-9b所示。

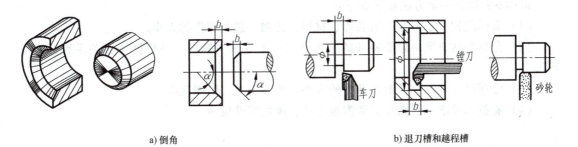

a) 倒角　　　　　　　　　　　　b) 退刀槽和越程槽

图5-9　倒角、退刀槽和越程槽

（3）钻孔工艺结构　用钻头加工不通孔时，由于钻头尖部有120°的圆锥面，因此不通孔的底部总有一个120°的圆锥面，如图5-10a所示。扩孔加工也将在直径不等的两柱面孔之间留下120°的圆锥面，如图5-10b所示。

钻孔时，应尽量使钻头垂直于孔端面；否则钻头单边受力，易将孔钻偏或将钻头折断，如图5-10d所示。当孔的端面是斜面或曲面时，应先将该平面铣平或制作成凸台或凹坑等结构，如图5-10c所示。

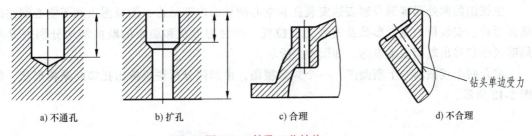

a) 不通孔　　　b) 扩孔　　　c) 合理　　　d) 不合理

图5-10　钻孔工艺结构

（4）凸台和凹坑　两零件的接触面一般都要进行加工，为了减少加工面积，并使两零件接触良好，一般在零件的接触部位设置凸台或凹坑，如图5-11所示。

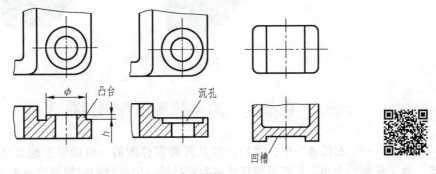

图5-11　凸台和凹坑

## 四、识读零件图的一般方法步骤

零件设计、加工、检验都需要识读零件图,因此准确熟练地读懂零件图,是工程技术人员必须掌握的基本技能之一。

识读零件图的一般方法步骤如下:

(1) 看标题栏　了解零件的名称、材料、比例,想象零件的大小。

(2) 分析表达方案　想象零件的结构形状。先找出主视图,并根据投影关系看清其他图形。

(3) 分析尺寸标注　了解各部分的大小和相互位置,明确基准。

(4) 看技术要求　明确加工和测量方法,确保零件质量。

**任务实施:**

识读托脚零件结构形状,需完成识读零件图的前两步。

**1. 看标题栏,了解零件的名称、材料、比例,想象零件的大小**

从图5-1所示零件图的标题栏可知,该零件为托脚,属于叉架类零件,材料为HT200,比例为1:1,采用原值比例。

**2. 分析表达方案,想象零件的结构形状**

根据叉架类零件表达方案的选择原则可知,该托脚主视图的位置就是其工作位置,其零件图采用主视图、俯视图、局部视图、移出断面图来表达,主视图反映了托脚的空心圆柱、安装板和肋板三个组成部分的相互位置关系。

主视图的两处局部剖分别表达安装孔和空心圆柱的内部结构,俯视图表达了空心圆柱的端面形状、安装板的宽度形状及安装孔的位置,凸台的形状和肋板的断面结构分别由 B 向局部视图和移出断面图来表达,如图5-1所示。

综合两个视图和一个断面图、一个局部视图,由形体分析法想象出托脚的结构形状,如图5-12所示。

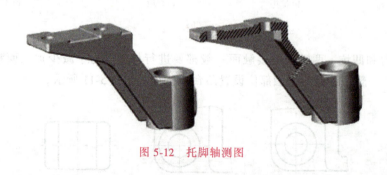

图5-12　托脚轴测图

## 任务二　识读托脚零件图的尺寸

**任务分析:** 在任务一中,我们已经从托脚零件图的一组图形中想象出了托脚的结构形状,对于托脚的大小,需要明确尺寸和看懂尺寸,因此我们需学习零件图尺寸注法。

**基本知识：**

## 一、正确选择尺寸基准

要合理地标注尺寸，必须正确地选择尺寸基准。

**1. 根据基准的作用不同分类**

根据基准的作用不同，可把零件的尺寸基准分为设计基准和工艺基准两类。

（1）设计基准  在设计零件时，保证功能、确定结构形状和相对位置时选用的基准。用来作为设计基准的，大多是工作时确定零件在机器或机构中位置的点、线或面。

（2）工艺基准  在加工零件时，为保证加工精度和方便加工与测量而选用的基准。用来作为工艺基准的，大多是加工时用作零件定位的和对刀起点及测量起点的点、线或面。

**2. 根据基准的重要性不同分类**

根据基准的重要性不同，可把零件的尺寸基准分为主要基准和辅助基准两类。

（1）主要基准  每个零件长、宽、高三个方向的尺寸，每个方向只有一个主要基准，决定零件的主要尺寸。有时工艺基准和设计基准是重合的，这是最佳选择。当工艺基准和设计基准不重合时，选设计基准为主要基准，如图 5-13 中的底面 $E$ 和对称面 $B$ 分别为高度和长度方向的设计基准。

（2）辅助基准  为便于加工和测量，通常还要附加一些尺寸基准，称为辅助基准，如图 5-13 中的上底面 $D$。辅助基准必须有尺寸与主要基准相联系。

## 二、合理标注尺寸应注意的问题

**1. 功能尺寸应直接注出**

功能尺寸是指零件上与机器的使用性能和装配质量有关的尺寸，这类尺寸应从设计基准直接注出。

如图 5-13 所示的轴承座，分别选底面 $E$ 和对称面 $B$ 为高度和长度方向的设计基准，因为一根轴通常要用两个轴承座支承，两者的轴孔应在同一轴线上，两个轴承座都以底面与机座贴合，确定高度方向位置；以对称面 $B$ 确定左右位置，所以轴孔的中心高度要以底面为基准直接标出，以 $B$ 为基准确定底板上两个穿螺栓孔的孔心距及其对于轴孔的对称关系，最终实现两轴承座安装后轴孔同心，保证功能。

**2. 避免出现封闭的尺寸链**

封闭的尺寸链是指一个零件同一方向上的尺寸像车链一样，一环扣一环首尾相连，成为封闭形状的情况。如图 5-14a 所示，各分段尺寸与总体尺寸间形成封闭的尺寸链，在机器生产中这是不允许的，因为各段尺寸加工不可能绝对准确，总有一定的尺寸误差，而各段尺寸误差的和不可能正好等于总体尺寸的误差。为此，在标注尺寸时，应将次要的尺寸空出不注（称为开口环），这样，其他各段加工的误差都积累至这个不要求检验的尺寸上，而全长及主要的尺寸则因此得到保证，如图 5-14b 所示。

**3. 满足工艺要求**

1）按加工顺序标注尺寸，以便于工人看图和加工。图 5-15 中，其轴向设计基准为 $E$，但若轴向尺寸均以 $E$ 为起点标注，对加工、测量都不方便。现以 $F$ 为起点标注尺寸，符合加工顺序。

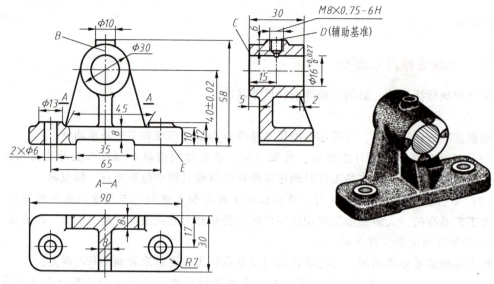

图 5-13 功能尺寸应直接注出

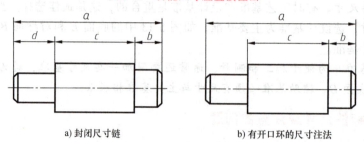

a) 封闭尺寸链　　　　b) 有开口环的尺寸注法

图 5-14 尺寸不注成封闭形式

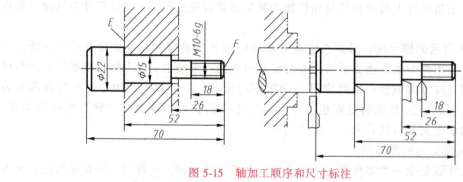

图 5-15 轴加工顺序和尺寸标注

2) 考虑测量方便，如图 5-16 所示。

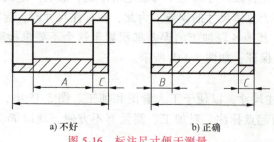

a) 不好　　　　b) 正确

图 5-16 标注尺寸便于测量

3) 零件上同一加工面与其他不加工面之间只能有一个联系尺寸,以免在切削加工面时,其他尺寸同时改变,无法达到所注的尺寸要求,如图 5-17 所示。

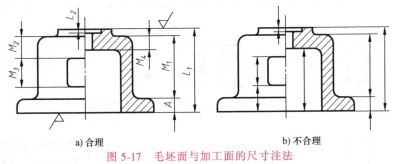

a) 合理　　　　　　b) 不合理

图 5-17　毛坯面与加工面的尺寸注法

## 三、零件上常见结构的尺寸注法

### 1. 常见孔的尺寸注法（见表 5-1）

表 5-1　常见孔的尺寸注法

| 类型 | 普通注法 | 旁注法 | | 说明 |
|---|---|---|---|---|
| 光孔 | 4×φ4，深10 | 4×φ4▽10 | 4×φ4▽10 | "▽"为深度符号<br>4 个相同的孔,直径为 4mm,孔深为 10mm |
| | 该孔无普通注法 | 锥销孔φ4 配作 | 锥销孔φ4 配作 | "配作"指锥销孔与相邻零件的同位锥销孔一起加工<br>"φ4"指与其相配的圆锥销的公称直径(小端直径) |
| 锪孔 | φ20, 4×φ9 | 4×φ9 ⊔φ20 | 4×φ9 ⊔φ20 | "⊔"为锪平符号,锪平通常只需锪出圆平面即可,深度一般不标 |
| 沉孔 | 90°, φ13, 6×φ7 | 6×φ7 ∨φ13×90° | 6×φ7 ∨φ13×90° | "∨"为埋头孔符号,该孔为安装开槽沉头螺钉所用<br>6 个相同的孔,直径为 7mm,沉孔锥顶角为 90°,大口直径为 13mm |
| | φ12, 4.5, 4×φ6.4 | 4×φ6.4 ⊔φ12▽4.5 | 4×φ6.4 ⊔φ12▽4.5 | "⊔"为沉孔符号(与锪平符号相同),该孔为安装开槽沉头螺钉所用,承装头部的孔深应注出<br>4 个相同的孔,直径为 6.4mm,柱形沉孔直径为 12mm,沉孔深为 4.5mm |

(续)

| 类型 | 普通注法 | 旁注法 | 说明 |
|---|---|---|---|
| 螺纹孔 | 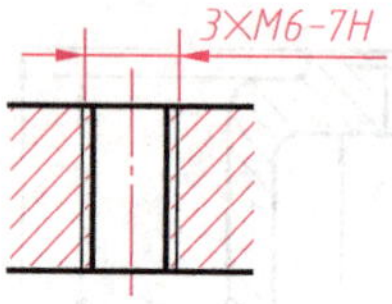 3×M6-7H | 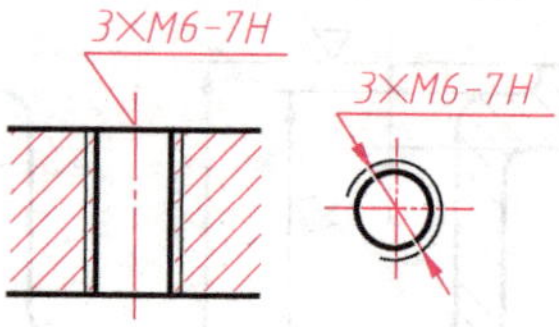 3×M6-7H / 3×M6-7H | 3个相同的螺纹通孔，公称直径 $D=6\text{mm}$，螺纹公差为7H |
| | 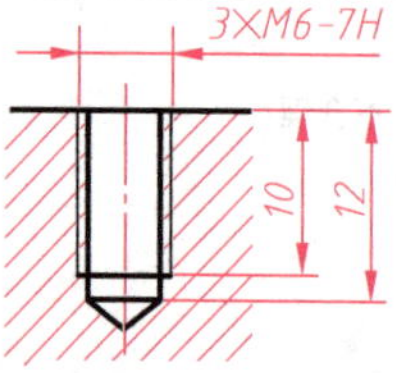 3×M6-7H (深10/12) | 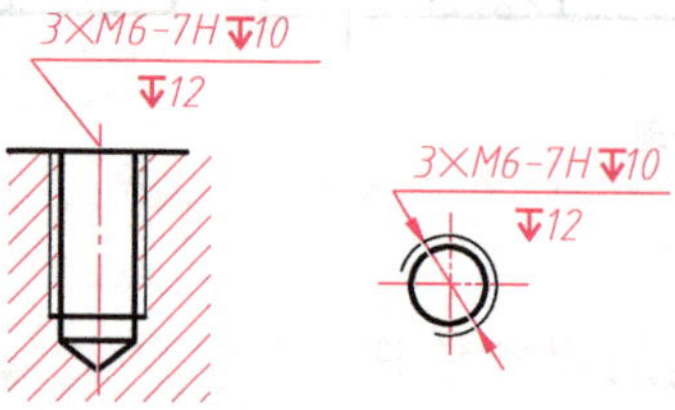 3×M6-7H▼10 ▼12 / 3×M6-7H▼10 ▼12 | 3个相同的螺纹不通孔，公称直径 $D=6\text{mm}$，螺纹公差为7H，钻孔深为12mm，螺纹孔深为10mm |

#### 2. 常见局部结构的尺寸注法

（1）倒角、退刀槽和越程槽　其尺寸标注方法见项目二任务一。

（2）中心孔　其结构、尺寸和表示法国家标准都有统一的规定（见表E-3）。

### 四、典型零件的尺寸注法

#### 1. 轴套类零件的尺寸注法

（1）尺寸基准的选择　径向的主要基准一般选择共同轴线，轴向尺寸基准一般选择重要的轴肩或端面。

（2）标注尺寸

1）各轴段直径尺寸以共同轴线为基准直接注出。

2）轴向尺寸以重要的端面或轴肩作为长度基准注出。如图5-2b所示轴的尺寸注法应以 $P$ 面为该轴的设计基准。以 $P$ 为基准直接注出尺寸 $31^{+0.2}_{0}$，以保证装配后交换齿轮4右端面（紧靠 $Q$ 面）与轴承压盖5左端面之间的间隙。

$Q$ 面确定后，以其为基准直接注出 $\phi22h6$ 轴段的长度35，以保证与交换齿轮4的装配关系，使其确定轴向位置。再以 $P$ 面为基准注出长度90得左端面，方便加工、测量。空出M16，不使其形成封闭尺寸链，直接标注轴的总长。

再以右端面为基准，直接标注尺寸13。若能保证这个尺寸，则可以保证轴与右轴承9的装配。以 $R$ 面为基准直接注出花键加工长度108和弹簧挡圈定位长度101，使加工和测量都很方便。

3）轴上的局部结构（如键槽、花键、螺纹、倒角、退刀槽和中心孔）参数、规格应符合标准规定，尺寸注法应符合标准注法和习惯注法。

#### 2. 轮盘类零件的尺寸注法

（1）尺寸基准的选择　轮盘类零件常以主要回转面的中心线作为径向尺寸基准，以加工过的端面作为轴向尺寸基准。

（2）标注尺寸

1）各主体圆柱直径尺寸以轴线为基准注在主视图中。

2）轴向尺寸以重要的端面作为基准注出。如图 5-3b 所示法兰盘零件图，以 C 面为主要基准注出尺寸 20，再以左端面为辅助基准，标注尺寸 18、21，使加工和测量都很方便。

### 3. 叉架类零件的尺寸注法

（1）**尺寸基准的选择** 叉架类零件常以安装平面、对称平面、主要轴线和较大的端面作为长、宽、高三个方向的尺寸基准。

（2）**标注尺寸** 如图 5-4b 所示支架零件图，长度方向以安装面 B 为主要基准，注出尺寸 16、60；高度方向以安装面 C 为主要基准，注出尺寸 80、20、10；宽度方向以前后对称面为主要基准，注出尺寸 40。

### 4. 箱体类零件的尺寸注法

箱体类零件由于形状比较复杂，尺寸数量较多，通常运用形体分析的方法来标注尺寸，常选主要孔的轴线，零件的对称面或较大的加工平面、结合面作为长、宽、高方向的尺寸基准。如图 5-5b 所示蝶阀阀体零件图，长度方向以左右对称面 A 为主要基准，高度方向以上底面 C 为主要基准，宽度方向以前后对称面 B 为主要基准。

## 任务实施：

识读尺寸标注的目的是了解各部分的大小和相互位置，明确尺寸基准。

### 1. 找出托脚零件图的尺寸基准

托脚属于叉架类零件，根据叉架类零件的尺寸基准选择方法，托脚高度方向的主要基准是上底面 P；长度方向的主要基准是 $\phi 35$ 孔的轴线 Q；宽度方向的主要基准是托脚的对称面 S。

### 2. 分析尺寸

托脚的长度方向以主要基准 Q 标注出定位尺寸 90，用于定位安装板上的孔，标注出托脚右边凸台的位置和长度尺寸 30，以尺寸 175 确定安装板的长度；高度方向以 P 为主要基准，标注出尺寸 35 以确定肋板折弯位置，标注 120 以确定托脚的总高，以下底面 M 为辅助基准，标注 15 给右边凸台上的螺纹孔定位，如图 5-1 所示。

# 任务三　识读托脚零件图的技术要求

**任务分析**：在任务二中已经识读托脚零件图的尺寸，本任务主要分析托脚的技术要求。零件的技术要求主要包括表面粗糙度、极限与配合和几何公差。下面先学习这些基本知识。

**基本知识**：

零件图上的技术要求主要包括以下内容：表面粗糙度、极限与配合、几何公差、材料及其热处理等。

## 一、表面粗糙度（GB/T 131—2006）

### 1. 表面粗糙度的概念

在零件加工时，由于切削变形和机床振动等因素，使零件的实际加工表面存在着微观高低不平，这种零件加工表面上具有较小间距和峰谷所组成的微观几何形状特性，称为表面粗糙度，如图 5-18 所示。

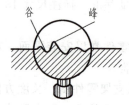

图 5-18　表面的微观情况

### 2. 表面粗糙度的评定参数

表面粗糙度的评定参数有：轮廓算术平均偏差（$Ra$）和轮廓最大高度（$Rz$）。在零件图上多采用轮廓算术平均偏差 $Ra$ 值。

轮廓算术平均偏差 $Ra$ 定义为：在一个取样长度内，纵坐标值 $Z$ 绝对值的算术平均值，其几何意义如图 5-19 所示。

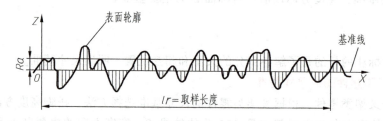

图 5-19　轮廓算术平均偏差 $Ra$

表面粗糙度对零件的配合性质、疲劳强度、抗腐蚀性、密封性等影响较大。表面粗糙度参数值越小，表面质量越高，加工成本也越高。因此，要根据零件的使用要求，合理选择表面粗糙度参数值。

### 3. 表面粗糙度代号

表面粗糙度代号由规定的符号和有关参数值组成。表面粗糙度符号的画法及含义见表 5-2。

表 5-2　表面粗糙度符号的画法及含义

| 符号名称 | 符号画法 | 含义 |
|---|---|---|
| 基本图形符号 | （$1.4h$、$3h$、$60°$、$60°$）<br>符号粗细为 $h/10$，$h$＝字体高度 | 对表面结构有要求的图形符号<br>仅用于简化代号标注，没有补充说明时不能单独使用 |
| 扩展图形符号 |  | 对表面结构有一定要求(去除材料)的图形符号<br>在基本图形符号上加一短横，表示指定表面是用去除材料的方法获得，如车削加工、磨削加工等 |

（续）

| 符号名称 | 符号画法 | 含义 |
|---|---|---|
| 扩展图形符号 | | 对表面结构有一定要求(不去除材料)的图形符号<br>在基本图形符号上加一圆圈,表示指定表面是用不去除材料的方法获得 |
| 完整图形符号 | 允许任何工艺　去除材料　不去除材料 | 对基本图形符号或扩展图形符号扩充后的图形符号<br>当要求标注表面结构特征的补充信息时,在基本图形符号或扩展图形符号的长边上加一横线 |

注：表面粗糙度符号中注写了具体参数代号及数值等要求后,即称表面粗糙度代号。

### 4. 表面粗糙度要求在图样上的标注方法

1) 在同一图样上,每一表面一般只标注一次表面粗糙度要求,并尽可能注在相应的尺寸及其公差的同一视图上。所标注的表面粗糙度要求是对完工零件的表面要求,除非另有说明。

2) 表面粗糙度要求可标注在可见轮廓线或其延长线上,其符号应从材料外指向并接触表面。必要时,表面粗糙度符号也可用带箭头或黑点的指引线引出标注,如图5-20a、b所示;在不致引起误解时,表面粗糙度要求也可标注在尺寸线、尺寸界线或它们的延长线上,如图5-20c、d所示。

3) 表面粗糙度的注写和读取方向与尺寸的注写和读取方向一致,如图5-2~图5-5、图5-20所示。

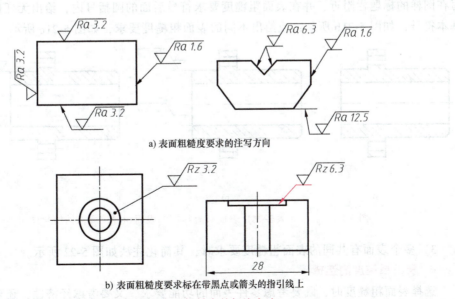

a) 表面粗糙度要求的注写方向

b) 表面粗糙度要求标在带黑点或箭头的指引线上

图5-20　表面粗糙度的标注方法

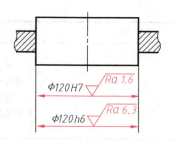

c) 表面粗糙度要求标在尺寸线上

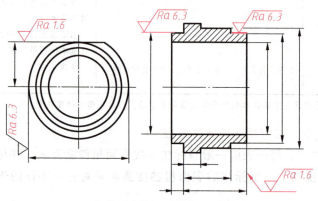

d) 表面粗糙度要求标注在圆柱特征的延长线上

图 5-20 表面粗糙度的标注方法（续）

**5. 表面粗糙度要求的简化注法**

1) 如果工件的全部表面具有相同的表面粗糙度要求，则其表面粗糙度要求可统一注写在图样的标题栏附近，如图 5-21a 所示。

2) 如果工件的大多数表面具有相同的表面粗糙度要求，则其表面粗糙度要求可统一注写在图样的标题栏附近，并在表面粗糙度要求符号后面的圆括号内，给出无任何其他标注的基本符号，如图 5-21b 所示；或给出不同的表面粗糙度要求，如图 5-21c 所示。

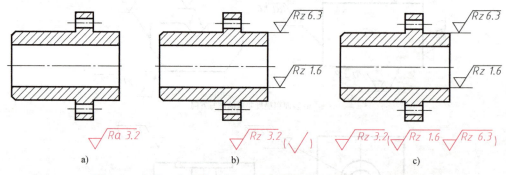

图 5-21 全部（大多数）表面具有相同的表面粗糙度要求的简化注法

3) 多个表面有共同的表面粗糙度要求时，其简化注法如图 5-22 所示。

**6. 表面粗糙度的选择**

选择表面粗糙度时，既要考虑零件表面的功能要求，又要考虑经济性，还要考虑现有的加工设备。一般应遵从以下原则：

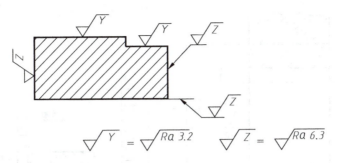

图 5-22 多个表面具有相同的表面粗糙度要求的简化注法

1) 同一零件上，工作表面比非工作表面的参数值要小。
2) 摩擦表面要比非摩擦表面的参数值小。有相对运动的工作表面，运动速度越高，其参数值越小。
3) 配合精度越高，参数值越小。间隙配合比过盈配合的参数值小。
4) 配合性质相同时，零件尺寸越小，参数值越小。
5) 要求密封、抗腐蚀或具有装饰性的表面，参数值要小。

## 二、极限与配合（GB/T 1800.1—2020）

在成批或大量生产中，在一批相同零件中，不经选择、修配或调整，任取其一，都能装在机器上并能满足使用要求的性质称为互换性。为使零件具有互换性，需从许多技术指标上对零件的质量进行控制，就尺寸而言，以"公差"和"配合"的标准化来解决。

**1. 尺寸公差的相关术语及概念**

(1) 公称尺寸　由图样规范定义的理想形状要素的尺寸，如 $\phi 50^{+0.050}_{+0.034}$，其中 $\phi 50$ 是公称尺寸。

(2) 极限尺寸　尺寸要素的尺寸所允许的极限值。尺寸要素允许的最大尺寸，称为上极限尺寸；尺寸要素允许的最小尺寸，称为下极限尺寸。如 $\phi 50.050$ 为上极限尺寸，$\phi 50.034$ 为下极限尺寸。

(3) 极限偏差　有上极限偏差和下极限偏差之分。上极限尺寸减其公称尺寸所得的代数差，称为上极限偏差；下极限尺寸减其公称尺寸所得的代数差，称为下极限偏差。孔的上极限偏差用 $ES$ 表示，下极限偏差用 $EI$ 表示；轴的上极限偏差用 $es$ 表示，下极限偏差用 $ei$ 表示。尺寸偏差可为正、负或零值。

(4) 尺寸公差（简称公差）　上极限尺寸与下极限尺寸之差。尺寸公差总是大于零的正数，是一个没有符号的绝对值。

(5) 公差带　公差极限之间（包括公差极限）的尺寸变动值。用零线表示公称尺寸，上方为正，下方为负。公差带由代表上、下极限偏差的矩形区域构成。矩形的上边代表上极限偏差，下边代表下极限偏差，矩形的长度无实际意义，高度代表公差，如图 5-23 所示。

(6) 标准公差与基本偏差　公差带是由公差带大小和公差带位置两个要素确定的。

标准公差：决定公差带的高度。国家标准公差划分为 20 个等级，分别为 IT01、IT0、IT1、IT2……IT18，IT 代表国际公差。其中 IT01 精度最高，IT18 精度最低。公称尺寸相同

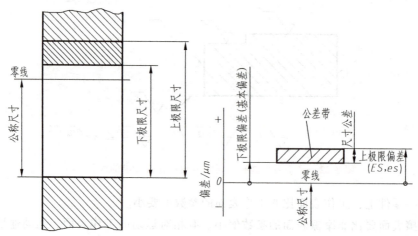

图 5-23 基本术语和公差带示意

时,公差等级越高(数值越小),标准公差值越小;公差等级相同时,公称尺寸越大,标准公差值越大,见表 F-1。

基本偏差:确定公差带相对公称尺寸位置的那个极限偏差。基本偏差通常指最接近公称尺寸的那个偏差。当公差带在零线上方时,基本偏差为下极限偏差;当公差带在零线下方时,基本偏差为上极限偏差。当零线穿过公差带时,离零线近的偏差为基本偏差。当公差带关于零线对称时,基本偏差为上极限偏差或下极限偏差,如 Js(js)。基本偏差有正号或负号。

GB/T 1800.1—2020 对孔和轴各规定了不同的基本偏差 28 种,用字母或字母组合表示,用一个字母表示的有 21 个,两个字母表示的有 7 个,从 26 个拉丁字母中去掉了易与其他含义相混淆的 I、L、O、Q、W(i、l、o、q、w)5 个字母。孔的基本偏差代号用大写字母表示,轴的基本偏差代号用小写字母表示,如图 5-24 所示。

需要注意的是,公称尺寸相同的轴和孔,若基本偏差代号相同,则基本偏差值一般情况下互为相反数。此外,在图 5-24 中,公差带不封口,这是因为基本偏差只决定公差带的位置。

公差带代号:基本偏差代号和标准公差等级的组合。

例如 $\phi 50H8$,$\phi 50$ 是公称尺寸,H8 是公差带代号,其中 H 是基本偏差代号,大写表示孔,标准公差等级为 IT8。根据公称尺寸和公差带代号查表 F-7 可确定上、下极限偏差。

**2. 配合的相关术语及概念**

类型相同且待装配的外尺寸要素(轴)和内尺寸要素(孔)之间的关系,称为配合。按配合性质不同,可分为以下三类。

(1)间隙配合 孔和轴装配时总是存在间隙的配合。此时,孔的下极限尺寸大于或等于轴的上极限尺寸,如图 5-25a 所示。

(2)过盈配合 孔和轴装配时总是存在过盈的配合。此时,轴的下极限尺寸大于或等于孔的上极限尺寸,如图 5-25b 所示。

(3)过渡配合 孔和轴装配时可能具有间隙或过盈的配合。此时,轴和孔的公差带或完全重叠或部分重叠,也就是说既可能产生间隙,也可能产生过盈,但间隙和过盈都比较小,如图 5-25c 所示。

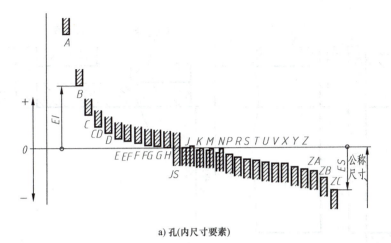

a) 孔(内尺寸要素)

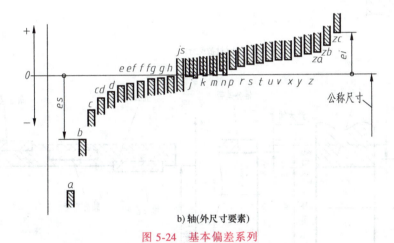

b) 轴(外尺寸要素)

图 5-24 基本偏差系列

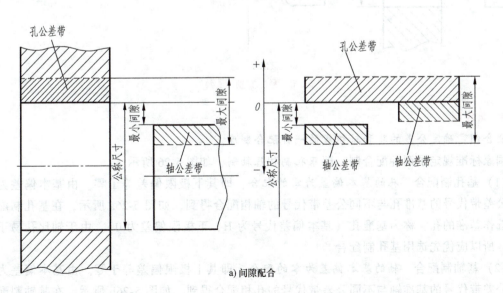

a) 间隙配合

图 5-25 配合类别

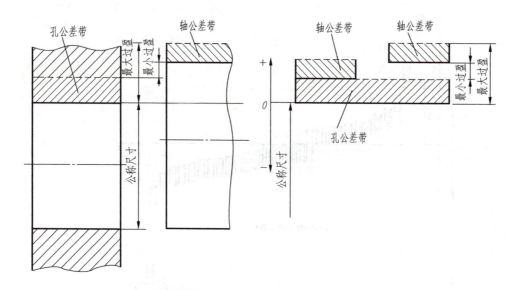

b) 过盈配合

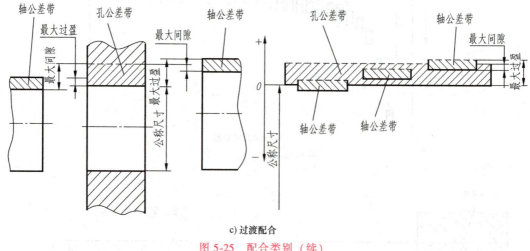

c) 过渡配合

图 5-25 配合类别（续）

### 3. 配合制

配合制：确定公差的孔和轴组成的一种配合制度。

国家标准规定了两种配合制，即基孔制和基轴制，如图 5-26 所示。

（1）基孔制配合　孔的基本偏差为零的配合，即其下极限偏差等于零。由基本偏差为零的公差带代号的基准孔与不同公差带代号的轴相配合得到，如图 5-26a 所示，在基孔制配合中选作基准的孔，称为基准孔（基本偏差代号为 H，下极限偏差为 0）。由于轴比孔易于加工，所以应优先选用基孔制配合。

（2）基轴制配合　轴的基本偏差为零的配合，即其上极限偏差等于零。由基本偏差为零的公差带代号的基准轴与不同公差带代号的孔相配合得到，如图 5-26b 所示，在基轴制配合中选作基准的轴，称为基准轴（基本偏差代号为 h，上极限偏差为 0）。

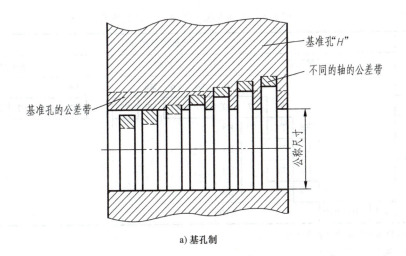

a) 基孔制

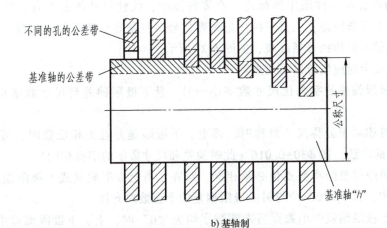

b) 基轴制

图 5-26 基孔制和基轴制

### 4. 优先常用配合

基孔制配合的常见、优先配合见表 5-3，基轴制配合的常见、优先配合见表 5-4。

表 5-3 基孔制配合的常见、优先配合

| 基准孔 | 轴公差带代号 | | | | | | | | | | | | | | | | | |
|---|---|---|---|---|---|---|---|---|---|---|---|---|---|---|---|---|---|---|
| | 间隙配合 | | | | | | | 过渡配合 | | | | 过盈配合 | | | | | | |
| | b | c | d | e | f | g | h | js | k | m | n | p | r | s | t | u | x |
| H6 | | | | | | g5 | h5 | js5 | k5 | m5 | n5 | p5 | | | | | |
| H7 | | | | | f6 | g6 | h6 | js6 | k6 | m6 | n6 | p6 | r6 | s6 | t6 | u6 | x6 |
| H8 | | | | e7 | f7 | | h7 | js7 | k7 | m7 | | | | s7 | | u7 | |
| H8 | | | d8 | e8 | f8 | | h8 | | | | | | | | | | |
| H9 | | | d8 | e8 | f8 | | h8 | | | | | | | | | | |
| H10 | b9 | c9 | d9 | e9 | | | h9 | | | | | | | | | | |
| H11 | b11 | c11 | d10 | | | | h10 | | | | | | | | | | |

注：优先选择框中所示的公差带代号。

表 5-4 基轴制配合的常见、优先配合

| 基准轴 | 孔公差带代号 | | | | | | | | | | | | | | | | | | | | |
|---|---|---|---|---|---|---|---|---|---|---|---|---|---|---|---|---|---|---|---|---|---|
| | 间隙配合 | | | | | | | 过渡配合 | | | | 过盈配合 | | | | | | | | | |
| h5 | | | | | | G6 | H6 | JS6 | K6 | M6 | | N6 | P6 | | | | | | | | |
| h6 | | | | F7 | G7 | | H7 | JS7 | K7 | M7 | N7 | | P7 | R7 | S7 | | T7 | U7 | | X7 | |
| h7 | | | E8 | F8 | | | H8 | | | | | | | | | | | | | | |
| h8 | | D9 | E9 | F9 | | | H9 | | | | | | | | | | | | | | |
| h9 | | | E8 | F8 | | | H8 | | | | | | | | | | | | | | |
| | | D9 | E9 | F9 | | | H9 | | | | | | | | | | | | | | |
| | B11 | C10 | D10 | | | | H10 | | | | | | | | | | | | | | |

注：优先选择框中所示的公差带代号。

**5. 极限与配合的标注**

(1) 极限与配合在零件图中的标注　在零件图中，线性尺寸的公差有三种标注形式：一是只标注上、下极限偏差；二是只标注公差带代号；三是既标注公差带代号，又标注上、下极限偏差，但偏差值用括号括起来，如图 5-27 所示。

标注极限与配合时应注意以下几点：

1) 上、下极限偏差的字高比尺寸数字小一号，且下极限偏差与尺寸数字在同一水平线上。

2) 当公差带相对于公称尺寸对称时，即上、下极限偏差互为相反数时，可采用"±"加偏差的绝对值的注法，如 $\phi 30 \pm 0.016$（此时偏差和尺寸数字的字高相同）。

3) 上、下极限偏差的小数点位必须相同、对齐，当上极限偏差或下极限偏差为零时，用数字"0"标出，数字"0"应与另一极限偏差的个位数对齐注。

4) 当上、下极限偏差中小数点后末端数字均为"0"时，上、下极限偏差中小数点后末尾的"0"一般不需注出。如果上、下极限偏差中某一项末位数字为"0"，为了使上、下极限偏差的位数相同，用"0"补齐。

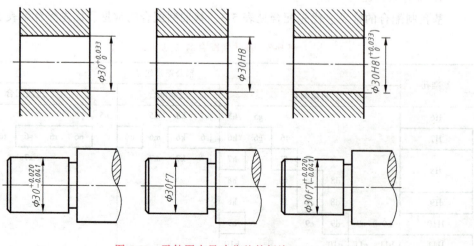

图 5-27　零件图中尺寸公差的标注

（2）极限与配合在装配图中的标注　在装配图上一般只标注代号。代号用分数表示，分子为孔的公差带代号，分母为轴的公差带代号。对于轴承等标准件与非标准件的配合，则只标注非标准件的公差带代号。如轴承内圈内孔与轴的配合，只标注轴的公差带代号；外圈外圆与箱体孔的配合，只标注箱体孔的公差带代号，如图 5-28 所示。

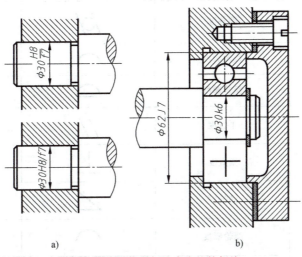

图 5-28　装配图中尺寸公差的标注

### 6. 极限与配合的应用

（1）查表　查表确定 $\phi50H8/s6$ 中轴和孔的尺寸偏差。

**分析**：公称尺寸 $\phi50$ 属于 ">40~50 尺寸段"，轴的公差带代号为 s6，孔的公差带代号为 H8。由 F-6 查得轴的上极限偏差 $es=59\mu m$、下极限偏差 $ei=43\mu m$，由表 F-7 查得孔的上极限偏差 $ES=39\mu m$、下极限偏差 $EI=0$。

（2）识读

$\phi50H8$ 的含义：公称尺寸为 $\phi50$，基本偏差代号为 H，公差等级为 IT8 的基准孔。

$\phi50H8/s6$ 的含义：公称尺寸为 $\phi50$，基本偏差代号为 H，公差等级为 IT8 的基准孔，与相同公称尺寸，基本偏差代号为 s，公差等级为 IT6 的轴，所组成的基孔制的过盈配合。

## 三、几何公差

零件经过加工后，不仅会产生尺寸误差和表面粗糙度，而且会产生表面形状和位置误差。为了满足使用要求，零件的几何形状和相对位置由几何公差来保证。

### 1. 几何公差的类型及符号

几何公差的类型及符号见表 5-5。

表 5-5　几何公差的类型及符号

| 公差类型 | 特征符号 | | 有无基准 |
|---|---|---|---|
| 形状公差（6项） | 直线度 | — | 无 |
| | 平面度 | ▱ | 无 |

(续)

| 公差类型 | 特征符号 | | 有无基准 |
|---|---|---|---|
| 形状公差(6项) | 圆度 | ○ | 无 |
| | 圆柱度 | ⌭ | 无 |
| | 线轮廓度 | ⌒ | 无 |
| | 面轮廓度 | ⌓ | 无 |
| 方向公差(5项) | 平行度 | ∥ | 有 |
| | 垂直度 | ⊥ | 有 |
| | 倾斜度 | ∠ | 有 |
| | 线轮廓度 | ⌒ | 有 |
| | 面轮廓度 | ⌓ | 有 |
| 位置公差(6项) | 位置度 | ⊕ | 有或无 |
| | 同轴度和同心度 | ◎ | 有 |
| | 对称度 | ═ | 有 |
| | 线轮廓度 | ⌒ | 有 |
| | 面轮廓度 | ⌓ | 有 |
| 跳动公差(2项) | 圆跳动 | ↗ | 有 |
| | 全跳动 | ⌮ | 有 |

**2. 几何公差的标注**

（1）公差框格和基准　公差框格、基准的画法及框格中的几何特征符号、公差值、基准字母的填写次序与标注方法如图 5-29 所示。

（2）被测要素　用带箭头的指引线将被测要素与公差框格一端相连，指引线箭头指向公差带的宽度方向或直径方向。指引线箭头所指部位可有：

1）当被测要素为轮廓线或轮廓面时，指引线箭头应指向该要素的轮廓线或其延长线上，并应明显地与尺寸线错开，如图 5-30a 所示。

2）当被测要素为轴线、球心或中心平面时，指引线箭头应与该要素的尺寸线对齐，如

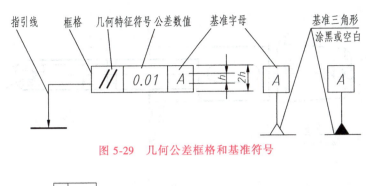

图 5-29 几何公差框格和基准符号

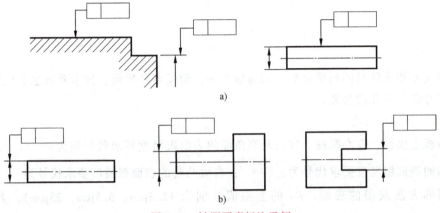

图 5-30 被测要素标注示例

图 5-30b 所示。

（3）基准要素 基准符号的画法如图 5-29 所示，无论基准符号在图中的方向如何，细实线方框内的字母一律水平书写。

1）当基准要素为轮廓线或轮廓面时，基准三角形放置在该要素的轮廓线或其延长线上，并应明显地与尺寸线错开，如图 5-31a 所示。

2）当基准要素为轴线、球心或中心平面时，基准三角形应与该要素的尺寸线对齐，如图 5-31b 所示。

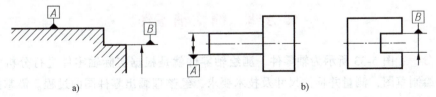

图 5-31 基准要素标注示例

### 3. 几何公差的识读（图 5-32）

$\boxed{\bigcirc\ 0.04}$：圆锥体任一横截面圆的圆度公差为 0.04mm。

$\boxed{\between\ 0.05}$：$\phi 18_{-0.001}^{+0.003}$ 圆柱面的圆柱度公差为 0.05mm。

$\boxed{\nearrow\ 0.01\ |\ A}$：$\phi 22$ 圆锥大小端面对 $\phi 18_{-0.001}^{+0.003}$ 轴线的圆跳动公差为 0.01mm。

$\boxed{\odot\ \phi 0.01\ |\ B-C}$：M10 轴线对两中心孔轴线的同轴度公差为 $\phi 0.01$mm。

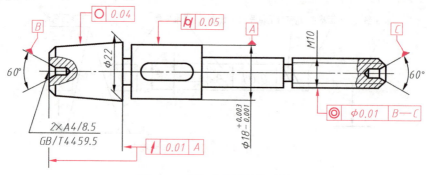

图 5-32 几何公差的标注示例

### 任务实施：

识读技术要求的目的是明确加工和测量方法，确保零件质量，技术要求主要包括表面粗糙度、尺寸公差和几何公差。

#### 1. 识读表面粗糙度

安装板上底面、空心圆柱上底面及倒角面的表面粗糙度要求代号均为 $\sqrt{Ra\ 12.5}$；空心圆柱内表面的表面粗糙度要求代号为 $\sqrt{Ra\ 6.3}$；右边凸台的表面粗糙度要求代号为 $\sqrt{Ra\ 25}$（用去除材料的方法获得的表面，$Ra$ 的上限值分别为 12.5μm、6.3μm、25μm）。其余仍为铸面。

#### 2. 识读尺寸公差

空心圆柱有尺寸公差的要求 $\phi35H9$，是基准孔，其极限偏差可通过查表 F-7 获得。

#### 3. 识读几何公差

空心圆柱孔有几何公差要求 ⊥ $\phi0.05$ A，其含义是 $\phi35H9$ 孔轴线对安装板的上底面的垂直度公差值为 $\phi0.05mm$。

#### 4. 识读文字说明的技术要求

规定未注圆角为 $R3 \sim R5$；铸件不得有砂眼、裂纹。

## 任务四　测绘轴零件

**任务分析**：图 5-33 所示为轴零件。测绘轴零件就是根据实际轴零件进行分析，目测尺寸，徒手绘制草图，测量并标注尺寸及技术要求，经整理画出零件图的过程。需掌握零件尺寸的测量方法，零件的测绘方法与步骤。

图 5-33　轴零件

**基本知识：**

### 一、常用的测量工具

在机械零件测绘中，测绘时常用的量具有直尺、内卡钳、外卡钳及游标卡尺、螺纹规等。直尺一般用来测长度尺寸；外卡钳测回转体的外径；内卡钳测回转体的内径；游标卡尺是比较精密的量具，不要用其刃口去接触粗糙的表面。

### 二、零件尺寸常用测量方法（见表5-6）

表5-6 零件尺寸测量方法示例

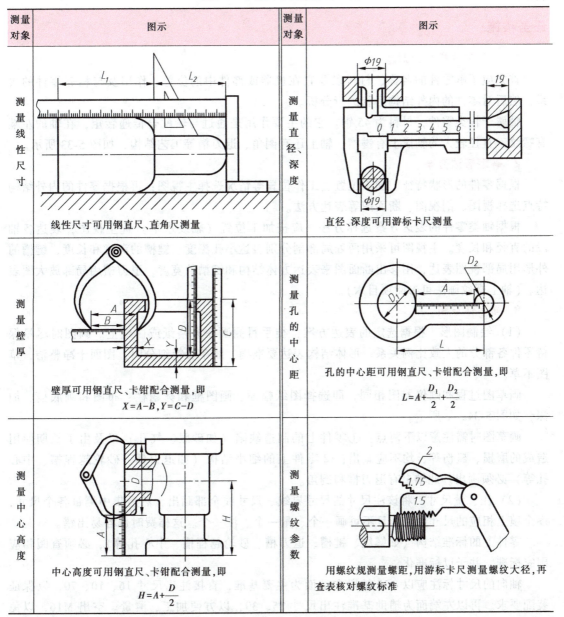

### 三、测量零件尺寸时的注意事项

1) 要正确使用测量工具和选择测量基准,以减少测量误差,不要用较精密的量具测量粗糙表面,以免磨损。尺寸一定要集中测量,逐个填写尺寸数值。

2) 对于零件上不太重要的尺寸,可将测得的尺寸数值圆整到整数;对于功能尺寸要精确测量。

3) 相配合的孔、轴公称尺寸要一致。

4) 标准结构要素,测得尺寸后,应查表取标准值。

5) 测量零件上磨损部位的尺寸时,应考虑磨损值,参照相关零件和有关资料,经分析确定。

## 任务实施:

#### 1. 了解和分析测绘对象

首先应了解零件的名称、材料以及它在机器或部件中的位置、作用及与相邻零件的关系,然后对零件的内外结构形状进行分析。

轴属于轴类零件,材料为 45 钢。它的主要作用是通过与轮配合传递转矩,在轴的左端有螺纹,直径较大的轴段上有键槽,轴上还有倒角、退刀槽等工艺结构,如图 5-33 所示。

#### 2. 确定表达方案

根据零件的形状特征、加工位置、工作位置等情况选择主视图;再根据零件的内外结构特点选择视图、剖视图、断面图等表达方法。

根据轴类零件的表达方案选择方法,应按加工位置(轴线水平)选主视图,表达各轴段的直径和长度。主视图可采用两处局部剖分别表达小孔深度、键槽的深度和长度,键槽的外形用局部视图表达,用移出断面图来表达方体结构和键槽的宽度,退刀槽用局部放大图表达。(轴上螺纹画法可参阅项目六)。

#### 3. 画零件草图

(1) 绘制图形　根据选定的表达方案,徒手目测画在方格纸或白纸上。画图时尽量保持零件各部分的大致比例关系。形体结构表达要准确,线条要粗细分明,图面干净整洁,草图不草。

画草图过程和画仪器图相同,即选择图纸幅面、画图框和标题栏、布图和画底稿、加深,如图 5-34a~c 所示。

画草图时需注意以下两点:①零件上的制造缺陷(如砂眼、气孔)以及由于长期使用造成的磨损、碰伤等,均不应画出;②零件上的细小结构(如退刀槽、砂轮越程槽、中心孔等)必须画出。此轴上有退刀槽和倒角。

(2) 注、量尺寸　将该注尺寸的尺寸界线、尺寸线全部画出,然后集中测量各个尺寸,逐个填上相应的尺寸数字,且不可画一个、量一个、注一个。这样费时也容易出错。

零件上的标准结构(如螺纹、键槽、退刀槽、砂轮越程槽、中心孔等),必须查阅相应国家标准,并予以标准化。

轴向的尺寸标注应以 $\phi$35 轴段左端面为主要基准,直接注出尺寸 16、10、70,以保证装配要求。再以左端面为辅助基准注出尺寸 25、39,以方便加工、测量。空出 M16,以免形成封闭尺寸链，直接标注轴的总长，如图 5-34d 所示。

（3）注写技术要求　零件上的表面粗糙度、极限与配合、几何公差等技术要求，通常

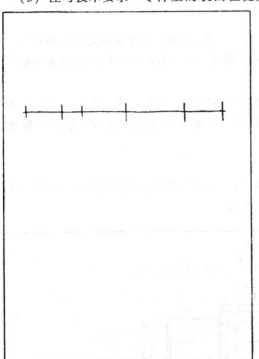

a) 画中心线

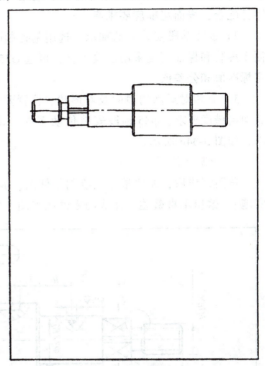

b) 画主要轮廓线

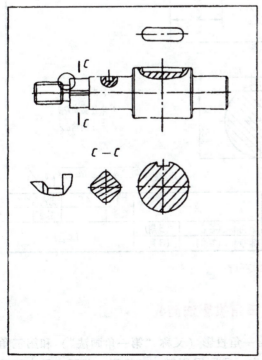

c) 画断面图、局部剖视图、局部放大图

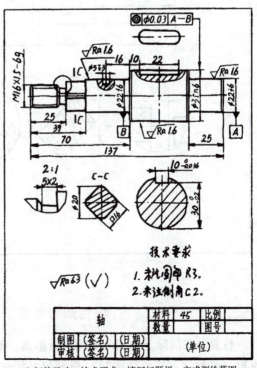

d) 标注尺寸、技术要求、填写标题栏，完成测绘草图

图 5-34　轴零件草图绘图步骤

可采用类比法注写。

1）有配合要求的表面，其表面粗糙度数值较小，φ22和φ35分别要与轴承和齿轮传动零件配合，表面粗糙度要求高。

2）φ22轴段安装滑动轴承，选用基孔制配合，可选φ22f6；φ35轴段安装传动零件，为便于拆装和保证精度采用过渡配合，可选φ35n6；键槽的尺寸按轴径的尺寸查阅有关标准确定标准值和公差值。

3）有相对运动的表面及对形状、位置要求较严格的线、面等要素，要给出几何公差和表面粗糙度要求，φ35轴段安装传动零件，其轴线与两端φ22轴段的轴线应有同轴度的要求，如图5-34d所示。

### 4. 绘制零件图

草图完成后，便要根据它绘制零件图，其绘图方法和步骤见项目二任务一中的［任务实施］，这里不再赘述。完成的零件图如图5-35所示。

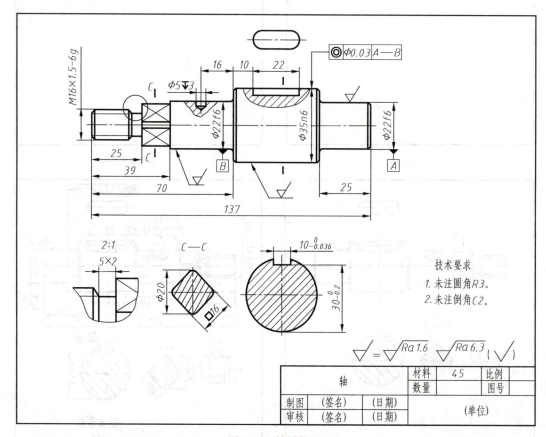

图5-35　轴零件图

## 项目知识扩展　第三角投影法简介

目前，在国际上使用的有两种投影制，即第一角投影（又称"第一角画法"）和第三角投影（又称"第三角画法"）。根据国家标准规定，我国采用第一角投影，美国、日本等采用第三角投影。

ISO 国际标准规定：在表达机件结构中，第一角和第三角投影法同等有效。

## 一、第一角投影与第三角投影的异同点（GB/T 13361—2012）

### 1. 投影面不同

用水平和铅垂的两个投影面，将空间分成四个区域，每个区域为一个分角，如图 5-36 所示。

### 2. 投影方式不同

从前面的学习中我们知道，第一角投影的画法是将物体置于第一分角内，并使其处于观察者与投影面之间而得到的正投影方法，保持人-物-投影面的位置关系。

第三角投影的画法是将物体置于第三分角内，并使投影面处于观察者与物体之间而得到的正投影方法，保持人-投影面-物的位置关系，如图 5-37 所示。

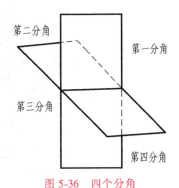

图 5-36 四个分角

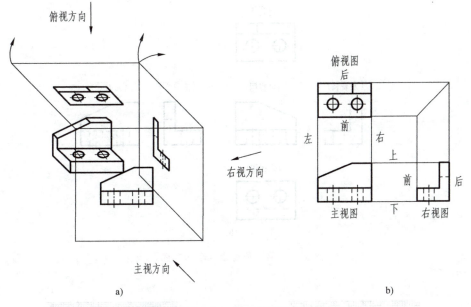

图 5-37 第三角画法

### 3. 视图的配置关系不同

第三角投影投影面展开方法如图 5-37a 和图 5-38a 所示。

第三角画法与第一角画法的左视图和右视图位置左右对调、俯视图和仰视图位置上下对调，其他一致，如图 5-37b 和图 5-38b 所示；第三角画法的左视图、右视图、俯视图、仰视图靠近主视图的一边均表示物体的前边，这与第一角画法正好相反。

## 二、第一角投影与第三角投影的识别符号

工程图样上，为了区别两种投影，国家标准规定了相应的投影识别符号，如图 5-39 所示。该符号标在标题栏"名称和符号区"。

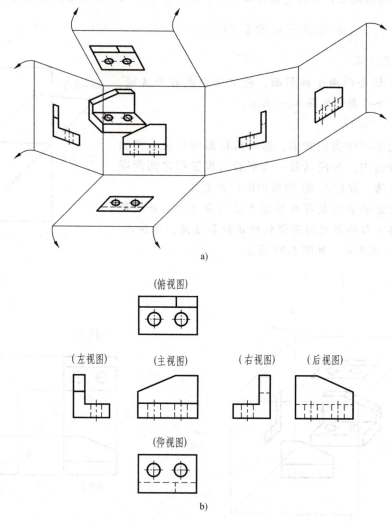

图 5-38 第三角投影六个基本视图

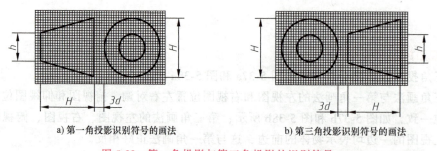

a) 第一角投影识别符号的画法　　　　b) 第三角投影识别符号的画法

图 5-39 第一角投影与第三角投影的识别符号

注：图中 $h$ 为字体的高度（$H=2h$）、$d$ 为图中粗实线的宽度。

图 5-40 所示为第一角画法与第三角画法画出的两视图，第一角投影左视图中后面靠近主视图，第三角投影右视图中前面靠近主视图。

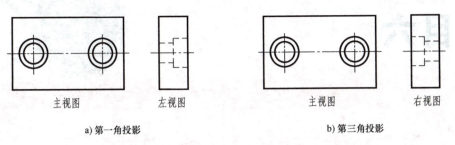

a) 第一角投影　　　　　　　　　　b) 第三角投影

图 5-40　第一角画法与第三角画法画出的两视图

# 项目六

# 识读和绘制标准件及常用件图

> 基本知识学习导航

本项目所介绍的是标准件和常用件中的零件、组件。我们从以下三方面来理解和掌握：
1) 每种零件、组件的功能和结构。
2) 国家标准对零件、组件的画法所做的规定。
3) 国家标准对零件、组件的标注所做的规定。

在理解的基础上要求能画、会标注这些零件及组件，会根据要求查阅有关手册进行选用。

## 任务一 测绘螺栓连接

**任务分析**：螺纹紧固件是实现螺纹连接的必要零件，也是机器中广泛应用的标准件。在机械图样的绘制过程中，经常遇到螺纹连接的问题，如螺栓连接（图6-1）、螺柱连接、螺钉连接等。测绘螺栓连接装配图，就是测绘相关零件，根据国家标准有关螺纹及其紧固件的规定画法，正确绘出螺栓连接装配图。

**基本知识**：

### 一、螺纹

在圆柱或圆锥表面上，具有相同牙型、沿螺旋线连续凸起的牙体称为螺纹。螺纹是零件上常见的一种结构，有外螺纹（在圆柱或圆锥外表面上所形成的螺纹）和内螺纹（在圆柱或圆锥内表面上所形成的螺纹）两种，一般成对使用，如图6-2所示。螺纹的加工方法很多。图6-3a、b分别为车床上加工圆柱外螺纹和内螺纹的示意图；图6-3c为大量生产螺纹紧固件时，辗压螺纹的原理图；图6-3d、e

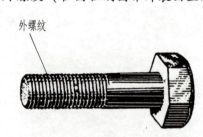

图6-1 螺栓连接结构

图6-2 内螺纹和外螺纹

分别为手工加工小直径内螺纹和外螺纹的示意图。

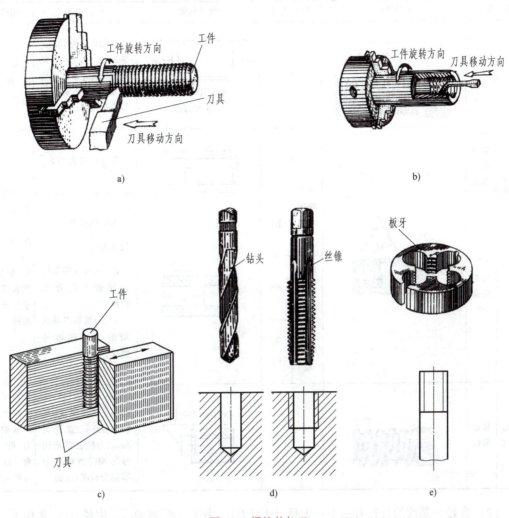

图6-3 螺纹的加工

**1. 螺纹的要素**（GB/T 14791—2013）

（1）牙型 在螺纹轴线平面内的螺纹轮廓形状，称为螺纹牙型。常见的螺纹牙型有三角形、梯形、锯齿形和矩形等。相邻牙侧间材料实体，称为牙体。连接两个相邻牙侧的牙体顶部表面，称为牙顶。连接两个相邻牙侧的牙槽底部表面，称为牙底，如图6-4所示。不同牙型的螺纹有不同的用途，见表6-1。

表6-1 常用标准螺纹的种类、标注及用途

| 螺纹种类 | | 牙型图示 | 特征代号 | 标注示例 | 标注说明 | 用途 |
|---|---|---|---|---|---|---|
| 连接螺纹 | 普通螺纹 | 60° | M | M20<br>粗牙普通螺纹不注写螺距 | 公称直径为20mm；中径和大径公差带代号均为6g（省略不标）；中等旋合长度；右旋 | 用于一般零件的连接 |

（续）

| 螺纹种类 | | 牙型图示 | 特征代号 | | 标注示例 | 标注说明 | 用途 |
|---|---|---|---|---|---|---|---|
| 连接螺纹 | 普通螺纹 | 60° | M | | M20×1.5<br>细牙普通螺纹要注写螺距 | 公称直径为20mm；螺距为1.5mm；中径和大径公差带代号均为6g(省略不标)；中等旋合长度；右旋 | 用于薄壁和精密零件的连接 |
| | 55°非密封管螺纹 | 55° | G | | G1/2 | 尺寸代号为1/2 | 螺纹深度较浅的特殊细牙螺纹，常用于水管、油管、气管等薄壁管子的连接 |
| | 55°密封管螺纹 | | 圆锥内螺纹 | Rc | Rc 1/4 | 圆锥内螺纹，尺寸代号为$\frac{1}{4}$。<br>$R_1$(与圆柱内螺纹相配合的圆锥外螺纹)<br>$R_2$(与圆锥内螺纹相配合的圆锥外螺纹) | |
| | | | 圆柱内螺纹 | Rp | | | |
| | | | 圆锥外螺纹 | $R_1$<br>$R_2$ | | | |
| 传动螺纹 | 梯形螺纹 | 30° | Tr | | Tr40×12(P6)LH | 公称直径为40mm；双线螺纹；导程为12mm，螺距为6mm；中径公差带代号为6H(省略)；中等旋合长度；左旋 | 用于承受两个方向的轴向力的场合，如车床的丝杠 |

（2）直径 螺纹的直径有三个：大径（$d$ 或 $D$）、小径（$d_1$ 或 $D_1$）、中径（$d_2$ 或 $D_2$），如图6-4所示。

大径（$d$ 或 $D$）：与外螺纹牙顶或内螺纹牙底相切的假想圆柱或圆锥的直径。

小径（$d_1$ 或 $D_1$）：与外螺纹牙底或内螺纹牙顶相切的假想圆柱或圆锥的直径。

中径（$d_2$ 或 $D_2$）：中径圆柱或中径圆锥的直径。该圆柱（圆锥）母线通过圆柱（圆锥）螺纹上牙厚与牙槽宽相等的地方。

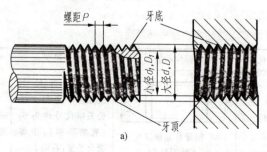
a)

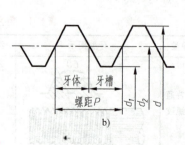
b)

图6-4 螺纹的直径

公称直径：代表螺纹尺寸的直径。紧固螺纹和传动螺纹的大径为公称直径。

（3）线数 $n$　螺纹有单线和多线之分。只有一个起始点的螺纹，称为单线螺纹，如图 6-5a 所示；具有两个或两个以上起始点的螺纹，称为多线螺纹，如图 6-5b 所示。

（4）螺距 $P$ 及导程 $P_h$

螺距：相邻两牙体上的对应牙侧与中径线相交两点间的轴向距离，如图 6-4b 所示。

导程：最邻近的两同名牙侧与中径线相交两点间的轴向距离，如图 6-5 所示。

单线螺纹的导程等于螺距，即 $P_h=P$；多线螺纹的导程等于线数乘以螺距，即 $P_h=nP$，如图 6-5 所示。

（5）旋向　螺纹分右旋和左旋两种。顺时针方向旋转时旋入的螺纹称为右旋螺纹，反之称为左旋螺纹，如图 6-6 所示，右旋外螺纹轴线垂直放置时，螺纹的可见部分是右高左低；左旋外螺纹正好相反。工程上常用右旋螺纹。

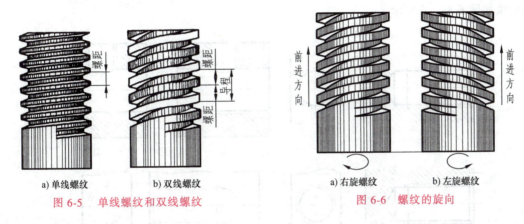

图 6-5　单线螺纹和双线螺纹　　　　图 6-6　螺纹的旋向

注：只有以上五个要素完全一致的内外螺纹才能旋合使用。

**2. 螺纹的种类**

（1）按螺纹要素分　可分为标准螺纹、特殊螺纹和非标准螺纹。其中牙型、公称直径和螺距称为螺纹三要素，三个要素都符合国家标准的螺纹，称为标准螺纹；只有牙型符合标准的螺纹，称为特殊螺纹；牙型不符合标准的螺纹，称为非标准螺纹。

（2）按螺纹用途分　可分为连接螺纹（紧固螺纹、管螺纹）、传动螺纹和专用螺纹。其中专用螺纹有自攻螺钉用螺纹、木螺钉螺纹和气瓶专用螺纹等。

**3. 螺纹的规定画法**（GB/T 4459.1—1995）

（1）外螺纹的规定画法　外螺纹牙顶圆（大径）的投影用粗实线表示，牙底圆（小径）的投影用细实线表示。

在不反映圆的视图上，倒角（或倒圆）应画出，牙底的细实线应画入倒角，螺纹终止线用粗实线表示。在比例画法中螺纹小径可按大径的 0.85 绘制，螺尾部分一般不必画出。当需要表示时，该部分用与轴线成 30° 的细实线画出。

在反映圆的视图上，小径用约 3/4 圈的细实线圆弧表示，倒角圆不画，如图 6-7 所示。

注：如果采用剖视，剖面线必须画到粗实线处。

（2）内螺纹的规定画法　在剖视图或断面图中，内螺纹牙顶圆（小径）的投影用粗实线表示，牙底圆（大径）的投影用细实线表示，剖面线应画到粗实线，螺纹终止线用粗实线绘制。

采用比例画法时，小径可按大径的0.85绘制；若为不通孔，由于钻头的顶角接近120°，钻出的不通孔底部有一个顶角接近120°的圆锥面。采用比例画法时，螺纹终止线到孔的末端的距离可按大径的0.5绘制。

在反映圆的视图中，大径用约3/4圈的细实线圆弧绘制，倒角圆不画，如图6-8a、b所示。

当螺纹的投影不可见时，所有图线均为虚线。如图6-8e所示。

螺纹孔与螺纹孔（光孔）相贯，相贯线的画法如图6-8c、d所示。

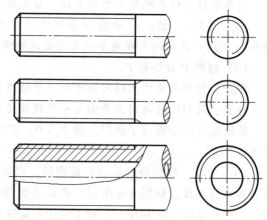

图6-7 外螺纹的规定画法

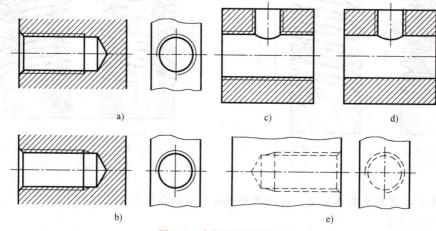

图6-8 内螺纹的规定画法

（3）内、外螺纹旋合的画法 在剖视图中，内、外螺纹的旋合部分应按外螺纹的规定画法绘制，其余不重合部分按各自原有的规定画法绘制。

注：内、外螺纹大径的细实线和粗实线，以及表示内、外螺纹小径的粗实线和细实线应分别对齐；在剖切平面通过螺纹轴线的剖视图中，实心螺杆按不剖绘制，如图6-9a、b所示。

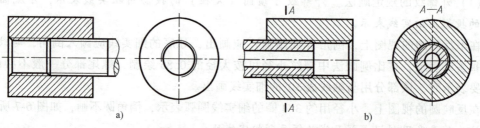

图6-9 内、外螺纹旋合的画法

（4）牙型表示法 螺纹牙型一般不在图形中表示，当需要表示螺纹牙型时，可按

图 6-10 所示方式绘制。

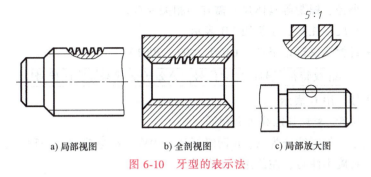

a) 局部视图　　　b) 全剖视图　　　c) 局部放大图

图 6-10　牙型的表示法

#### 4. 螺纹的标记方法

（1）普通螺纹及传动螺纹的标记

单线普通螺纹的标记（GB/T 197—2018）：

| 螺纹特征代号 | 公称直径 |×| 螺距 |-| 中顶径公差带代号 |-| 旋合长度代号 |-| 旋向代号 |

多线普通螺纹的标记：

| 螺纹特征代号 | 公称直径 |×| Ph 导程 P 螺距 |-| 中顶径公差带代号 |-| 旋合长度代号 |-| 旋向代号 |

传动螺纹的标记（GB/T 5796.4—2005）：

| 螺纹特征代号 | 公称直径 |×| 导程（P 螺距）旋向代号 |-| 中径公差带代号 |-| 旋合长度代号 |

螺纹特征代号：普通螺纹特征代号为 M；传动螺纹特征代号（梯形螺纹为 Tr、锯齿形螺纹为 B）。

尺寸代号（公称直径 × 螺距或公称直径 × Ph 导程 P 螺距）：公称直径为螺纹的大径，粗牙普通螺纹不标注螺距。

公差带代号：如普通螺纹中径和顶径公差带代号相同，只标注一次；中等公差精度（外螺纹为 6g、内螺纹为 6H）不标注公差带代号。

旋合长度代号：普通螺纹旋合长度分为中等组 N、长组 L、短组 S；传动螺纹分为中型 N 和长型 L，N 时不注。

旋向代号：右旋螺纹不注写旋向，左旋注写 LH。

螺纹标记的示例如下：

M20×Ph3P1.5-7g6g-L-LH

含义：表示双线细牙普通外螺纹，大径为 20mm，导程为 3mm，螺距为 1.5mm，中径公差带代号为 7g，大径公差带代号为 6g，长旋合长度，左旋。

（2）管螺纹的标记　管螺纹是在管子上加工的，主要用于连接管件。管螺纹分为 55°密封管螺纹和 55°非密封管螺纹。

1）55°密封管螺纹标记格式（GB/T 7306.1—2000 和 GB/T 7306.2—2000）：

| 螺纹特征代号 | 尺寸代号 | 旋向代号 |

55°密封管螺纹只有一种公差，不加标注。

螺纹特征代号：用 Rc 表示圆锥内螺纹，用 Rp 表示圆柱内螺纹，用 $R_1$ 表示与圆柱内螺纹配合的圆锥外螺纹，用 $R_2$ 表示与圆锥内螺纹配合的圆锥外螺纹。

尺寸代号：管螺纹的尺寸代号并非公称直径，公称直径是该螺纹所在管子的公称通径。管螺纹的大径、小径、螺距等具体尺寸需查阅相关标准。

旋向代号：右旋不注写，左旋用 LH 表示。

2）55°非密封管螺纹标记格式（GB/T 7307—2001）：

| 螺纹特征代号 | 尺寸代号 | 公差等级代号 | - 旋向代号 |

螺纹特征代号：用 G 表示。

尺寸代号：与 55°密封管螺纹含义相同。

公差等级代号：外螺纹分为 A、B 两级标注；内螺纹公差带只有一种，不加标注。

旋向代号：右旋不注写，左旋用 LH 表示。

**5. 螺纹的标注**

1）普通螺纹、传动螺纹及管螺纹的标注见表 6-1，其中普通螺纹和传动螺纹的标记注在螺纹大径的尺寸线或其引出线上；管螺纹的标记一律注在引出线上，引出线必须指向大径。

2）内、外螺纹配合的标注：公差带代号中，前者为内螺纹公差带代号，后者为外螺纹公差带代号，中间用"/"分开，如图 6-11 所示。

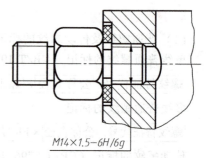

M14×1.5-6H/6g

图 6-11　螺纹副的标注

## 二、螺纹紧固件

螺纹紧固件有螺栓、双头螺柱、螺钉、螺母和垫圈，这些都是标准件，国家标准对它们的结构、型式和尺寸都做了规定，并规定了标记方法。画图时，根据螺纹紧固件的规定标记，就能在相应标准中查出有关尺寸，通常只需用简化画法画出。常用螺纹紧固件的标记见表 6-2。

表 6-2　常用螺纹紧固件的标记

| 名称 | 轴测图 | 画法及规格尺寸 | 标记示例 |
|---|---|---|---|
| 六角头螺栓 | | | 螺栓 GB/T 5780　M12×100<br>螺纹规格为 M12、公称长度 $l$ = 100mm、性能等级为 4.8 级、表面不经处理、产品等级为 C 级的六角头螺栓 |
| 双头螺柱 | | | 螺柱 GB/T 899　M12×50<br>$d$ = 12mm、公称长度 $l$ = 50mm、性能等级为 4.8 级、表面不经处理、B 型、$b_m$ = 1.5$d$ 的双头螺柱 |
| 螺钉 | | | 螺钉 GB/T 68　M5×20<br>螺纹规格为 M5、公称长度 $l$ = 20mm、性能等级为 4.8 级、表面不经处理、产品等级为 A 级的开槽沉头螺钉 |

(续)

| 名称 | 轴测图 | 画法及规格尺寸 | 标记示例 |
|---|---|---|---|
| 六角螺母 |  | 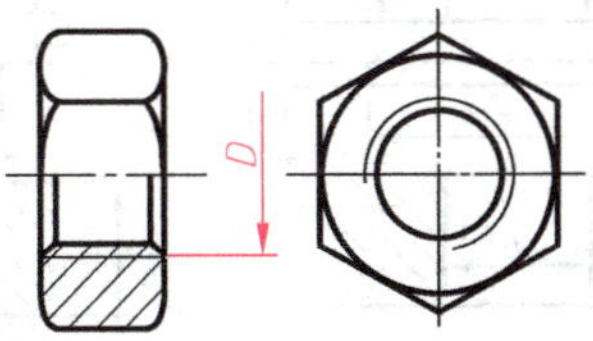 | 螺母 GB/T 41 M12<br>螺纹规格为 M12、性能等级为 5 级、表面不经处理、产品等级为 C 级的 1 型六角螺母 |
| 垫圈 |  | 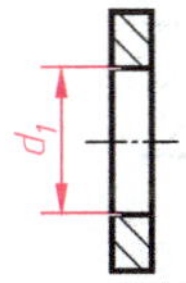 | 垫圈 GB/T 97.1　12<br>公称规格为 12mm、由钢制造的硬度等级为 200HV 级、表面不经处理、产品等级为 A 级的平垫圈 |

### 1. 螺栓连接

螺栓连接的紧固件有螺栓、螺母和垫圈。螺栓连接用于被连接零件允许钻成通孔的情况。螺栓连接是将螺栓的杆身穿过两个被连接件的通孔，套上垫圈，再用螺母拧紧，使两个零件连接在一起的一种连接方式，如图 6-1 所示。

画螺栓连接装配图时应遵守的规定（GB/T 4459.1—1995）：

1) 两零件的接触表面画一条线，不接触表面画两条线。

2) 两零件邻接时，不同零件的剖面线方向应相反，或者方向一致、间隔不等；但同一个零件在各个剖视图中，剖面线的倾斜方向和间隔应相同。

3) 对于紧固件和实心零件（如螺钉、螺栓、螺母、垫圈、键、销、球及轴等），若剖切平面通过它们的基本轴线，则这些零件都按不剖绘制，仍画外形；需要时，可采用局部剖视。

注：螺纹紧固件应采用简化画法，六角头螺栓和六角螺母的头部曲线以及倒角、退刀槽等均可省略不画。

图 6-12 所示为螺栓、螺母、垫圈及螺栓连接的比例画法。其中螺栓长度 $L$ 可按下式估算：

$$L \geq \delta_1 + \delta_2 + b(=0.15d) + H(=0.8d) + a(=0.3d)$$

根据上式的估算值，从有关手册中选取与估算值相近的标准长度值作为 $L$ 值。

### 2. 螺柱连接

螺柱连接的紧固件有螺柱、螺母和垫圈，标记见表 6-2，双头螺柱用于被连接零件之一较厚或不允许钻成通孔的情况。

双头螺柱两端均加工有螺纹，一端和被连接件旋合，一端和螺母旋合，如图 6-13 所示。双头螺柱连接的比例画法和螺栓连接的比例画法基本相同。双头螺柱旋入端长度 $b_m$ 要根据被旋入件的材料而定，以确保连接可靠。

钢或青铜：$b_m = 1d$（GB/T 897—1988）

铸铁：$b_m = (1.25～1.5)d$（GB/T 898—1988 和 GB/T 899—1988）

铝合金：$b_m = 2d$（GB/T 900—1988）

螺柱的公称长度 $L$ 可按下式估算：

$$L \geq \delta + 0.15d + 0.8d + 0.3d$$

根据上式的估算值，对照有关手册中螺柱的标准长度系列，选取与估算值相近的标准长度值作为 $L$ 值。双头螺柱的标记见表 B-2。

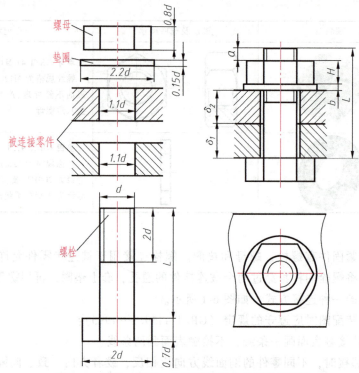

图 6-12 螺栓、螺母、垫圈及螺栓连接的比例画法

注：主视图中钻孔深度也可省略不画；螺纹紧固件使用弹簧垫圈时，弹簧垫圈的开口方向应向左倾斜（与水平线成75°），用一条特粗实线（约等于2倍粗实线）表示，如图6-13e所示。

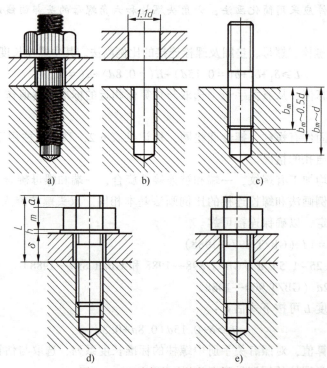

图 6-13 双头螺柱连接的比例画法

## 3. 螺钉连接

螺钉种类很多，按用途可分为连接螺钉和紧定螺钉两种。连接螺钉用于连接一个较厚的零件（加工螺纹孔）和一个较薄的零件（加工通孔），不经常拆卸和受力不大的地方，它不需与螺母配合。这种连接是将螺钉穿过通孔，与下部零件的螺纹孔相旋合，从而达到连接的目的，如图 6-14a~c 所示。紧定螺钉用于固定机件相对位置，如图 6-14d 所示。

螺钉连接的比例画法，其旋入端与螺柱相同，被连接板孔部画法与螺栓相同。螺钉头部结构有球头、圆柱头和沉头，这些结构的比例画法如图 6-14a~c 所示，图 6-14d 是紧定螺定连接画法。

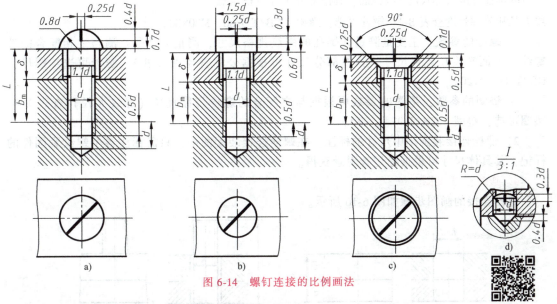

图 6-14 螺钉连接的比例画法

注：主视图中钻孔深度也可省略不画；螺钉头部的一字槽可画成一条特粗实线（约等于 2 倍粗实线），在俯视图中画成与水平线成 45°，自左下向右上的斜线，如图 6-14 所示。

## 任务实施：

螺栓连接结构如图 6-1 所示，其装配图的测绘步骤如下：

### 1. 了解和分析测绘对象

本任务要求测绘的对象是用一组普通的螺栓连接紧固件连接两块钢板。

### 2. 确定表达方案

该螺栓连接可用三个视图表达，主视图用全剖视，俯、左视图用视图表达。

### 3. 画装配草图

（1）绘制非标准件的零件草图（图 6-16a）

（2）注、量尺寸

1）螺栓连接装配图中各部分尺寸的确定方法。

① 被连接钢板的厚度：用直尺测量出两板厚分别为 $\delta_1 = 20mm$，$\delta_2 = 28mm$，孔径可用比例法确定。

② 螺栓的参数：用螺纹规测量出螺距为 2.5mm。

注：没有螺纹规时可采用简单的压印法测量螺距，螺距 $P=T/(n-1)$，式中，$T$ 为测量范围，$n$ 为测量范围内的螺纹压痕数，如图 6-15 所示。采用压印法时应多测几个螺距值，然后取平均值。

用游标卡尺测量螺纹大径为 20mm，再查附录核对螺纹标准，由表 A-1 中查出与之相对应的标准公称直径为 20mm，作为画图的基本依据。

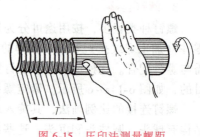

图 6-15 压印法测量螺距

公称长度：用直尺测量出杆长，查表 B-1 得出与之相对应的螺栓标准公称长度 $l=80$mm。其他部分尺寸可根据螺纹大径和公称长度查表 B-1。螺栓可选：螺栓 GB/T 5780 M20×80。

③ 螺母的参数：主要是测量其螺孔的螺纹规格尺寸，测量方法是：测与之相配合的外螺纹（上面螺栓）规格尺寸。其他部分尺寸可根据公称直径查表 B-3。螺母可选：螺母 GB/T 41 M20。

④ 垫圈的参数：垫圈的参数可根据与之配合的螺栓公称直径（螺纹大径）查表 B-4。垫圈可选：垫圈 GB/T 97.1 20。

2) 螺栓连接装配图中尺寸的标注。在螺栓连接装配图中，只需标注各个螺纹紧固件的标记，其具体尺寸可根据标记查附录获得。

### 4. 画螺栓连接图

螺栓连接的画图步骤如图 6-16 所示。

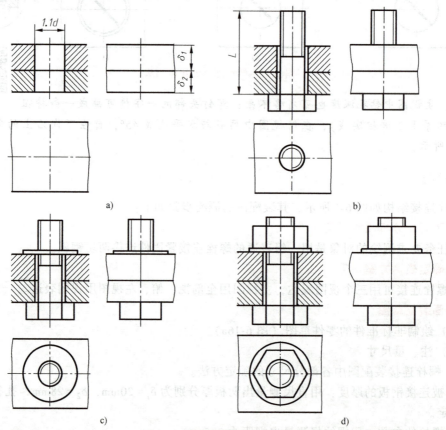

图 6-16 螺栓连接的画图步骤

## 任务二　测绘直齿圆柱齿轮

**任务分析**：在仿造和修配机器零、部件以及技术改造时，常遇到齿轮的测绘问题。齿轮（图 6-17）是机器中应用非常广泛的传动零件，用以传递运动和动力，并有改变转速和转向的作用，属于常用件。常用件的某些结构形状是比较复杂的，为简化作图，国家标准制定了一系列规定画法。为了能正确画出齿轮的零件图，我们必须掌握有关齿轮的知识。

图 6-17　直齿圆柱齿轮

**基本知识：**

### 一、齿轮传动形式

常见的齿轮传动形式（图 6-18）有以下三种：
圆柱齿轮传动——用于两平行轴之间的传动；
锥齿轮传动——用于两相交轴之间的传动；
蜗轮蜗杆传动——用于两交叉轴之间的传动。
另外，齿轮齿条传动是圆柱齿轮传动的特殊情况，如图 6-18c 所示。

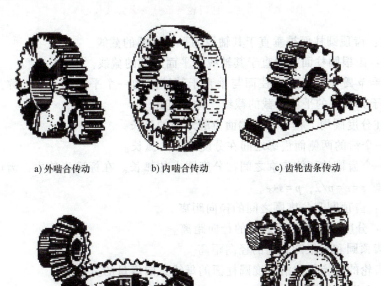

a) 外啮合传动　　b) 内啮合传动　　c) 齿轮齿条传动

d) 锥齿轮传动　　e) 蜗轮蜗杆传动

图 6-18　常见的齿轮传动形式

齿轮的齿形有渐开线、圆弧、摆线等形状。以下主要介绍渐开线标准齿轮的有关知识和规定画法。

## 二、直齿圆柱齿轮

### 1. 直齿圆柱齿轮各部分的名称及代号（GB/T 3374.1—2010）

圆柱齿轮是指分度曲面为圆柱面的齿轮，圆柱齿轮的轮齿有直齿、斜齿、人字齿等。直齿圆柱齿轮是指分度圆柱面齿线为直母线的圆柱齿轮。

直齿圆柱齿轮各部分的名称及代号如图6-19所示。

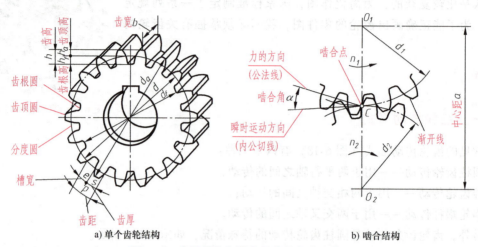

a) 单个齿轮结构    b) 啮合结构

图6-19 直齿圆柱齿轮各部分的名称及代号

齿顶圆 $d_a$：齿顶圆柱面被垂直于其轴线的平面所截的截线。

齿根圆 $d_f$：齿根圆柱面被垂直于其轴线的平面所截的截线。

分度圆 $d$ 和节圆 $d'$：分度圆柱面与垂直于其轴线的一个平面的交线，称为分度圆；节圆柱面被垂直于其轴线的平面所截的截线，称为节圆。

齿距 $p$：在分度圆周上相邻同侧端面齿廓之间的弧长。

齿厚 $s$：一个齿的两侧面齿廓之间在分度圆上的弧长。

槽宽 $e$：一个齿槽的两侧齿廓之间在分度圆上的弧长。在标准齿轮中，齿厚与槽宽各为齿距的一半，即 $s=e=p/2$，$p=s+e$。

齿顶高 $h_a$：齿顶圆和分度圆之间的径向距离。

齿根高 $h_f$：分度圆和齿根圆之间的径向距离。

齿高 $h$：齿顶圆和齿根圆之间的径向距离。

齿宽 $b$：齿轮的有齿部位沿分度圆柱面的母线方向度量的宽度。

齿数 $z$：一个齿轮的轮齿总数。

### 2. 圆柱齿轮的基本参数与齿轮各部分的尺寸关系

模数 $m$：齿轮上有多少齿，在分度圆周上就有多少齿距，因此，分度圆周长 = 齿距×齿数，即 $\pi d = pz$

$$d = \frac{p}{\pi} z$$

式中，π是无理数，为了便于计算和测量，齿距 $p$ 与 π 的比值称为模数（单位为 mm），用符号 $m$ 表示，即

$$m = p/\pi$$
$$d = mz$$

由于模数是齿距 $p$ 与 $\pi$ 的比值,所以齿轮的模数 $m$ 越大,其齿距 $p$ 也越大,齿厚 $s$ 也越大,因而齿轮承载能力也越大。

模数是设计和制造齿轮的基本参数。不同模数的齿轮,要用不同模数的刀具来制造。为了便于设计和制造,减少齿轮成形刀具的规格,模数已经标准化,我国规定的标准模数值见表 6-3。

表 6-3　标准模数（GB/T 1357—2008）　　　　　　　　　　　（单位：mm）

| 第一系列 | 1 | 1.25 | 1.5 | 2 | 2.5 | 3 | 4 | 5 | 6 | 8 | 10 | 12 | 16 | 20 | 25 | 32 | 40 | 50 |
|---|---|---|---|---|---|---|---|---|---|---|---|---|---|---|---|---|---|---|
| 第二系列 | 1.125 | 1.375 | 1.75 | 2.25 | 2.75 | 3.5 | 4.5 | 5.5 | (6.5) | 7 | 9 | 11 | 14 | 18 | 22 | 28 | 36 | 45 |

注：选用时,优先选用第一系列。

啮合角 α（压力角）：一般情况下,两相啮合轮齿的端面齿廓在接触点处的公法线,与两节圆的内公切线所夹的锐角为啮合角,如图 6-19b 所示。对于渐开线齿轮,是指两相啮合轮齿在节点上的端面压力角,标准齿轮的压力角为 20°。

注：只有模数和压力角都相同的齿轮才能相互啮合。

在设计齿轮时要先确定模数和齿数,其他各部分尺寸都可由模数和齿数计算出来。

标准圆柱齿轮各部分尺寸的计算公式见表 6-4。

表 6-4　标准圆柱齿轮各部分尺寸的计算公式

| 基本参数：模数 $m$,齿数 $z$ | | |
|---|---|---|
| 名称 | 符号 | 计算公式 |
| 齿顶高 | $h_a$ | $h_a = m$ |
| 齿根高 | $h_f$ | $h_f = 1.25m$ |
| 齿高 | $h$ | $h = h_a + h_f = 2.25m$ |
| 分度圆直径 | $d$ | $d = mz$ |
| 齿顶圆直径 | $d_a$ | $d_a = d + 2h_a = m(z+2)$ |
| 齿根圆直径 | $d_f$ | $d_f = d - 2h_f = m(z-2.5)$ |
| 中心距 | $a$ | $a = m(z_1 + z_2)/2$ |

### 3. 圆柱齿轮的规定画法（GB/T 4459.2—2003）

（1）单个圆柱齿轮的画法

视图画法：在平行于齿轮轴线的视图中,齿顶线用粗实线绘制,分度线用细点画线绘制,齿根线用细实线绘制（或省略不画）；在表示齿轮端面的视图中,齿顶圆用粗实线绘制,分度圆用细点画线绘制,齿根圆用细实线绘制（或省略不画）,如图 6-20a、b 所示。

剖视图画法：当剖切平面通过齿轮的轴线时,轮齿一律按不剖处理,齿顶线用粗实线绘制,分度线用细点画线绘制,齿根线用粗实线绘制。除轮齿部分外,齿轮的其他部分均按真实投影绘出,如图 6-20b 所示。图 6-20c、d 是斜齿和人字齿的画法。

对于斜齿和人字齿,可在非圆的外形图上用三条与轮齿倾斜方向相同的平行细实线表示轮齿的方向,如图 6-20c、d 所示。

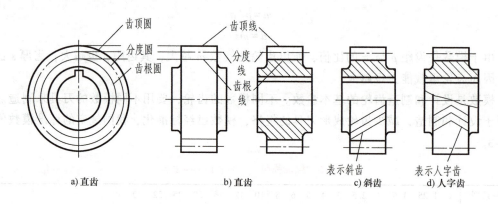

图 6-20 单个圆柱齿轮的规定画法

(2) 圆柱齿轮啮合的画法

视图画法：在平行于齿轮轴线的视图中，啮合区内的齿顶线不必画出，此时节线用粗实线绘制，其他处的节线用细点画线绘制，如图 6-21c 所示；在表示齿轮端面的视图中，啮合区内的齿顶圆用粗实线绘制，也可省略不画，节圆应相切，节圆用细点画线绘制，齿根圆省略不画，如图 6-21a、b 所示。

剖视图画法：当剖切平面通过两啮合齿轮的轴线时，啮合区内一个齿轮的轮齿用粗实线绘制，另一个齿轮的轮齿被遮挡的部分用细虚线绘制，细虚线也可省略不画，如图 6-21a 所示。

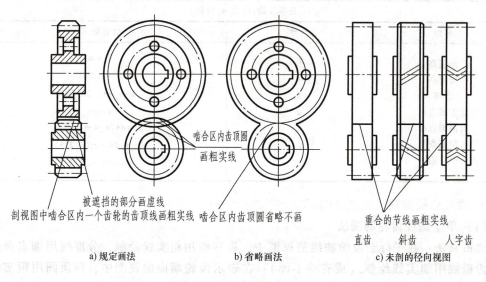

图 6-21 圆柱齿轮啮合的画法

## 三、锥齿轮

分度曲面为圆锥面的齿轮，称为锥齿轮。分度锥面齿线为直母线的锥齿轮，称为直齿锥齿轮，如图 6-18d 所示。

1. 直齿锥齿轮各部分名称和基本尺寸计算

(1) 直齿锥齿轮各部分名称　直齿锥齿轮各部分名称及代号如图 6-22 所示。

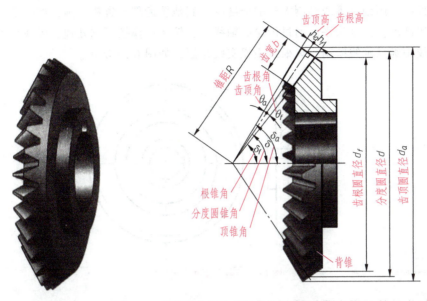

图 6-22　直齿锥齿轮各部分名称及代号

(2) 直齿锥齿轮基本尺寸计算　直齿锥齿轮的尺寸计算与圆柱齿轮相似,已知锥齿轮的模数和齿数,其他各部分尺寸都可由模数和齿数计算出来。锥齿轮位于圆锥面上,因此其轮齿一端大而另一端小,模数和分度圆也随之变化,国家标准规定锥齿轮以大端端面的模数为标准模数。锥齿轮标准模数见表 6-5。

表 6-5　锥齿轮标准模数 (GB/T 12368—1990)　　　(单位:mm)

| 直齿、斜齿锥齿轮 | 1　1.125　1.25　1.375　1.5　1.75　2　2.25　2.5　2.75　3　3.25　3.5　3.75　4　4.5　5　5.5<br>6　6.5　7　8　9　10　11　12　14　16　18　20　22　25　28　30　32　36　40　45　50 |
|---|---|

直齿锥齿轮各部分尺寸的计算公式见表 6-6。

表 6-6　直齿锥齿轮各部分尺寸的计算公式

| 基本参数:大端模数 $m$,齿数 $z$(齿轮 1:$z_1$,齿轮 2:$z_2$) | | | |
|---|---|---|---|
| 名称 | 计算公式 | 名称 | 计算公式 |
| 大端齿顶高 $h_a$ | $h_a = m$ | 分度圆锥角 $\delta_1$(齿轮 1) | $\tan\delta_1 = z_1/z_2$ |
| 大端齿根高 $h_f$ | $h_f = 1.2m$ | 分度圆锥角 $\delta_2$(齿轮 2) | $\tan\delta_2 = z_2/z_1$ |
| 大端齿高 $h$ | $h = h_a + h_f = 2.2m$ | 齿顶角 $\theta_a$ | $\tan\theta_a = 2\sin\delta/z$ |
| 大端分度圆直径 $d$ | $d = mz$ | 齿根角 $\theta_f$ | $\tan\theta_f = 2.4\sin\delta/z$ |
| 大端齿顶圆直径 $d_a$ | $d_a = d + 2h_a\cos\delta = m(z + 2\cos\delta)$ | 顶锥角 $\delta_a$ | $\delta_a = \delta + \theta_a$ |
| 大端齿根圆直径 $d_f$ | $d_f = d - 2h_f\cos\delta = m(z - 2.4\cos\delta)$ | 根锥角 $\delta_f$ | $\delta_f = \delta - \theta_f$ |
| 锥距 $R$ | $R = mz/(2\sin\delta)$ | 齿宽 $b$ | $b \leq (1/3)R$ |

2. 锥齿轮的规定画法 (GB/T 4459.2—2003)

(1) 单个锥齿轮的画法

视图画法：在平行于齿轮轴线的视图中，齿顶线用粗实线绘制，分度线用细点画线绘制，齿根线用细实线绘制（或省略不画）；在表示齿轮端面的视图中，用粗实线绘制大端和小端的齿顶圆，用细点画线绘制大端的分度圆，其他轮齿部分省略不画，如图6-23所示。

剖视图画法：当剖切平面通过齿轮的轴线时，轮齿一律按不剖处理，齿顶线用粗实线绘制，分度线用细点画线绘制，齿根线用粗实线绘制，如图6-23所示。

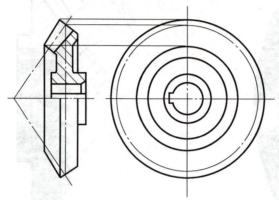

图 6-23　单个锥齿轮的画法

单个锥齿轮的画图步骤如图6-24所示。

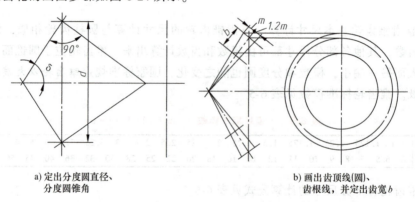

a) 定出分度圆直径、分度圆锥角　　　　　　b) 画出齿顶线(圆)、齿根线，并定出齿宽 $b$

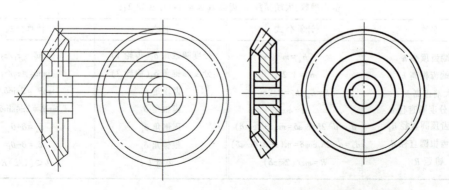

c) 画出其他投影轮廓　　　　　　d) 画剖面线，修饰并加深

图 6-24　单个锥齿轮的画图步骤

(2) 锥齿轮啮合的画法

视图画法：在平行于齿轮轴线的视图中，啮合区内的齿顶线不必画出，此时节线用粗实线绘制，其他处的节线用细点画线绘制，如图6-25b所示；在表示齿轮端面的视图中，节圆应相切，节圆用细点画线绘制，被遮挡的部分不画，如图6-25c所示。

剖视图画法：当剖切平面通过两啮合锥齿轮的轴线时，啮合区内一个锥齿轮的轮齿用粗实线绘制，另一个锥齿轮的轮齿被遮挡的部分用细虚线绘制，细虚线也可省略不画，如图6-25a所示。

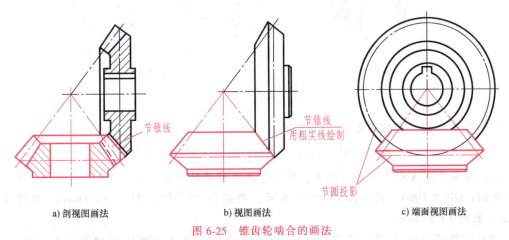

a) 剖视图画法　　　　b) 视图画法　　　　c) 端面视图画法

图 6-25　锥齿轮啮合的画法

## 四、键连接

### 1. 普通键连接（GB/T 1096—2003）

键用于连接轴和轴上的传动零件（如齿轮、带轮等），以便传递转矩。若要连接齿轮（或带轮等）与轴，则必须在轮毂和轴上分别加工出键槽，先将键嵌入轴的键槽内，再对准轮毂上的键槽，将轴和键一起插入轮毂孔内。常用键的键槽型式及加工方法如图6-26所示。

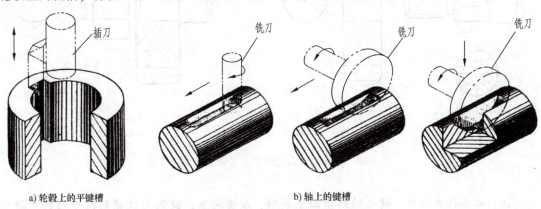

a) 轮毂上的平键槽　　　　　　b) 轴上的键槽

图 6-26　常用键的键槽型式及加工方法

键是标准件，可按有关标准选用。常用的键有普通平键、半圆键和钩头楔键等，如图6-27所示。其中普通平键在各种机械上应用最为广泛，下面重点学习普通平键的标记和画法。

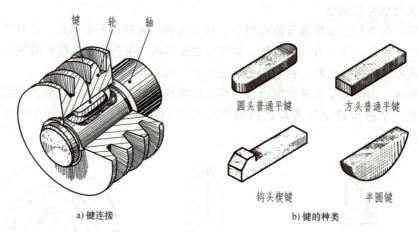

图 6-27 键的作用和种类

(1) 键的标记　键的规定标记格式为：

| 标准编号 | 名称 | 类型 | 键宽 × 键高 × 键长 |

注：因为普通 A 型平键应用较多，所以普通 A 型平键不注"A"。

例如：GB/T 1096　键 18×11×100 表示：普通 A 型平键，宽度 $b=18mm$，高度 $h=11mm$，长度 $L=100mm$。

(2) 键连接的画法和键槽的尺寸标注　普通平键连接的画法和键槽的尺寸标注如图 6-28 所示。键槽的有关尺寸可根据轴径查表 C-1。

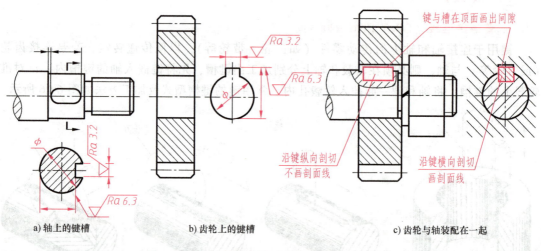

图 6-28　普通平键连接的画法和键槽的尺寸标注

注：键连接画法中，键与槽的顶面不接触，应留间隙；键侧与键槽的两个侧面紧密配合，画一条线，靠键的侧面传递转矩；平键的倒角省略不画；沿键的纵向剖切时，键按不剖处理；沿键的横向剖切时，要画剖面线。

**2. 花键连接**（GB/T 1144—2001 和 GB/T 4459.3—2000）

花键连接是将键和键槽制成一体，有外花键和内花键，如图 6-29 所示。花键的齿形有矩形和渐开线等，其结构和尺寸都已标准化，其中矩形花键应用较广，矩形花键的定心方式为小径定心，下面主要学习矩形花键的规定画法和标注方法。

（1）矩形花键的规定画法

**外花键画法**：在平行于花键轴线投影面的视图中，大径用粗实线绘制，小径用细实线绘制，花键工作长度的终止端和尾部长度的末端均用细实线绘制，并与轴线垂直，尾部画成斜线，倾角一般与轴线成30°，如图6-30a所示。用断面图表示全部齿形或一部分齿形，如图6-30b、c所示。

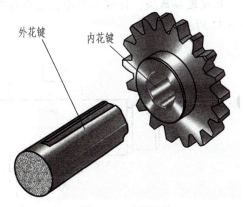

图6-29 花键连接

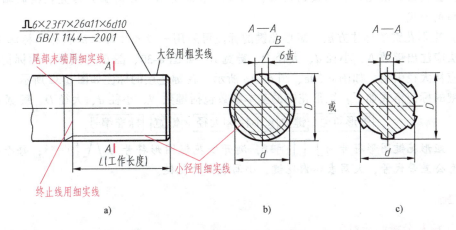

图6-30 外花键的画法和标注

**内花键画法**：在平行于花键轴线投影面的剖视图中，大径、小径均用粗实线绘制，键齿按不剖处理，如图6-31a所示。用局部视图画出全部齿形或一部分齿形，如图6-31b、c所示。

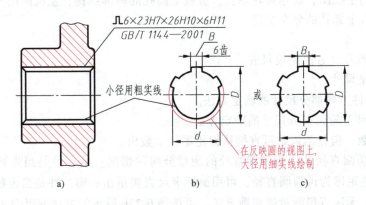

图6-31 内花键的画法和标注

花键连接画法：在装配图中，花键连接部分用剖视图表示，按外花键的画法绘制，如图 6-32 所示。

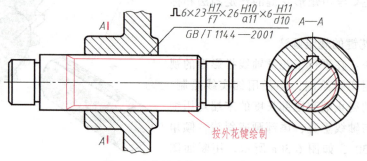

图 6-32　花键连接的画法和标注

注：当剖切面沿花键的轴线剖切时，花键按不剖绘制；当剖切面垂直花键的轴线剖切时，要画剖面线。

（2）矩形花键的标注方法　矩形花键的标注可采用一般尺寸标注法和标记标注法两种，一般注法应注出键数 $N$、小径 $d$、大径 $D$、键宽 $B$，如图 6-30、图 6-31 所示；用标记标注时指引线应从大径引出，如图 6-30a、图 6-31a 所示。花键连接的标注如图 6-32 所示。

花键的标记格式如下：矩形花键的基本参数包括键数 $N$、小径 $d$、大径 $D$、键宽 $B$。

| 图形符号 | 键数 | × | 小径 | × | 大径 | × | 键宽 | 标准编号 |

注：矩形花键图形符号为 ⊓（$h'$=字高），渐开线花键图形符号为 ⋀（$h'$=字高）；每个基本参数后面有公差带代号，大写表示内花键，小写表示外花键。

## 任务实施：

### 1. 了解和分析测绘对象

图 6-17 所示为一腹板式直齿圆柱齿轮，该齿轮的轮体腹板上开有六个圆孔，用以节约金属材料，减轻齿轮重量。

### 2. 确定表达方案

齿轮属于轮盘类零件，根据轮盘类零件的视图选择原则和该齿轮的结构特点，可选两个视图表达：全剖主视图，表达齿轮轴孔、腹板上圆孔的内部结构；左视图用视图，表达齿轮的外形轮廓和六个圆孔的分布情况。

### 3. 画零件草图

（1）绘制图形（方法见项目五）

（2）注、量尺寸

1）齿轮零件上各部分尺寸的确定方法。

① 齿轮零件上轮齿部分尺寸的确定方法。

a. 确定齿数。齿轮的齿数可直接从齿轮零件上数出。

b. 测量齿顶圆直径 $d_a$。齿顶圆直径的测量分两种情况：第一种是当齿数为偶数时，相对的两个齿顶之距即为齿顶圆直径，可用游标卡尺直接量出；第二种是当齿数为奇数时，由于轮齿对齿槽，无法直接测量齿顶圆直径，可按图 6-33b 所示的方法测出 $D$ 和 $H$，则 $d_a=D+2H$。测出齿顶圆直径后，可按 $m=d_a/(z+2)$ 计算出模数，根据计算出的模数值，从表 6-3

中查出与之相近的标准模数值,然后按 $d_a = m(z+2)$ 和 $d = mz$ 计算出齿顶圆直径 $d_a$ 和分度圆直径 $d$。

图 6-17 所示圆柱齿轮的齿数是 29 齿,是奇数齿,用第二种方法测出齿顶圆直径。经计算和查表确定其模数为 6mm。

c. 计算各基本尺寸。根据表 6-4 中的计算公式来计算各基本尺寸。

② 齿轮零件上键槽尺寸的确定方法。根据轴孔直径查表 C-1。

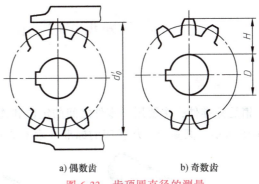

图 6-33 齿顶圆直径的测量

③ 测量齿轮其他各部分尺寸(如齿宽、倒角、腹板厚度等)。

2)在零件图中,轮齿部分的径向尺寸仅标注出齿顶圆直径和分度圆直径即可;轮齿部分的轴向尺寸仅标注齿宽和倒角;其他参数,如模数、齿数等,可在位于图纸右上角的参数表中给出。

(3)注写技术要求  根据齿轮具体工作情况,参照同类产品和有关机械设计手册,确定技术要求,如图 6-34 所示。

**4. 绘制零件图**

根据零件草图绘制零件图,如图 6-34 所示。

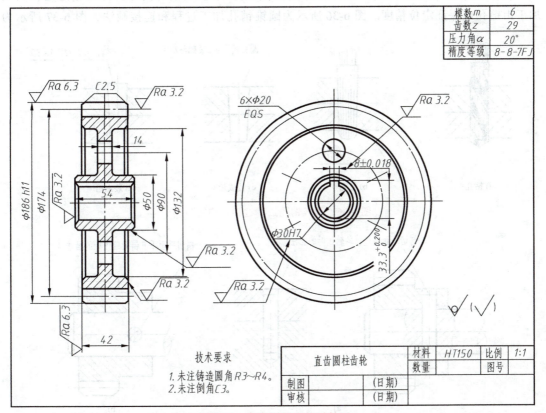

图 6-34  直齿圆柱齿轮零件图

# 项目知识扩展  销、滚动轴承、弹簧

## 一、销连接

销是标准件,主要用于零件之间的定位和连接,常见的有圆柱销、圆锥销和开口销,如图 6-35 所示。其参数可从相应的标准(表 C-2 和表 C-3)中查得。

图 6-35 销的种类

(1) 销的标记  销的简化标记格式为:

| 名称 | 标准编号 | 类型 | 公称直径 | 公差代号 | × 长度 |

注:A 型圆锥销不注写"A",圆锥销的公称直径指小端直径。

(2) 销连接的画法  定位用的圆柱销或圆锥销要求被定位的两零件经调整好后,共同加工出销孔以保证定位精度。图 6-36 所示为圆锥销孔加工过程和连接画法,图 6-37 所示为

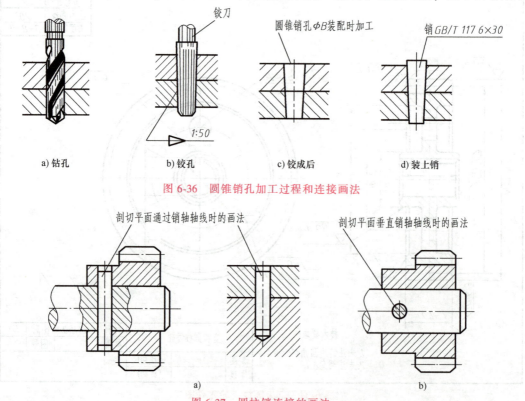

图 6-36 圆锥销孔加工过程和连接画法

图 6-37 圆柱销连接的画法

圆柱销连接的画法。

注：销的倒角可省略不画；在销连接的画法中，当剖切平面沿销的轴线剖切时，销按不剖绘制，垂直销的轴线剖切时，要画剖面线。

开口销为由一段半圆形断面的低碳钢丝弯转折合而成。在螺栓连接中，为防止螺母松开，用带孔螺栓和六角开槽螺母，将开口销穿过螺母的槽口和螺栓的孔，并在销的尾部叉开，使螺母不能转动而起到防松作用。

## 二、滚动轴承

在机器中，滚动轴承是用来支承轴的标准部件。由于它可以极大地减少轴与孔相对旋转时的摩擦力，具有机械效率高，结构紧凑等优点，所以应用极为广泛。滚动轴承由专业厂家生产，使用时应根据使用要求，选用相应的型号。

### 1. 滚动轴承的结构

滚动轴承的结构一般由外圈、内圈和排列在内外圈之间的滚动体及保持架四部分组成，如图 6-38 所示。

外圈——装在机体或轴承座内，一般固定不动。

内圈——装在轴上，与轴紧密配合且随轴转动。

滚动体——装在内外圈之间的滚道中，有滚珠、滚柱、滚锥等类型。

保持架——用来均匀分隔滚动体，防止滚动体之间相互摩擦与碰撞。

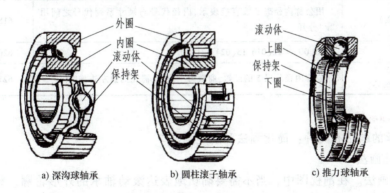

图 6-38 滚动轴承的结构

### 2. 滚动轴承的类型

根据可承受载荷的方向，滚动轴承分为三大类：

向心轴承——承受径向载荷，如深沟球轴承。

推力轴承——承受轴向载荷，如推力球轴承。

向心推力轴承——同时承受轴向载荷和径向载荷，如圆锥滚子轴承。

### 3. 滚动轴承的标记

滚动轴承的标记格式为：

| 名称 | 基本代号 | 标准代号 |

例如：滚动轴承 31214 GB/T 297—2015，根据标记，即可查出滚动轴承的尺寸。

滚动轴承的基本代号（GB/T 272—2017）表示滚动轴承的基本类型、结构和尺寸，是滚动轴承代号的基础，由以下三部分组成：

$$\boxed{类型代号}\ \boxed{尺寸系列代号}\ \boxed{内径代号}$$

类型代号：用阿拉伯数字或大写拉丁字母表示，见表6-7。

表6-7 滚动轴承类型代号

| 代号 | 轴承类型 | 代号 | 轴承类型 | 代号 | 轴承类型 |
| --- | --- | --- | --- | --- | --- |
| 0 | 双列角接触球轴承 | 4 | 双列深沟球轴承 | 8 | 推力圆柱滚子轴承 |
| 1 | 调心球轴承 | 5 | 推力球轴承 | N | 圆柱滚子轴承 |
| 2 | 调心滚子轴承 | 6 | 深沟球轴承 | U | 外球面轴承 |
| 3 | 圆锥滚子轴承 | 7 | 角接触球轴承 | QJ | 四点接触球轴承 |

尺寸系列代号：由两位数字组成，左边一位为滚动轴承宽度（高度）系列代号（为0可省略），右边一位为直径系列代号。尺寸系列代号决定了轴承的外径（$D$）和宽度（$B$），如上面例子基本代号31214中的1为宽度（高度）系列代号，决定了轴承的宽度（$B$）；2为直径系列代号，决定了轴承的外径（$D$）。

内径代号：表示轴承的公称直径（内径），一般用两位阿拉伯数字表示，见表6-8。

表6-8 滚动轴承内径代号

| 轴承公称内径/mm | 内径代号 | 示例 |
| --- | --- | --- |
| 1~9（整数） | 用公称内径毫米数直接表示，内径代号与尺寸系列代号之间用"/"分开 | 618/5 $d=5$mm |
| 10~17 | 10(00) 12(01) 15(02) 17(03) | 6200 $d=10$mm |
| 20~480（22、28、32除外） | 公称内径除以5的商数，商数为个位数，需在商数左边加"0" | 6215 $d=75$mm |

**4. 滚动轴承的画法**

滚动轴承的画法有两种：简化画法和规定画法。

（1）简化画法

1）通用画法。在剖视图中，当不需要确切地表达滚动轴承的外形轮廓、载荷特征、结构特征时，可用通用画法。

2）特征画法。在剖视图中，如需较形象地表达滚动轴承的结构特征时，可用特征画法。

（2）规定画法 必要时，在滚动轴承的产品图样、产品样本和产品标准中，可采用规定画法。

注：规定画法一般绘制在轴的一侧，另一侧按通用画法绘制。

滚动轴承的画法见表6-9。

### 三、弹簧

弹簧是标准件，其作用是减振、夹紧、储能、测力等，常见的有圆柱螺旋弹簧、板弹簧、平面涡卷弹簧。圆柱螺旋弹簧又分为压缩弹簧、拉伸弹簧、扭转弹簧，如图6-39所示。下面主要介绍圆柱螺旋压缩弹簧的参数计算和规定画法。

表6-9 滚动轴承的画法

| 名称和<br>标准号 | 查表主<br>要数据 | 画法 | | |
|---|---|---|---|---|
| | | 简化画法 | | 规定画法 |
| | | 通用画法 | 特征画法 | |
| 深沟球轴承<br>(GB/T 276—2013) | $D$、$d$<br>$B$ | | | |
| 圆锥滚子轴承<br>(GB/T 297—2015) | $D$、$d$<br>$B$、$T$、$C$ | | | |
| 推力球轴承<br>(GB/T 301—2015) | $D$、$d$<br>$T$ | | | |

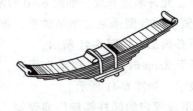

a) 压缩弹簧　　b) 拉伸弹簧　　c) 扭转弹簧　　d) 板弹簧　　e) 平面涡卷弹簧

图6-39 常见弹簧种类

**1. 圆柱螺旋压缩弹簧的各部分名称及代号**（GB/T 1805—2001）

线径 $d$：制造弹簧所用簧丝的直径。

内径 $D_1$：弹簧的内圈直径。

外径 $D_2$：弹簧的外圈直径。

中径 $D$：弹簧内径和外径的平均值，$D=(D_1+D_2)/2=D_1+d=D_2-d$。

有效圈数 $n$：保持相等节距且参与工作的圈数。

支承圈数 $n_2$：弹簧端部用于支承或固定的圈数。为了使弹簧工作平衡，端面受力均匀，制造时将弹簧两端压紧并磨出支承平面。支承圈数一般为 1.5 圈、2 圈、2.5 圈，常用的为 2.5 圈。

总圈数 $n_1$：有效圈数和支承圈数的总和。

节距 $t$：相邻两有效圈上对应点间的轴向距离。

自由高度 $H_0$：未受载荷作用时的弹簧高度（或长度），$H_0=nt+2d$。

展开长度 $L$：制造弹簧时簧丝长度，$L\approx\pi Dn_1$。

旋向：与螺旋线的旋向意义相同，分为左旋和右旋两种。

**2. 圆柱螺旋压缩弹簧的标记**（GB/T 2089—2009）

标记格式：

| Y端部形式 | $d\times D\times H_0$ | - 精度代号 | 旋向代号 | 标准号 |

注：Y端部形式有两种：YA 为两端圈并紧磨平的冷卷压缩弹簧，YB 为两端圈并紧制扁的热卷压缩弹簧；精度为 2 级不注写，3 级应注明 "3"；左旋应注明左，右旋不注写；标准号省略年号。

例如：YA 1.8×8×40 左 GB/T 2089 表示 YA 型弹簧，线径为 1.8mm，中径为 8mm，自由高度为 40mm，精度等级为 2 级的左旋两端圈并紧磨平的冷卷压缩弹簧，标准号为 GB/T 2089。

**3. 圆柱螺旋压缩弹簧的画法**（GB/T 4459.4—2003）

（1）规定画法

1）在平行于螺旋弹簧轴线的投影面的视图中，各圈轮廓线画成直线，如图 6-40 所示。

2）有效圈数在四圈以上的螺旋弹簧，允许每端只画两圈（不包括支承圈），中间各圈可省略不画，只画通过簧丝断面中心的两条细点画线，允许缩短长度，如图 6-40 所示。

3）在装配图中，弹簧中间各圈采取省略画法后，弹簧后面被遮挡的零件轮廓不必画出，如图 6-41 所示。

4）当线径小于或等于 2mm 时，可采用示意画法，如果是断面，则可以涂黑表示，如图 6-41 所示。

5）右旋弹簧或旋向不做规定的圆柱螺旋压缩弹簧，画成右旋，左旋弹簧允许画成右旋，但左旋弹簧不论画成右旋还是左旋，都应在图上注明 "LH"。

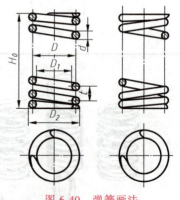

图 6-40 弹簧画法

（2）圆柱螺旋压缩弹簧的作图步骤　圆柱螺旋压缩弹簧的作图步骤如图 6-42 所示。

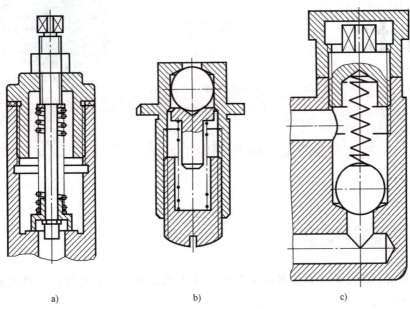

图 6-41 弹簧在装配图中的画法

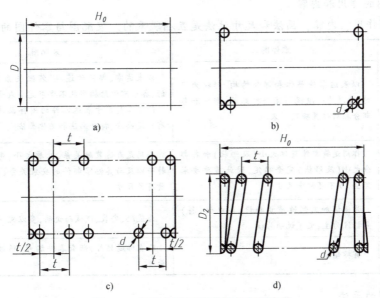

图 6-42 圆柱螺旋压缩弹簧的作图步骤

# 项目七

## 识读和绘制装配图

### 📖 基本知识学习导航

识读和绘制机械图样（零件图和装配图）是本课程的最终学习目标，因此装配图也是本课程重点内容之一。

本项目重点基本知识如下：

1. 装配图的作用和内容

装配图的作用、内容、画法和尺寸注法是互相联系的。装配图与零件图的区别见下表。

| 项目 | 零件图 | 装配图 |
| --- | --- | --- |
| 一组图形 | 以表达零件整体和部分结构、形状为目的，要求这一组视图完全把结构、形状和各部分相对位置确定下来 | 以表达零、部件的连接、装配关系和工作原理为目的，各个零件结构形状不要求完全表达清楚<br>除了各种用于表达零件的图样画法可以使用外，另有规定画法、特殊画法和简化画法 |
| 尺寸 | 作用是将零件整体大小（及形状）和各部分大小（及形状）完全确定，因此首要要求完全，万不可缺少尺寸 | 作用是表达装配关系，外廓大小，部件性能、规格和特征以及与其他零部件的安装关系，因此只需标注少量有关尺寸 |
| 技术要求 | 为保证加工制造质量而设，多以代（符）号标注为主，文字说明为辅 | 为装配、安装、调试而说明，多以文字叙述为主 |
| 其他 | 有标题栏 | 除有标题栏外，尚有零件编号、明细栏，以助读图和管理 |

2. 装配图的画法

本项目介绍了装配图画法的三条规定、四种特殊画法和四种简化画法。

1）规定画法中，两零件间画一条轮廓线或两条轮廓线问题，是关系到保证正确反映装配关系和工作原理问题。

2）特殊画法中，初学者对拆卸画法不好把握，要记住：不能随意拆卸，只有影响装配关系和工作原理表达时才拆卸。

3）要注意区分"拆卸"和"沿结合面剖切"的不同。

3. 视图选择

1）要明确装配线、装配关系和工作原理的分析是视图选择的基础，不断以"每条装配线上零件的装配关系是否表达清楚了"来检验视图选择的合理性。

2) 要把握"每种零件露面一次"和"主要装配线用基本视图表达"的原则。

4. 装配图的绘制

1) 装配图的画图步骤和方法可归纳为先主后次、先内后外，先定位置后画结构形状，先画主体后画细节，每一条装配线原则上都按装配次序画。

2) 标注尺寸时要明确所标尺寸的类型和作用，要注意有些尺寸有两个以上的作用，属于两个以上类型。

5. 读装配图和拆画零件图

1) 读装配图的关键是区分零件。

2) 拆画零件图从操作上可按以下五步进行：

① 分——从装配图各视图中分离出所拆零件的相关线框。

② 补——补上在装配图中被遮挡住的线。

③ 变——局部变化画法，如螺纹连接部位原按外螺纹画，拆图后含孔零件恢复按螺孔画。

④ 补——补全，确定装配图上未表达完全和未确定的结构形状。

⑤ 变——零件视图方案是否应变动。

## 任务一  读齿轮泵装配图

**任务分析**：工程技术人员通过识读装配图了解机器或部件的结构、用途和工作原理；工人根据装配图把零件装配成机器或部件，因此看懂装配图是工程人员必须掌握的技能。

从项目一的学习中我们知道，一张完整的装配图包括四个内容：一组图形，必要的尺寸，技术要求，零件的序号、明细栏及标题栏。读图 7-1 所示齿轮泵装配图，就是看懂齿轮泵装配图的四个内容，因此需学习装配图的表达方法、尺寸标注、技术要求和标题栏、序号、明细栏，以及装配图的读图方法。

**基本知识**：

### 一、装配图的表达方法

#### 1. 装配图的表达重点

装配图的表达重点与零件图不同，其表达重点是机器或部件的工作原理，零件之间的装配关系以及它们之间的相对位置，同时表达重要零件的形状（为设计其他零件提供依据）。

#### 2. 装配图的规定画法和特殊画法

零件图上所采用的表达方法（如视图、剖视图、断面图等），在装配图表达中都可以使用。此外，根据装配图表达的需要，还有一些规定画法和特殊画法。

（1）规定画法

1) 两个零件的接触表面（或公称尺寸相同而相互配合的工作面），只用一条轮廓线来表示，不能画成两条线，如图 7-2 中的①所示。而非接触面和非配合的表面，无论其间隙有

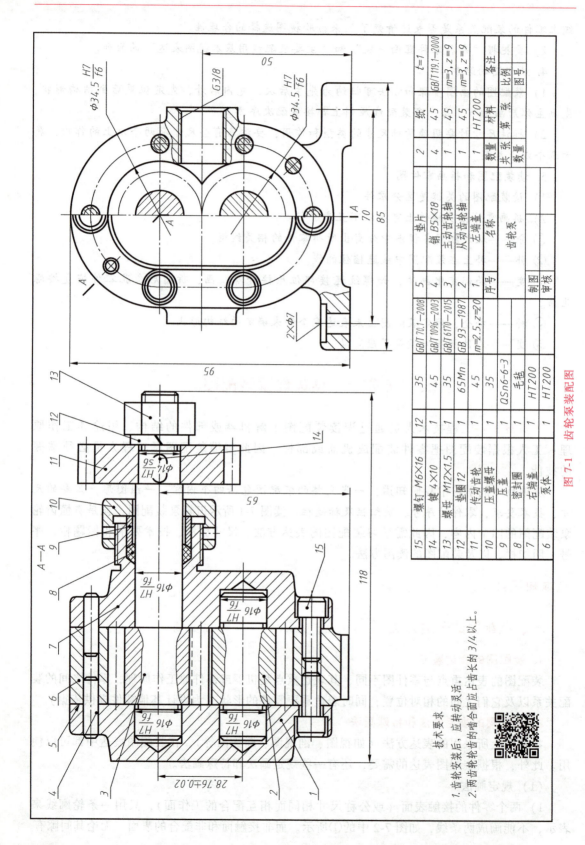

图 7-1 齿轮泵装配图

多小，都必须画两条线，如图 7-2 中的②所示。

2）在剖视图中，相互接触的两个零件的剖面线方向应该相反，以示区别；三个或三个以上相互交错接触的零件，对其中的两个剖面线方向应相反外，第三个件可用倾斜方向不同的剖面线或用倾斜方向相同但间隔不同的剖面线，或者采用倾斜方向和间隔虽相同，但剖面线位置相互错开的剖面线，如图 7-2 所示。

3）对于螺栓、螺母、垫片等紧固件以及轴、手柄、连杆、拉杆、球、键、销等实心零件，当剖切平面通过轴线或其基本对称平面时，这些零件均按不剖绘制；当剖切平面与轴线或基本对称平面垂直时，应按剖开绘制。但对这些零件上的特殊结构，如槽、沟、孔等可采用局部剖视，如图 7-2 中的④、⑤所示。

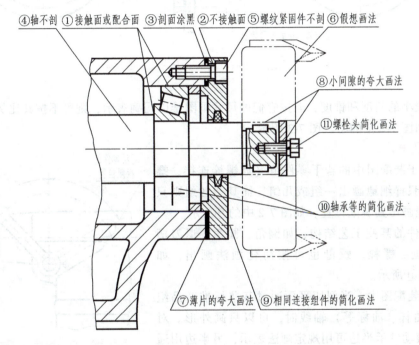

图 7-2 装配图的画法

（2）特殊画法

1）拆卸画法及沿结合面剖切画法。在装配图中可假想将某些零件拆卸或沿结合面剖切后绘制。对于拆去的某些零件，一般要在视图上方加注说明，如"拆去××件"等。对于沿零件结合面进行剖切的，结合面不画剖面线，但被剖到的螺杆则必须画出剖面线，如图 7-3 中的 A—A 所示。

2）假想画法。对机器中某些零件的运动范围及极限位置，可用双点画法画出其轮廓，如图 7-4 中的手柄。此外对于与本部件相连，但又不属于本部件的相邻部件或零件，可以用双点画线表示其连接关系，如图 7-2 中的⑥和图 7-3 所示。

3）单独表达某零件。在装配图中，若某一零件的形状未表达清楚，可以单独画出某一零件的视图，但必须在该零件的视图上注明该零件的视图名称，在相应视图的附近用箭头指明投射方向，并注上同样的字母，如图 7-3 中的泵盖 B。

4）夸大画法。对于直径或厚度小于 2mm 的较小零件或较小间隙，如薄垫片、细丝弹簧

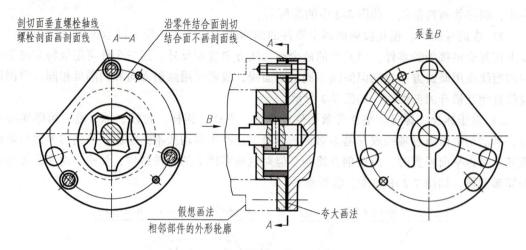

图 7-3 沿结合面剖切及单独表达某个零件画法

等,以及较小的斜度和锥度,若按它们的尺寸画图难以明确表示,则可不按其比例而采用夸大画法,如图 7-2 中的⑦、图 7-3 所示。

### 3. 简化画法

1)对于装配图中的若干零件组(如螺栓连接、螺钉连接),只详细地画出一组或几组,而其余各组则只用细点画线画出其装配位置,如图 7-2 中的⑨所示。

2)零件的某些工艺结构,如倒角、圆角、退刀槽等可以不画。螺栓、螺母也可按简化画法画出,如图 7-2 中的⑪所示。

3)在装配图中,当剖切平面通过某些标准产品组合件(如油杯、油标等)轴线时,可以只画外形。对于标准件滚动轴承半边可用规定画法表示,另半边用通用画法表示,如图 7-2 中的⑩所示。

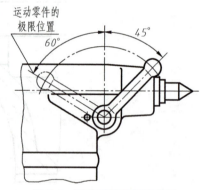

图 7-4 运动零件的极限位置

4)在装配图中,可省略螺栓、螺母、垫圈等紧固件的投影,而用细点画线和公共指引线(螺栓、双头螺柱连接从其装有螺母的一端引出;螺钉从其装入端引出)指明它们的位置,如图 7-5 所示。

## 二、装配图的尺寸标注

装配图虽然不像零件图那样,需要标出所有零件的制造尺寸,但必须要标注与机器相关的性能、装配、安装、运输等尺寸。

### 1. 性能尺寸(规格尺寸)

它表明机器的性能或规格,这类尺寸是在设计时就已确定的。如图 7-1 所示齿轮泵进出油孔直径 G3/8,它反映了与齿轮泵连接的管螺纹的直径大小。

### 2. 装配尺寸

(1)配合尺寸 它是表示两个零件之间配合性质的尺寸,如图 7-1 所示齿轮泵的主动齿

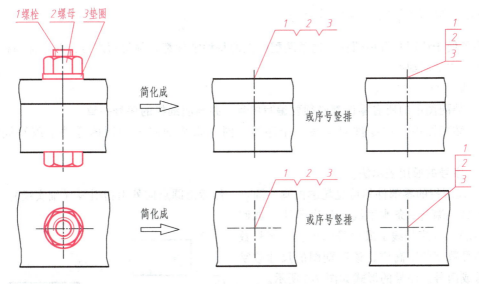

图 7-5 简化画法

轮轴和泵体之间的配合 φ16H7/f6，其不仅说明了两个零件之间的装配关系，同时也是拆画零件图时，确定零件尺寸偏差的依据。

（2）相对位置尺寸　它是表示装配机器和拆画零件图时，需要保证的零件间相对位置的尺寸，如图 7-1 所示齿轮泵两齿轮中心距 28.76±0.02。

### 3. 外形尺寸

它是表示机器或部件外形轮廓的尺寸，即总长、总宽、总高。机器或部件在包装、运输时，以及厂房设计和安装机器时需要考虑外形尺寸。如图 7-1 中的尺寸 118、85、95。

### 4. 安装尺寸

它是表示将机器或部件安装到地基上，或者将机器或部件与其他机器或部件相连接所需要的尺寸，如图 7-1 中的尺寸 70 就是安装尺寸。

### 5. 其他重要尺寸

它是在设计中经过计算确定或选定的尺寸，但又未包括在上述四种尺寸之中。这种尺寸在拆画零件图时不能改变。

注：并不是每一张装配图都必须标注上述五类尺寸，要看具体要求而定。

## 三、装配图技术要求

由于机器或部件的性能要求各不相同，所以其技术要求也不同。拟定技术要求时，一般可以从以下几方面来考虑。

（1）装配要求　机器或部件在装配过程中需注意的事项及装配后应达到的要求，如准确度、装配间隙、润滑要求等。

（2）检验要求　对机器或部件基本性能的检验、试验及操作时的要求。

（3）使用要求　对机器或部件的维护、保养、使用时的注意事项及要求。

注：技术要求一般写在明细栏上方或图样左下方的空白处。

### 四、装配图上的零件序号和明细栏

为了便于读图和管理图样,通常装配图上的每种零件都必须编写序号,并在标题栏的上方编制相应的明细栏。

**1. 编写序号的方法**

1)装配图中的所有零件都必须要编写序号,并与明细栏的序号一致。

2)装配图中一种零件只编写一个序号,同一张装配图中相同的零件应编写同样的序号。

3)序号的通用表示法。

① 在所指的零部件的可见轮廓内画一圆点,然后由圆点向外引指引线(细实线),在指引线的另一端画一条水平线(称序号线)或圆(细实线)。在序号线上或序号圆内注写序号数字,序号数字的字高应比该装配图的尺寸数字大一号或两号。序号的形式如图7-6所示。

② 当所注零件很薄,轮廓内无法画圆点时,可用箭头来代替圆点,如图7-6所示。

③ 在同一张装配图上,序号的编制形式应统一。

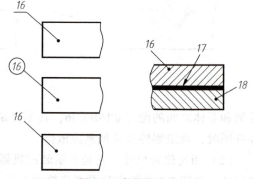

图7-6 序号的形式

4)指引线相互不能相交,当通过剖面线的区域时,指引线不应与剖面线平行,必要时指引线可以弯折,但只能弯折一次。

5)一组紧固件或装配关系清楚的零件组,可以采用公共指引线,如图7-5所示。

6)装配图中的标准化组件(如油标、滚动轴承、电动机等)可作为一个整体,只编写一个序号。

7)序号应按顺时针或逆时针方向顺次排列整齐,不应上下、左右错落不齐。如果在整个图上序号无法连续排列时,则应尽量在每个水平方向或垂直方向顺次排列,如图7-1所示。

**2. 明细栏的画法**(见项目二)

## 任务实施:

**1. 概括了解**

从标题栏中了解机器或部件的名称,结合阅读说明书及有关资料,了解机器或部件的用途;根据比例,了解机器或部件的大小;将明细栏的序号与图中的零件序号对应,了解各零件的名称及在装配图中的位置;通过读图了解装配图的表达方案及各视图的表达重点。

图7-1所示为齿轮泵装配图。齿轮泵是机器供油系统的一个部件,从图中的比例及标注的尺寸可知其总体大小。由明细栏可知,该齿轮泵共有15种零件,其中标准件5种,非标准10种。零件的名称、数量、材料、标准件代号及它们在装配图中的位置,可对照零件序号和明细栏得知。齿轮泵采用两个基本视图表达。从标注可知,主视图是采用相交剖切面剖切得到的全剖视图,表达齿轮泵的主要装配关系;左视图采用沿垫片与泵体结合面剖开的

半剖视图,并采用局部剖视表达一对齿轮啮合及吸、压油的情况及安装孔的情况。

**2. 分析装配关系和工作原理**

分析部件的装配关系,一般可从装配线路入手。由图7-1可见,齿轮泵有两条装配线路。一条是主动齿轮轴装配线路,为装配主线路,主动齿轮轴3装在泵体6和左右端盖的轴孔内,在主动齿轮轴右边的伸出端装有密封圈8、压盖9、压盖螺母10(实际是装在右端盖7上)、传动齿轮11、键14、垫圈12及螺母13。另一条是从动齿轮轴装配线路,从动齿轮轴2装在泵体6和端盖1、7的轴孔内,与主动齿轮相啮合。

分析部件的工作原理,一般可从运动关系入手。从图7-1的主视图可以看出,动力从传动齿轮11输入,通过键14传递给主动齿轮轴3,再经过齿轮啮合带动从动齿轮轴2做顺时针方向转动。齿轮泵的工作原理示意图如图7-7所示。当齿轮按图7-7中箭头所示的方向转动时,齿轮啮合区右边的齿轮从啮合到脱开,形成局部真空,油池中的油在大气压力的作用下,被吸入右侧泵腔内,转动的齿轮将吸入的油通过齿槽沿箭头方向不断送至啮合区左侧,因齿轮的啮合阻断了油的回流,在左侧泵腔内形成高压,于是油便从左侧的出油口压出,经管道输送到需要供油的部位。

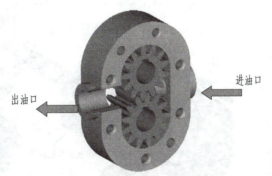

图7-7 齿轮泵的工作原理示意图

**3. 分析部件的结构及尺寸**

部件的结构有主要结构和次要结构之分,直接实现部件功能的结构为主要结构,其余部分为次要结构。图7-1中,直接实现泵油功能的一对啮合齿轮与泵体、泵盖的配合结构为主要结构,而泵体与泵盖通过螺钉的连接结构、通过销的定位结构,以及泵体与泵盖之间的垫片,主动齿轮轴的伸出端由密封圈、轴套、压紧螺母所组成的密封结构,垫圈与螺母形成的紧固结构等均为次要结构。

图7-1中的两齿轮轴与左右端盖上轴孔的配合均为 $\phi16H7/f6$ 的间隙配合,保证了齿轮轴平稳地转动;齿轮端面与空腔的间隙可通过垫片的厚度进行调节,使齿轮在空腔中既能转动,又不会因齿轮端面的间隙过大而产生高压区油的渗漏回流;齿顶圆与泵体空腔的配合为 $\phi34.5H7/f6$ ,其为基孔制较小间隙的配合,保证了齿轮轴在泵体内平稳地转动。运动输入齿轮与主动齿轮轴的配合为 $\phi14H7/js6$ 。还有反映泵流量的油孔管螺纹尺寸G3/8也为输油管的安装尺寸,表明输油管内径为9.525mm(1in=25.4mm),两齿轮中心距为 $28.76\pm0.02$ (装配尺寸),部件的安装孔尺寸为 $2\times\phi7$ 和70(中心距),部件的总长118、总宽85、总高95以及主动齿轮轴的中心高65、油孔中心高50等尺寸均为拆画零件图提供了依据。

**4. 分析零件的结构形状**

部件由零件构成,装配图的视图也可看作是由各零件图的视图组成的,因此,读懂部件的工作原理和装配关系,离不开对零件结构形状的分析,而读懂了零件的结构形状,又可加深对部件工作原理和装配关系的理解。读图时,利用同一零件在不同视图上的剖面线方向、间隔一致的规定,对照投影关系以及与相邻零件的装配关系,就能逐步想象出各零件的主要结构形状。分析时一般从主要零件开始,再看次要零件。

齿轮泵的主要零件是泵体和左右端盖,它们的结构形状需要将主、左视图对照起来进行分析、想象,其余零件的形状、结构较为简单,可通过投影对应分析、功能分析和空间想象来实现。

#### 5. 读懂技术要求

图 7-1 中的技术要求有两条,请同学们自行理解。

#### 6. 综合归纳

在以上各步的基础上,综合分析总体结构,想象出齿轮泵的总体结构形状,如图 7-8 的轴测图所示。

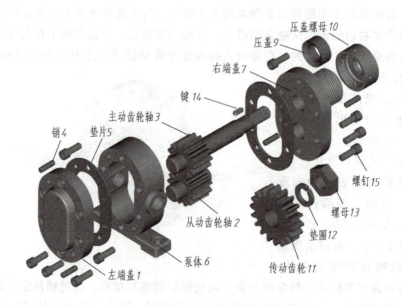

图 7-8 齿轮泵的轴测图

## 任务二 拆画齿轮泵装配图中泵体零件图

**任务分析**:由装配图拆画零件图,是将装配图中的非标准零件从装配图中分离出来画成零件图的过程。在设计及测绘过程中,一般先画出装配图,再根据装配图拆画出零件图。装配图拆画零件图是工程人员必须掌握的技能。拆画零件图应在全面读懂装配图的基础上进行,同时要明确装配体的工艺结构和拆画零件图时的注意事项。

**基本知识**:

### 一、装配体的工艺结构

为使零件装配成机器或部件后,能达到使用性能的要求,并使拆卸、装配方便,对装配结构有一定的合理性要求,以下将讨论一些常见的装配结构的合理性问题。

1. 接触面与配合面的结构

1) 两零件在同一个方向上的接触面只能有一个相互接触，如图7-9所示，这样既可保证两零件的良好接触，又降低了加工的要求。

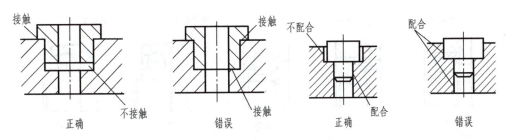

图7-9 两零件的接触面结构

2) 轴肩和孔端面相互接触面时，为保证装配精度，常在接触面的交角处做出倒角和退刀槽或大小不等的圆角，而不能做成大小相等的直角或圆角，如图7-10所示。

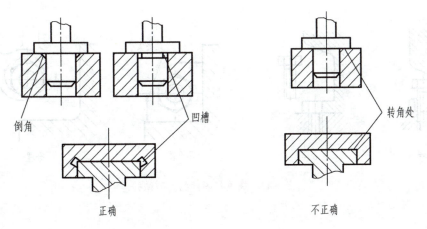

图7-10 轴肩与孔端面的接触

3) 因为锥面配合能同时确定轴向和径向的位置，所以对于锥面的配合，锥体顶部与锥孔底部之间必须保留有空隙，以保证配合的稳定性，如图7-11所示。

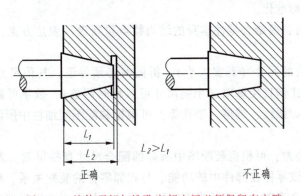

图7-11 锥体顶部与锥孔底部之间必须保留有空隙

**2. 便于拆装的结构**

（1）轴承的拆装结构　滚动轴承若以轴肩或孔肩定位，则轴肩或孔肩的高度应小于轴承内圈或外圈的厚度，以便维修时容易拆卸，如图7-12所示。

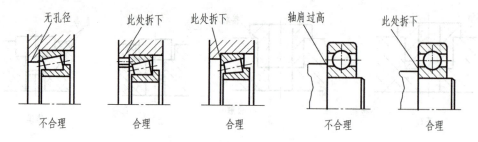

图7-12　轴承的拆装结构

（2）螺纹紧固件的拆装结构　有螺纹紧固件的地方要留足装拆的活动空间，如图7-13所示。

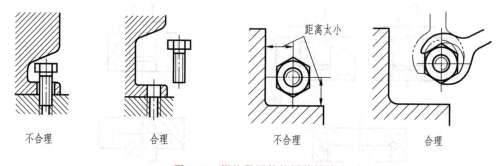

图7-13　螺纹紧固件的拆装结构

## 二、拆画零件图时的注意事项

1) 在装配图中没有表达清楚的结构，要根据零件的功能和要求补画出来。

2) 在装配图中被省略的细部结构，如倒角、倒圆、退刀槽等，在拆画零件图时均应全部补画出来，并加以标准化。

3) 拆画零件图时，要结合零件本身的结构特点重新选择表达方案，不必一定照抄装配图中零件的表达方法。

4) 装配图上已有的尺寸（真实大小），拆图时必须保证。其他尺寸则由装配图上所画的大小按该图所用的比例直接量取（个别尺寸可以临时调整），数字可做适当圆整。对于零件的一些标准结构，如螺纹、键槽、销孔等，可根据装配图明细栏中所注的标准件公称尺寸经查表确定。

5) 零件的尺寸公差，可根据装配图中所标的配合尺寸直接得到，表面粗糙度、热处理等技术要求，需根据该零件在部件中的功能、与相邻零件的装配关系、材料、设计要求及加工工艺要求等知识综合确定，也可适当参照同类零件的技术要求进行拟定。

### 任务实施:

**1. 读懂装配图**

齿轮泵的装配图已在任务一中进行识读。

**2. 分离零件**

分离零件的方法：依据件号、不同方向或不同疏密的剖面线，再依据投影关系把所要看的零件的各个视图的投影轮廓划出，从而把所要看的零件的投影从其他零件中分离出来，如图 7-14 所示；根据分离出来的零件投影进行形体分析，想象出零件的空间形状。

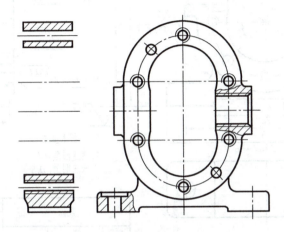

图 7-14　从装配图分离出来的泵体

泵体是 6 号件，介于左右两端盖之间的部分，就是泵体的主视图（要去掉两齿轮轴、两侧的螺钉 15 及两侧的销 4）。在左视图上前半边的半剖视实际上就是泵体的外形（去掉两齿轮轴及画有剖面线的螺钉和销）。该零件属于箱体类零件，由包容轴孔及空腔的壳体及底座组成，如图 7-15 所示。

**3. 选取表达方案，按零件图的画图步骤画图**

重新确定零件的表达方案。该零件在装配图中由主、左两视图表达，其左视图更多地表达了该零件的形状，因此在重新确定零件的表达方案时，应以装配图的左视图作为零件图的主视图。主视图采用局部剖表达进出油孔和安装孔的内部结构，而左视图采用全剖视，表达各孔。底板形状及底板上安装孔的位置未表达清楚，则加画 B 向局部视图以反映底板形状及底板上安装孔的位置，如图 7-16 所示。

图 7-15　泵体的空间形状

**4. 标注尺寸及技术要求，填写标题栏**

在装配图中属于泵体的尺寸有两个 $\phi 34.5H7$、$28.76\pm 0.02$、50、65、85、95。其余的尺寸可通过直接量取来确定。技术要求可通过类比法和查找相关技术资料来确定。完成的零件图如图 7-16 所示。

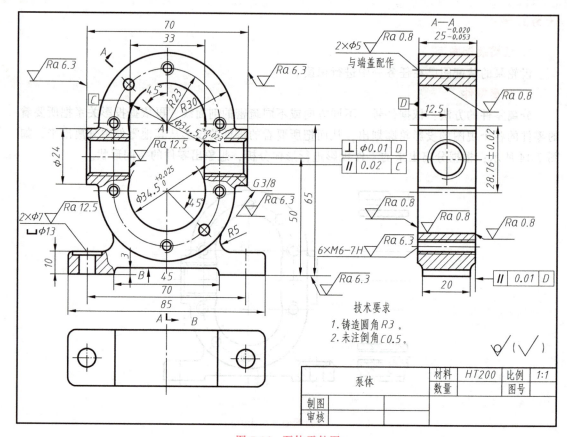

图 7-16 泵体零件图

## 任务三　测绘滑动轴承

**任务分析**：测绘滑动轴承就是对滑动轴承进行测量并画出装配图和零件图。测绘对原有设备进行技术改造和维修等具有重要意义。实施本任务需要的新知识点：装配图的视图选择和测绘装配体的方法步骤。

**基本知识**：

零件的各种表达方法在装配图中完全适用。但机器或部件由若干个零件组成，装配图不仅要表达机器或部件的结构形状，还要表达机器或部件的工作原理、装配和连接关系。因此装配图视图选择的一般原则如下。

### 1. 选择主视图

选择主视图时，应综合考虑以下几个方面：
1) 应能反映装配体的工作位置。
2) 应能反映装配体的整体形状特征。
3) 应能表示主装配线零件的装配关系。
4) 应能表示装配体的工作原理。

5）应能表示较多零件的装配关系。

以上各项同时满足最好，若不能同时满足，则应首先保证1）、2）两项，以利于对部件全貌有所表达。另外，如果装配体的工作位置倾斜，通常先予以放正后再进行绘图。

2. 选择其他视图

按照把部件表达清楚的原则，其他视图主要表达主视图中尚未表达清楚的装配关系、工作原理、主要零件的形状结构等，同时应照顾到图幅的布局。

## 任务实施：

### 1. 分析部件

通过现场对实物的观察、拆卸和测量，并参阅有关资料及向有关人员询问等途径，了解部件的用途、性能、工作原理、结构特点、零件间的装配关系及拆装方法等内容。

对图7-17所示的实物进行分析可知：滑动轴承是用来支承轴的，它由八种零件组成，其中螺栓、螺母为标准件，油杯为标准组合件。为便于轴的安装与拆卸，轴承做成上下结构；因轴在轴承中转动，会产生摩擦及磨损，故内圈采用耐磨、抗腐蚀的锡青铜轴瓦；上、下轴瓦分别安装于轴承盖、轴承座中，且采用油杯进行润滑，轴瓦上方及左右侧开有导油槽，使润滑更为均匀。轴承盖与轴承座之间做成阶梯止口配合，以防止盖与座间的横向错动；固定套防止轴瓦发生转动。轴承盖与轴承座的连接采用方头螺栓，使拧紧螺母时螺杆不发生相对转动，并采用双螺母紧固防松。

图7-17 滑动轴承立体图

### 2. 拆卸零件并绘制装配示意图

（1）拆卸零件

1）在零件拆卸前，应先测量一些重要的尺寸，如相对位置尺寸、装配间隙等，以便校核图样和装配部件。

2）按一定顺序拆卸，对过盈配合的零件，原则上不拆卸；对过渡配合的零件，若不影响零件的测量工作，一般也不拆卸。

3）将拆卸后的零件进行编号和登记，加上号签，妥善保管。

（2）绘制装配示意图　为便于拆卸后重新装配，要绘制装配示意图，装配示意图用来表示部件中各零件的相互位置和装配关系，是部件拆卸后重新装配和画装配图的依据。装配示意图有以下特点：

1）只用简单的符号和线条表达部件中各零件的大致形状和装配关系。

2）一般零件可用简单图形画出其大致轮廓，形状简单的零件，如螺钉、轴等可用线段表示，其中常用的标准件，如轴承、键等可用国标规定的示意符号表示。

3）相邻两零件的接触面或配合面之间应留有间隙，以便区别。
4）零件可作为透明体，且没有前后之分，均为可见。
5）全部零件应进行编号，并填写明细栏，如图 7-18 所示。

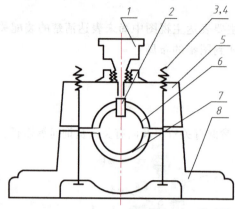

图 7-18　滑动轴承装配示意图

### 3. 画零件草图

测绘工作通常是在现场进行的，要求在尽可能短的时间内完成，以便迅速将部件重新装配起来。除了标准件、标准组合件和外购件（如电动机等）外，其余的零件都应画出零件草图。对于标准件和外购件，应列出标准件表，记下它们的规格尺寸和数量，如图 7-18 所示。

零件草图的画法参照项目五任务四。

### 4. 画装配图

在实际的设计及测绘工作中，根据装配示意图和零件的草图就可以绘制装配图了。绘制装配图的过程，就是虚拟部件的装配过程，可以检验零件的结构是否合理，尺寸是否正确，若发现问题，则可返回去修改零件结构尺寸。因此，画装配图时，零件的尺寸大小一定要画准确，装配关系不能错，对于零件的错误应及时修改。

（1）选择表达方案　根据装配图表达方案选择方法，滑动轴承主视图采用半剖视，既能表达部件的外形，又能表达内部结构。根据主视图的表达程度再选用其他视图。因该部件的安装关系和轴瓦的前后凸缘与轴承座、轴承盖的配合关系尚未表达清楚，故采用俯视图表达（如采用左视，则安装关系仍不能清楚表达）。因该部件为上下可拆卸结构，故俯视图的表达采用沿结合面剖切的半剖视，它清楚地表达了下轴瓦的前后凸缘与轴承座的装配关系。左视图也是采用的半剖视，它不仅表达了上下轴瓦的前后凸缘与轴承座、轴承盖的配合关系，同时也表达了轴承座的形状。这样就比较完整地表达了部件工作原理、装配关系、安装关系及主要零件结构形状，如图 7-22 所示。

（2）画图　首先确定画图的比例、选择图幅，然后进行整体布图，应注意留出零件明细栏的位置。画图时，应从最主要的零件开始，然后根据装配关系及连接关系从内向外或从外向内顺次进行。应正确判断各零件之间的相互关系，如接触关系、连接关系、遮挡关系等。

画滑动轴承装配图的步骤如图 7-19 ~ 图 7-22 所示。

1）布图。绘制各视图的主要基准线，通常是指主要轴线（装配干线）、对称中心线、主要零件的基面或端面等，然后从基础零件的轮廓线入手绘制。绘制滑动轴承的装配图从轴承座开始，如图 7-19 所示。

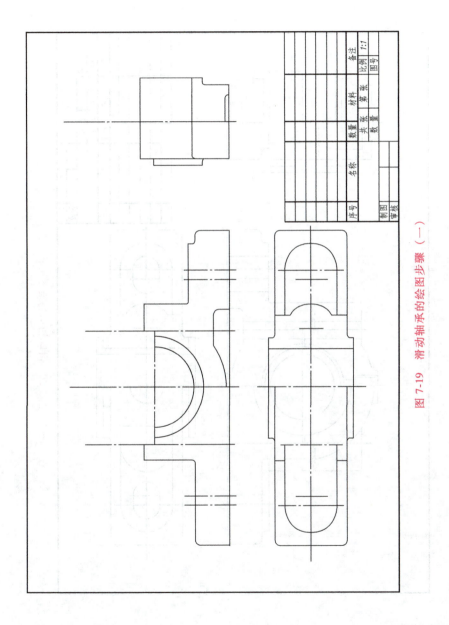

图 7-19 滑动轴承的绘图步骤（一）

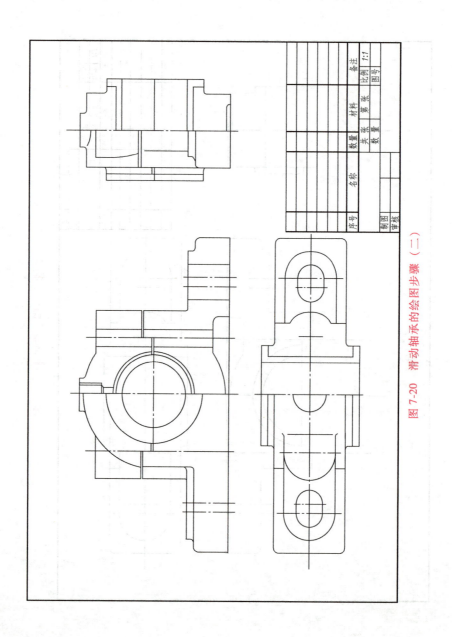

图7-20 滑动轴承的绘图步骤（二）

项目七 识读和绘制装配图

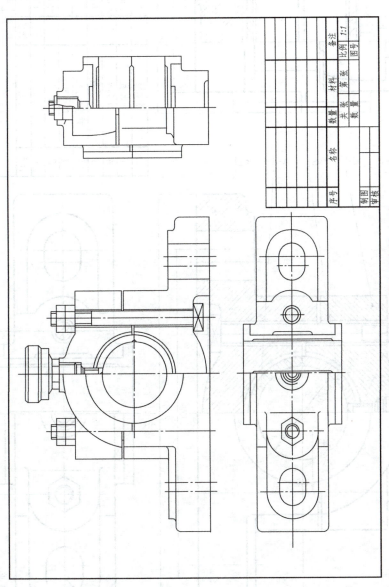

图7-21 滑动轴承的绘图步骤（三）

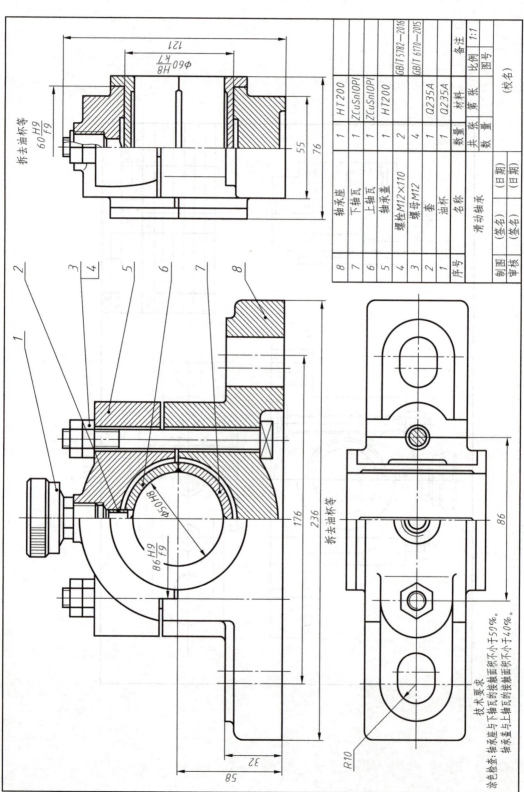

图 7-22 滑动轴承的绘图步骤（四）

2）绘制主要零件的轮廓线。滑动轴承的主要零件是轴承座、轴承盖和上、下轴瓦。画出轴承座的主要轮廓线后，接着画上、下轴瓦的轮廓线，再画轴承盖的轮廓线，如图 7-20 所示。

3）画细节结构，完成图形底稿。画完滑动轴承主要零件的基本轮廓线之后，可继续绘制零件的详细结构，如油杯、螺栓连接、润滑油槽等，如图 7-21 所示。

4）整理加深，标注尺寸、注写序号、填写明细栏和标题栏，写出技术要求，完成全图，如图 7-22 所示。

### 5. 画零件工作图

根据装配图，校正、修改零件草图再绘制零件工作图。

# 附　　录

## 附录A　螺　　纹

**表 A-1　普通螺纹牙型、直径与螺距**（摘自 GB/T 192—2003 和 GB/T 193—2003）

（单位：mm）

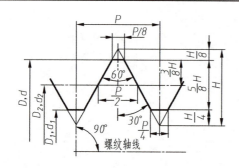

$D$—内螺纹大径（公称直径）
$d$—外螺纹大径（公称直径）
$D_2$—内螺纹中径
$d_2$—外螺纹中径
$D_1$—内螺纹小径
$d_1$—外螺纹小径
$P$—螺距
$H$—原始三角形高度

标记示例：
M10（粗牙普通外螺纹、公称直径 $d=10$、中径及大径公差带均为 6g、中等旋合长度、右旋）
M10×1-LH（细牙普通内螺纹、公称直径 $D=10$、螺距 $P=1$、中径及大径公差带均为 6H、中等旋合长度、左旋）

| 公称直径 $D$、$d$ | | | 螺距 $P$ | |
|---|---|---|---|---|
| 第一系列 | 第二系列 | 第三系列 | 粗牙 | 细牙 |
| 4 | | | 0.7 | 0.5 |
| 5 | | | 0.8 | 0.5 |
| 6 | | | 1 | 0.75 |
| | 7 | | 1 | 0.75 |
| 8 | | | 1.25 | 1、0.75 |
| 10 | | | 1.5 | 1.25、1、0.75 |
| 12 | | | 1.75 | 1.25、1 |
| | 14 | | 2 | 1.5、1.25、1 |
| | | 15 | | 1.5、1 |
| 16 | | | 2 | 1.5、1 |
| | 18 | | 2.5 | 2、1.5、1 |
| 20 | | | 2.5 | 2、1.5、1 |
| | 22 | | 2.5 | 2、1.5、1 |
| 24 | | | 3 | 2、1.5、1 |
| | | 25 | | 2、1.5、1 |
| | 27 | | 3 | 2、1.5、1 |
| 30 | | | 3.5 | (3)、2、1.5、1 |
| | 33 | | 3.5 | (3)、2、1.5 |

（续）

| 公称直径 $D$、$d$ | | | 螺距 $P$ | |
|---|---|---|---|---|
| 第一系列 | 第二系列 | 第三系列 | 粗牙 | 细牙 |
| | | 35 | | 1.5 |
| 36 | | | 4 | 3、2、1.5 |
| | 39 | | 4 | 3、2、1.5 |

注：1. 优先选用第一系列，其次第二系列，第三系列尽可能不用；括号内尺寸尽可能不用。
2. M14×1.25 仅用于发动机的火花塞，M35×1.5 仅用于轴承的锁紧螺母。

### 表 A-2 管螺纹 （单位：mm）

55°密封管螺纹（摘自 GB/T 7306.1—2000 和 GB/T 7306.2—2000）　　55°非密封管螺纹（摘自 GB/T 7307—2001）

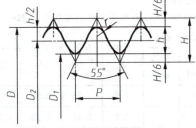

标记示例：　　　　　　　　　　　　　　　　　　　　　　　　　标记示例：
$R_1$1/2（尺寸代号为 1/2，与圆柱内螺纹相配合的右旋圆锥外螺纹）　　G1/2（尺寸代号为 1/2，右旋圆柱内螺纹）
Rc1/4（尺寸代号为 1/4，右旋圆锥内螺纹）　　　　　　　　　　　G1/2A（尺寸代号为 1/2，A 级右旋圆柱外螺纹）

| 尺寸代号 | 每 25.4mm 内所包含的牙数 $n$ | 螺距 $P$ | 牙高 $h$ | 圆弧半径 $r \approx$ | 大径 $d=D$ | 中径 $d_2=D_2$ | 小径 $d_1=D_1$ | 基准距离 | 有效螺纹长度 |
|---|---|---|---|---|---|---|---|---|---|
| 1/16 | 28 | 0.907 | 0.581 | 0.125 | 7.723 | 7.142 | 6.561 | 4.0 | 6.5 |
| 1/8 | 28 | 0.907 | 0.581 | 0.125 | 9.728 | 9.147 | 8.566 | 4.0 | 6.5 |
| 1/4 | 19 | 1.337 | 0.856 | 0.184 | 13.157 | 12.301 | 11.445 | 6.0 | 9.7 |
| 3/8 | 19 | 1.337 | 0.856 | 0.184 | 16.662 | 15.806 | 14.950 | 6.4 | 10.1 |
| 1/2 | 14 | 1.814 | 1.162 | 0.249 | 20.955 | 19.793 | 18.631 | 8.2 | 13.2 |
| 3/4 | 14 | 1.814 | 1.162 | 0.269 | 26.441 | 25.279 | 24.117 | 9.5 | 14.5 |
| 1 | 11 | 2.309 | 1.479 | 0.317 | 33.249 | 31.770 | 30.291 | 10.4 | 16.8 |
| 1¼ | 11 | 2.309 | 1.479 | 0.317 | 41.910 | 40.431 | 38.952 | 12.7 | 19.1 |
| 1½ | 11 | 2.309 | 1.479 | 0.317 | 47.803 | 46.324 | 44.845 | 12.7 | 19.1 |
| 2 | 11 | 2.309 | 1.479 | 0.317 | 59.614 | 58.135 | 56.656 | 15.9 | 23.4 |
| 2½ | 11 | 2.309 | 1.479 | 0.317 | 75.184 | 73.705 | 72.226 | 17.5 | 26.7 |
| 3 | 11 | 2.309 | 1.479 | 0.317 | 87.884 | 86.405 | 84.926 | 20.6 | 29.8 |
| 3½ | 11 | 2.309 | 1.479 | 0.317 | 100.330 | 98.351 | 97.372 | 22.2 | 31.4 |
| 4 | 11 | 2.309 | 1.479 | 0.317 | 113.030 | 111.551 | 110.072 | 25.4 | 35.8 |
| 5 | 11 | 2.309 | 1.479 | 0.317 | 138.430 | 135.951 | 135.472 | 28.6 | 40.1 |

表 A-3　梯形螺纹直径与螺距系列（摘自 GB/T 5796.3—2005）　　（单位：mm）

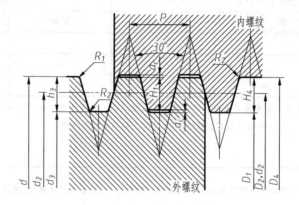

标记示例：

Tr36×12(P6)LH（梯形螺纹，公称直径 $d$=36mm，导程为 12，螺距为 6，双线左旋）

| 公称直径 $d$ | | 螺距 $P$ | 中径 $d_2=D_2$ | 大径 $D_4$ | 小径 | | 公称直径 $d$ | | 螺距 $P$ | 中径 $d_2=D_2$ | 大径 $D_4$ | 小径 | |
| --- | --- | --- | --- | --- | --- | --- | --- | --- | --- | --- | --- | --- | --- |
| 第一系列 | 第二系列 | | | | $d_3$ | $D_1$ | 第一系列 | 第二系列 | | | | $d_3$ | $D_1$ |
| 8 | | 1.5 | 7.25 | 8.30 | 6.20 | 6.5 | | 26 | 3 | 24.5 | 26.5 | 22.5 | 23.0 |
| | 9 | 1.5 | 8.25 | 9.30 | 7.20 | 7.5 | | | 5 | 23.5 | 26.5 | 20.5 | 21.0 |
| | | 2 | 8.00 | 9.50 | 6.50 | 7.0 | | | 8 | 22.0 | 27.0 | 17.0 | 18.0 |
| 10 | | 1.5 | 9.25 | 10.30 | 8.20 | 8.5 | 28 | | 3 | 26.5 | 28.5 | 24.5 | 25.0 |
| | | 2 | 9.00 | 10.50 | 7.50 | 8.0 | | | 5 | 25.5 | 28.5 | 22.5 | 23.0 |
| | 11 | 2 | 10.00 | 11.50 | 8.50 | 9.0 | | | 8 | 24.0 | 29.0 | 19.0 | 20.0 |
| | | 3 | 9.50 | 11.50 | 7.50 | 8.0 | | | 3 | 28.5 | 30.5 | 26.5 | 27.0 |
| 12 | | 2 | 11.00 | 12.50 | 9.50 | 10.0 | 30 | | 6 | 27.0 | 31.0 | 23.0 | 24.0 |
| | | 3 | 10.50 | 12.50 | 8.50 | 9.0 | | | 10 | 25.0 | 31.0 | 19.0 | 20.0 |
| | 14 | 2 | 13.00 | 14.50 | 11.50 | 12.0 | | | 3 | 30.5 | 32.5 | 28.5 | 29.0 |
| | | 3 | 12.50 | 14.50 | 10.50 | 11.0 | 32 | | 6 | 29.0 | 33.0 | 25.0 | 26.0 |
| 16 | | 2 | 15.00 | 16.50 | 13.50 | 14.0 | | | 10 | 27.0 | 33.0 | 21.0 | 22.0 |
| | | 4 | 14.00 | 16.50 | 11.50 | 12.0 | | | 3 | 32.5 | 34.5 | 30.5 | 31.0 |
| | 18 | 2 | 17.00 | 18.50 | 15.50 | 16.0 | | 34 | 6 | 31.0 | 35.0 | 27.0 | 28.0 |
| | | 4 | 16.00 | 18.50 | 13.50 | 14.0 | | | 10 | 29.0 | 35.0 | 23.0 | 24.0 |
| 20 | | 2 | 19.00 | 20.50 | 17.50 | 18.0 | | | 3 | 34.0 | 36.5 | 32.5 | 33.0 |
| | | 4 | 18.00 | 20.50 | 15.50 | 16.0 | 36 | | 6 | 33.0 | 37.0 | 29.0 | 30.0 |
| | | 3 | 20.50 | 22.50 | 18.50 | 19.0 | | | 10 | 31.0 | 37.0 | 25.0 | 26.0 |
| | 22 | 5 | 19.50 | 22.50 | 16.50 | 17.0 | | | 3 | 36.5 | 38.5 | 34.5 | 35.0 |
| | | 8 | 18.00 | 23.00 | 13.00 | 14.0 | | 38 | 7 | 34.5 | 39.0 | 30.0 | 31.0 |
| 24 | | 3 | 22.50 | 24.50 | 20.50 | 21.0 | | | 10 | 33.0 | 39.0 | 27.0 | 28.0 |
| | | 5 | 21.50 | 24.50 | 18.50 | 19.0 | | | 3 | 38.5 | 40.5 | 36.5 | 37.0 |
| | | 8 | 20.00 | 25.00 | 15.00 | 16.0 | 40 | | 7 | 36.5 | 41.0 | 32.0 | 33.0 |
| | | | | | | | | | 10 | 35.0 | 41.0 | 29.0 | 30.0 |

# 附录 B 螺纹紧固件

### 表 B-1 六角头螺栓 （单位：mm）

六角头螺栓—C 级（摘自 GB/T 5780—2016）

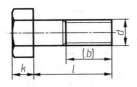 

标记示例：
螺栓 GB/T 5780 M12×100（螺纹规格为 M12、公称长度 $l$=100、右旋、性能等级为 4.8 级、不经表面处理、杆身半螺纹、产品等级为 C 级的六角头螺栓）

六角头螺栓—全螺纹—C 级（摘自 GB/T 5781—2016）

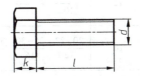 

标记示例：
螺栓 GB/T 5781 M12×80（螺纹规格为 M12、公称长度 $l$=80、右旋、性能等级为 4.8 级、不经表面处理、全螺纹、产品等级为 C 级的六角头螺栓）

| 螺纹规格 $d$ | | M5 | M6 | M8 | M10 | M12 | M16 | M20 | M24 | M30 | M36 | M42 |
|---|---|---|---|---|---|---|---|---|---|---|---|---|
| $b_{参考}$ | $l_{公称}$≤125 | 16 | 18 | 22 | 26 | 30 | 38 | 46 | 54 | 66 | — | — |
| | 125<$l_{公称}$≤200 | 22 | 24 | 28 | 32 | 36 | 44 | 52 | 60 | 72 | 84 | 96 |
| | $l_{公称}$>200 | 35 | 37 | 41 | 45 | 49 | 57 | 65 | 73 | 85 | 97 | 109 |
| $k_{公称}$ | | 3.5 | 4.0 | 5.3 | 6.4 | 7.5 | 10 | 12.5 | 15 | 18.7 | 22.5 | 26 |
| $s_{max}$ | | 8 | 10 | 13 | 16 | 18 | 24 | 30 | 36 | 46 | 55 | 65 |
| $e_{min}$ | | 8.63 | 10.89 | 14.2 | 17.59 | 19.85 | 26.17 | 32.95 | 39.55 | 50.85 | 60.79 | 71.3 |
| $l_{范围}$ | GB/T 5780 | 25~50 | 30~60 | 40~80 | 45~100 | 55~120 | 65~160 | 80~200 | 100~240 | 120~300 | 140~360 | 180~420 |
| | GB/T 5781 | 10~50 | 12~60 | 16~80 | 20~100 | 25~120 | 30~160 | 40~200 | 50~240 | 60~300 | 70~360 | 80~420 |
| | $l_{公称}$ | 10、12、16、20~65（5 进位）、70~160（10 进位）、180~420（20 进位） | | | | | | | | | | |

### 表 B-2 双头螺柱 （单位：mm）

$b_m=1d$（GB/T 897—1988）；$b_m=1.25d$（GB/T 898—1988）；$b_m=1.5d$（GB/T 899—1988）；$b_m=2d$（GB/T 900—1988）

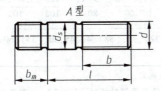 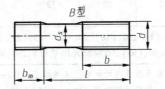

(续)

标记示例：

螺柱　GB/T 900　M10×50（两端均为粗牙普通螺纹，$d=10$、$l=50$、性能等级为 4.8 级、不经表面处理、B 型、$b_m=2d$ 的双头螺柱）

螺柱　GB/T 900　AM10-M10×1×50（旋入机体一端为粗牙普通螺纹，旋螺母一端为螺距 $P=1$ 的细牙普通螺纹，$d=10$、$l=50$、性能等级为 4.8 级、不经表面处理、A 型、$b_m=2d$ 的双头螺柱）

| 螺纹规格 $d$ | $b_m$（旋入机体端长度） | | | | $l/b$（螺柱长度/旋入螺母端长度） | | | | |
|---|---|---|---|---|---|---|---|---|---|
| | GB/T 897 | GB/T 898 | GB/T 899 | GB/T 900 | | | | | |
| M4 | — | — | 6 | 8 | $\dfrac{16\sim22}{8}$ | $\dfrac{25\sim40}{14}$ | | | |
| M5 | 5 | 6 | 8 | 10 | $\dfrac{16\sim22}{10}$ | $\dfrac{25\sim50}{16}$ | | | |
| M6 | 6 | 8 | 10 | 12 | $\dfrac{20\sim22}{10}$ | $\dfrac{25\sim30}{14}$ | $\dfrac{32\sim75}{18}$ | | |
| M8 | 8 | 10 | 12 | 16 | $\dfrac{20\sim22}{12}$ | $\dfrac{25\sim30}{16}$ | $\dfrac{32\sim90}{22}$ | | |
| M10 | 10 | 12 | 15 | 20 | $\dfrac{25\sim28}{14}$ | $\dfrac{30\sim38}{16}$ | $\dfrac{40\sim120}{26}$ | $\dfrac{130}{32}$ | |
| M12 | 12 | 15 | 18 | 24 | $\dfrac{25\sim30}{16}$ | $\dfrac{32\sim40}{20}$ | $\dfrac{45\sim120}{30}$ | $\dfrac{130\sim180}{36}$ | |
| M16 | 16 | 20 | 24 | 32 | $\dfrac{30\sim38}{20}$ | $\dfrac{40\sim55}{30}$ | $\dfrac{60\sim120}{38}$ | $\dfrac{130\sim200}{44}$ | |
| M20 | 20 | 25 | 30 | 40 | $\dfrac{35\sim40}{25}$ | $\dfrac{45\sim65}{35}$ | $\dfrac{70\sim120}{46}$ | $\dfrac{130\sim200}{52}$ | |
| M24 | 24 | 30 | 36 | 48 | $\dfrac{45\sim50}{30}$ | $\dfrac{55\sim75}{45}$ | $\dfrac{80\sim120}{54}$ | $\dfrac{130\sim200}{60}$ | |
| M30 | 30 | 38 | 45 | 60 | $\dfrac{60\sim65}{40}$ | $\dfrac{70\sim90}{50}$ | $\dfrac{95\sim120}{66}$ | $\dfrac{130\sim200}{72}$ | $\dfrac{210\sim250}{85}$ |
| M36 | 36 | 45 | 54 | 72 | $\dfrac{65\sim75}{45}$ | $\dfrac{80\sim110}{60}$ | $\dfrac{120}{78}$ | $\dfrac{130\sim200}{84}$ | $\dfrac{210\sim300}{97}$ |
| M42 | 42 | 52 | 63 | 84 | $\dfrac{70\sim80}{50}$ | $\dfrac{85\sim110}{70}$ | $\dfrac{120}{90}$ | $\dfrac{130\sim200}{96}$ | $\dfrac{210\sim300}{109}$ |
| M48 | 48 | 60 | 72 | 96 | $\dfrac{80\sim90}{60}$ | $\dfrac{95\sim110}{80}$ | $\dfrac{120}{102}$ | $\dfrac{130\sim200}{108}$ | $\dfrac{210\sim300}{121}$ |
| $l$ 系列 | 12、(14)、16、(18)、20、(22)、25、(28)、30、(32)、35、(38)、40、45、50、(55)、60、(65)、70、(75)、80、(85)、90、(95)、100～260（10 进位）、280、300 | | | | | | | | |

注：1. 尽可能不采用括号内的规格。末端按 GB/T 2—2016 规定。

2. $b_m=1d$，一般用于钢对钢；$b_m=(1.25\sim1.50)d$，一般用于钢对铸铁；$b_m=2d$，一般用于钢对铝合金。

## 表 B-3 1型六角螺母

1型六角螺母 C级（摘自 GB/T 41—2016）　　　　　　　　　　　　　　　　　　　　　　（单位：mm）

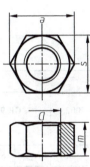

标记示例：

螺母 GB/T 41 M12（螺纹规格为 M12、性能等级为 5 级、不经表面处理、产品等级为 C 级的 1 型六角螺母）

| 螺纹规格 $D$ | M5 | M6 | M8 | M10 | M12 | M16 | M20 | M24 | M30 | M36 | M42 | M48 |
|---|---|---|---|---|---|---|---|---|---|---|---|---|
| 螺距 $P$ | 0.8 | 1 | 1.25 | 1.5 | 1.75 | 2 | 2.5 | 3 | 3.5 | 4 | 4.5 | 5 |
| $s_{max}$ | 8 | 10 | 13 | 16 | 18 | 24 | 30 | 36 | 46 | 55 | 65 | 75 |
| $e_{min}$ | 8.63 | 10.89 | 14.20 | 17.59 | 19.85 | 26.17 | 32.95 | 39.55 | 50.85 | 60.79 | 71.30 | 82.60 |
| $m_{max}$ | 5.6 | 6.4 | 7.9 | 9.5 | 12.2 | 15.9 | 19.0 | 22.3 | 26.4 | 31.9 | 34.9 | 38.9 |

表 B-4　垫圈　　　　　　　　　　（单位：mm）

平垫圈　A级（摘自 GB/T 97.1—2002）　　平垫圈　倒角型　A级（摘自 GB/T 97.2—2002）
平垫圈　C级（摘自 GB/T 95—2002）　　标准型弹簧垫圈（摘自 GB 93—1987）

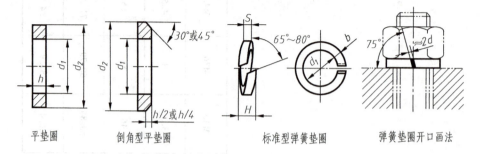

平垫圈　　　倒角型平垫圈　　　标准型弹簧垫圈　　　弹簧垫圈开口画法

标记示例：
垫圈　GB/T 95　8（标准系列、公称规格8、硬度等级为100HV级、不经表面处理、产品等级为C级的平垫圈）
垫圈　GB/T 97.2　8（标准系列、公称规格8、由钢制造的硬度等级为200HV级、不经表面处理、产品等级为A级的倒角型平垫圈）
垫圈　GB/T 93　10（规格10、材料为65Mn、表面氧化的标准型弹簧垫圈）

| 公称规格（螺纹大径 $d$） | 标准系列 | | | | | | | | | | | |
|---|---|---|---|---|---|---|---|---|---|---|---|---|
| | GB/T 95—2002（C级） | | | GB/T 97.1—2002（A级） | | | GB/T 97.2—2002（A级） | | | GB 93—1987 | | |
| | $d_1$ | $d_2$ | $h$ | $d_1$ | $d_2$ | $h$ | $d_1$ | $d_2$ | $h$ | $d_{1max}$ | $S=b$ | $H_{max}$ |
| 4 | 4.5 | 9 | 0.8 | 4.3 | 9 | 0.8 | — | — | — | 4.1 | 1.1 | 2.75 |
| 5 | 5.5 | 10 | 1 | 5.3 | 10 | 1 | 5.3 | 10 | 1 | 5.1 | 1.3 | 3.25 |
| 6 | 6.6 | 12 | 1.6 | 6.4 | 12 | 1.6 | 6.4 | 12 | 1.6 | 6.1 | 1.6 | 4 |
| 8 | 9 | 16 | 1.6 | 8.4 | 16 | 1.6 | 8.4 | 16 | 1.6 | 8.1 | 2.1 | 5.25 |
| 10 | 11 | 20 | 2 | 10.5 | 20 | 2 | 10.5 | 20 | 2 | 10.2 | 2.6 | 6.5 |
| 12 | 13.5 | 24 | 2.5 | 13 | 24 | 2.5 | 13 | 24 | 2.5 | 12.2 | 3.1 | 7.75 |
| 16 | 17.5 | 30 | 3 | 17 | 30 | 3 | 17 | 30 | 3 | 16.2 | 4.1 | 10.25 |
| 20 | 22 | 37 | 3 | 21 | 37 | 3 | 21 | 37 | 3 | 20.2 | 5 | 12.5 |
| 24 | 26 | 44 | 4 | 25 | 44 | 4 | 25 | 44 | 4 | 24.5 | 6 | 15 |
| 30 | 33 | 56 | 4 | 31 | 56 | 4 | 31 | 56 | 4 | 30.5 | 7.5 | 18.75 |
| 36 | 39 | 66 | 5 | 37 | 66 | 5 | 37 | 66 | 5 | 36.5 | 9 | 22.5 |
| 42 | 45 | 78 | 8 | 45 | 78 | 8 | 45 | 78 | 8 | 42.5 | 10.5 | 26.25 |
| 48 | 52 | 92 | 8 | 52 | 92 | 8 | 52 | 92 | 8 | 48.5 | 12 | 30 |

注：1. A级适用于精装配系列，C级适用于中等装配系列。
　　2. C级垫圈没有 $Ra3.2\mu m$ 和去毛刺的要求。

## 表 B-5 螺钉

（单位：mm）

开槽圆柱头螺钉（摘自 GB/T 65—2016）  
开槽盘头螺钉（摘自 GB/T 67—2016）  
开槽沉头螺钉（摘自 GB/T 68—2016）

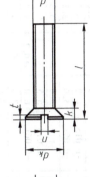

标记示例：

螺钉 GB/T 67 M5×60（螺纹规格为 M5、公称长度 l=60、性能等级为 4.8 级、不经表面处理的 A 级开槽盘头螺钉）

| 螺纹规格 $d$ | $n_{公称}$ | $k_{max}$ | | | $d_{kmax}$ | | | $t_{min}$ | | | $l$系列 | | |
|---|---|---|---|---|---|---|---|---|---|---|---|---|---|
| | | GB/T 65 | GB/T 67 | GB/T 68 | GB/T 65 | GB/T 67 | GB/T 68 | GB/T 65 | GB/T 67 | GB/T 68 | GB/T 65 | GB/T 67 | GB/T 68 |
| M2 | 0.5 | 1.4 | 1.3 | 1.2 | 3.8 | 4 | 3.8 | 0.6 | 0.5 | 0.4 | 3~20 | 2.5~20 | 3~20 |
| M3 | 0.8 | 2 | 1.8 | 1.65 | 5.5 | 5.6 | 5.5 | 0.85 | 0.7 | 0.6 | 4~30 | 4~30 | 5~30 |
| M4 | 1.2 | 2.6 | 2.4 | 2.7 | 7 | 8 | 8.4 | 1.1 | 1 | 1 | 5~40 | 5~40 | 6~40 |
| M5 | | 3.3 | 3 | | 8.5 | 9.5 | 9.3 | 1.3 | 1.2 | 1.1 | 6~50 | 6~50 | 8~50 |
| M6 | 1.6 | 3.9 | 3.6 | 3.3 | 10 | 12 | 11.3 | 1.6 | 1.4 | 1.2 | 8~60 | | |
| M8 | 2 | 5 | 4.8 | 4.65 | 13 | 16 | 15.8 | 2 | 1.9 | 1.8 | 10~80 | | |
| M10 | 2.5 | 6 | 6 | 5 | 16 | 20 | 18.3 | 2.4 | 2.4 | 2 | 12~80 | | |
| $l$系列 | 2,2.5,3,4,5,6,8,10,12,(14),16,20~50(5 进位)、(55)、60、(65)、70、(75)、80 | | | | | | | | | | | | |

# 附录 C 键 与 销

## 表 C-1 普通平键及键槽各部分尺寸（摘自 GB/T 1095—2003 和 GB/T 1096—2003）

（单位：mm）

标记示例：
GB/T 1096 键 16×10×100（普通 A 型平键，$b=16$，$h=10$，$L=100$）
GB/T 1096 键 B16×10×100（普通 B 型平键，$b=16$，$h=10$，$L=100$）
GB/T 1096 键 C16×10×100（普通 C 型平键，$b=16$，$h=10$，$L=100$）

| 轴 | 键 | | 键 槽 | | | | | | | | | |
|---|---|---|---|---|---|---|---|---|---|---|---|---|
| | | | 宽度 $b$ | | | | | 深度 | | | | 半径 $r$ |
| | | | | 极限偏差 | | | | 轴 $t_1$ | | 毂 $t_2$ | | |
| | | | | 松连接 | | 正常连接 | | 紧密连接 | | | | |
| 公称直径 $d$ | 键尺寸 $b(h8)\times h$ (h8)(h11) | 长度 $L$ (h14) | 基本尺寸 | 轴 H9 | 毂 D10 | 轴 N9 | 毂 JS9 | 轴和毂 P9 | 基本尺寸 | 极限偏差 | 基本尺寸 | 极限偏差 |
| >10~12 | 4×4 | 8~45 | 4 | +0.030 0 | +0.078 +0.030 | 0 −0.030 | ±0.015 | −0.012 −0.042 | 2.5 | +0.1 0 | 1.8 | +0.1 0 |
| >12~17 | 5×5 | 10~56 | 5 | | | | | | 3.0 | | 2.3 | |
| >17~22 | 6×6 | 14~70 | 6 | | | | | | 3.5 | | 2.8 | |
| >22~30 | 8×7 | 18~90 | 8 | +0.036 0 | +0.098 +0.040 | 0 −0.036 | ±0.018 | −0.015 −0.051 | 4.0 | | 3.3 | |
| >30~38 | 10×8 | 22~110 | 10 | | | | | | 5.0 | | 3.3 | |
| >38~44 | 12×8 | 28~140 | 12 | +0.043 0 | +0.120 +0.050 | 0 −0.043 | ±0.0215 | −0.018 −0.061 | 5.0 | +0.2 0 | 3.3 | +0.2 0 |
| >44~50 | 14×9 | 36~160 | 14 | | | | | | 5.5 | | 3.8 | |
| >50~58 | 16×10 | 45~180 | 16 | | | | | | 6.0 | | 4.3 | |
| >58~65 | 18×11 | 50~200 | 18 | | | | | | 7.0 | | 4.4 | |
| >65~75 | 20×12 | 56~220 | 20 | +0.052 0 | +0.149 +0.065 | 0 −0.052 | ±0.026 | −0.022 −0.074 | 7.5 | | 4.9 | |
| >75~85 | 22×14 | 63~250 | 22 | | | | | | 9.0 | | 5.4 | |
| >85~95 | 25×14 | 70~280 | 25 | | | | | | 9.0 | | 5.4 | |
| >95~110 | 28×16 | 80~320 | 28 | | | | | | 10 | | 6.4 | |
| 半径 $r$ 最小 | | | | | | | | | | | | |
| 0.08 | | | | | | | | | | | | |
| 0.16 | | | | | | | | | | | | |
| 0.25 | | | | | | | | | | | | |
| 0.40 | | | | | | | | | | | | |

注：1. $L$ 系列：8~22（2 进位）、25、28、32、36、40、45、50、56、63、70~110（10 进位）、125、140~220（20 进位）、250、280、320。
2. GB/T 1095—2003、GB/T 1096—2003 中无轴的公称直径一列，现列出仅供参考。

表 C-2　圆柱销（不淬硬钢和奥氏体不锈钢）（摘自 GB/T 119.1—2000）　　　　　（单位：mm）

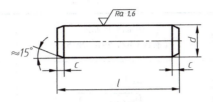

标记示例：

销　GB/T 119.1　6 m6×30（公称直径 $d=6$、公差为 m6、公称长度 $l=30$、材料为钢、不经淬火、不经表面处理的圆柱销）

标记示例：

销　GB/T 119.1　10 m6×30-A1（公称直径 $d=10$、公差为 m6、公称长度 $l=30$、材料为 A1 组奥氏体不锈钢、表面简单处理的圆柱销）

| $d_{公称}$ | 2 | 3 | 4 | 5 | 6 | 8 | 10 | 12 | 16 | 20 | 25 |
|---|---|---|---|---|---|---|---|---|---|---|---|
| $c\approx$ | 0.35 | 0.5 | 0.63 | 0.8 | 1.2 | 1.6 | 2.0 | 2.5 | 3.0 | 3.5 | 4.0 |
| $l_{范围}$ | 6~20 | 8~30 | 8~40 | 10~50 | 12~60 | 14~80 | 18~95 | 22~140 | 26~180 | 35~200 | 50~200 |
| $l_{系列}$（公称） | 6~32(2 进位)、35~100(5 进位)、120~200(20 进位)（公称长度大于 200，按 20 递增） | | | | | | | | | | |

表 C-3　圆锥销（摘自 GB/T 117—2000）　　　　　（单位：mm）

A 型（磨削）：锥面表面粗糙度 $Ra=0.8\mu m$　　　B 型（切削或冷镦）：锥面表面粗糙度 $Ra=3.2\mu m$

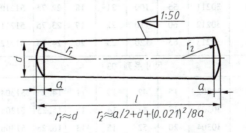

$r_1\approx d$　　$r_2\approx a/2+d+(0.021)^2/8a$

标记示例：

销　GB/T 117　10×60（公称直径 $d=10$、长度 $l=60$、材料为 35 钢、热处理硬度 28~38HRC、表面氧化处理的 A 型圆锥销）

| $d_{公称}$ | 2 | 2.5 | 3 | 4 | 5 | 6 | 8 | 10 | 12 | 16 | 20 | 25 |
|---|---|---|---|---|---|---|---|---|---|---|---|---|
| $a\approx$ | 0.25 | 0.3 | 0.4 | 0.5 | 0.63 | 0.8 | 1.0 | 1.2 | 1.6 | 2.0 | 2.5 | 3.0 |
| $l_{范围}$ | 10~35 | 10~35 | 12~45 | 14~55 | 18~60 | 22~90 | 22~120 | 26~160 | 32~180 | 40~200 | 45~200 | 50~200 |
| $l_{系列}$ | 10~32(2 进位)、35~100(5 进位)、120~200(20 进位)（公称长度大于 200，按 20 递增） | | | | | | | | | | | |

# 附录 D 滚动轴承

### 表 D-1 滚动轴承

| 深沟球轴承（摘自 GB/T 276—2013） | | | | 圆锥滚子轴承（摘自 GB/T 297—2015） | | | | | | 推力球轴承（摘自 GB/T 301—2015） | | | | |
|---|---|---|---|---|---|---|---|---|---|---|---|---|---|---|

标记示例：  
滚动轴承 6310 GB/T 276—2013  
滚动轴承 30212 GB/T 297—2015  
滚动轴承 51305 GB/T 301—2015

| 轴承型号 | 尺寸/mm | | | 轴承型号 | 尺寸/mm | | | | | 轴承型号 | 尺寸/mm | | | |
|---|---|---|---|---|---|---|---|---|---|---|---|---|---|---|
| | $d$ | $D$ | $B$ | | $d$ | $D$ | $B$ | $C$ | $T$ | | $d$ | $D$ | $T$ | $d_1$ |
| 尺寸系列[(0)2] | | | | 尺寸系列[02] | | | | | | 尺寸系列[12] | | | | |
| 6202 | 15 | 35 | 11 | 30203 | 17 | 40 | 12 | 11 | 13.25 | 51202 | 15 | 32 | 12 | 17 |
| 6203 | 17 | 40 | 12 | 30204 | 20 | 47 | 14 | 12 | 15.25 | 51203 | 17 | 35 | 12 | 19 |
| 6204 | 20 | 47 | 14 | 30205 | 25 | 52 | 15 | 13 | 16.25 | 51204 | 20 | 40 | 14 | 22 |
| 6205 | 25 | 52 | 15 | 30206 | 30 | 62 | 16 | 14 | 17.25 | 51205 | 25 | 47 | 15 | 27 |
| 6206 | 30 | 62 | 16 | 30207 | 35 | 72 | 17 | 15 | 18.25 | 51206 | 30 | 52 | 16 | 32 |
| 6207 | 35 | 72 | 17 | 30208 | 40 | 80 | 18 | 16 | 19.75 | 51207 | 35 | 62 | 18 | 37 |
| 6208 | 40 | 80 | 18 | 30209 | 45 | 85 | 19 | 16 | 20.75 | 51208 | 40 | 68 | 19 | 42 |
| 6209 | 45 | 85 | 19 | 30210 | 50 | 90 | 20 | 17 | 21.75 | 51209 | 45 | 73 | 20 | 47 |
| 6210 | 50 | 90 | 20 | 30211 | 55 | 100 | 21 | 18 | 22.75 | 51210 | 50 | 78 | 22 | 52 |
| 6211 | 55 | 100 | 21 | 30212 | 60 | 110 | 22 | 19 | 23.75 | 51211 | 55 | 90 | 25 | 57 |
| 6212 | 60 | 110 | 22 | 30213 | 65 | 120 | 23 | 20 | 24.75 | 51212 | 60 | 95 | 26 | 62 |
| 尺寸系列[(0)3] | | | | 尺寸系列[03] | | | | | | 尺寸系列[13] | | | | |
| 6302 | 15 | 42 | 13 | 30302 | 15 | 42 | 13 | 11 | 14.25 | 51304 | 20 | 47 | 18 | 22 |
| 6303 | 17 | 47 | 14 | 30303 | 17 | 47 | 14 | 12 | 15.25 | 51305 | 25 | 52 | 18 | 27 |
| 6304 | 20 | 52 | 15 | 30304 | 20 | 52 | 15 | 13 | 16.25 | 51306 | 30 | 60 | 21 | 32 |
| 6305 | 25 | 62 | 17 | 30305 | 25 | 62 | 17 | 15 | 18.25 | 51307 | 35 | 68 | 24 | 37 |
| 6306 | 30 | 72 | 19 | 30306 | 30 | 72 | 19 | 16 | 20.75 | 51308 | 40 | 78 | 26 | 42 |
| 6307 | 35 | 80 | 21 | 30307 | 35 | 80 | 21 | 18 | 22.75 | 51309 | 45 | 85 | 28 | 47 |
| 6308 | 40 | 90 | 23 | 30308 | 40 | 90 | 23 | 20 | 25.25 | 51310 | 50 | 95 | 31 | 52 |
| 6309 | 45 | 100 | 25 | 30309 | 45 | 100 | 25 | 22 | 27.25 | 51311 | 55 | 105 | 35 | 57 |
| 6310 | 50 | 110 | 27 | 30310 | 50 | 110 | 27 | 23 | 29.25 | 51312 | 60 | 110 | 35 | 62 |
| 6311 | 55 | 120 | 29 | 30311 | 55 | 120 | 29 | 25 | 31.50 | 51313 | 65 | 115 | 36 | 67 |
| 6312 | 60 | 130 | 31 | 30312 | 60 | 130 | 31 | 26 | 33.50 | 51314 | 70 | 125 | 40 | 72 |

注：圆括号中的尺寸系列代号在轴承代号中省略。

## 附录 E　常用标准数据与标准结构

**表 E-1　零件倒圆与倒角**（摘自 GB/T 6403.4—2008） （单位：mm）

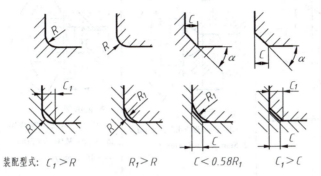

装配型式：$C_1 > R$　　$R_1 > R$　　$C < 0.58R_1$　　$C_1 > C$

| 直径 $D$、$d$ | ~3 | >3~6 | >6~10 | >10~18 | >18~30 | >30~50 | >50~80 | >80~120 | >120~180 | >180~250 |
|---|---|---|---|---|---|---|---|---|---|---|
| $R$ 或 $C$ | 0.2 | 0.4 | 0.6 | 0.8 | 1.0 | 1.6 | 2.0 | 2.5 | 3.0 | 4.0 |
| 直径 $D$、$d$ | >250~320 | >320~400 | >400~500 | >500~630 | >630~800 | >800~1000 | >1000~1250 | >1250~1600 | | |
| $R$ 或 $C$ | 5.0 | 6.0 | 8.0 | 10 | 12 | 16 | 20 | 25 | | |

**表 E-2　砂轮越程槽**（摘自 GB/T 6403.5—2008） （单位：mm）

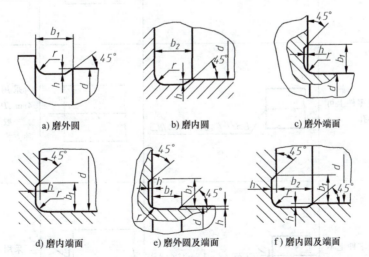

a) 磨外圆　　　　　b) 磨内圆　　　　　c) 磨外端面

d) 磨内端面　　　　e) 磨外圆及端面　　f) 磨内圆及端面

| $d$ | ~10 | | | 10~50 | | 50~100 | | 100 | |
|---|---|---|---|---|---|---|---|---|---|
| $b_1$ | 0.6 | 1.0 | 1.6 | 2.0 | 3.0 | 4.0 | 5.0 | 8.0 | 10 |
| $b_2$ | 2.0 | | 3.0 | | 4.0 | | 5.0 | 8.0 | 10 |
| $h$ | 0.1 | | 0.2 | | 0.3 | 0.4 | 0.6 | 0.8 | 1.2 |
| $r$ | 0.2 | | 0.5 | | 0.8 | 1.0 | 1.6 | 2.0 | 3.0 |

表 E-3 中心孔（摘自 GB/T 145—2001 和 GB/T 4459.5—1999）

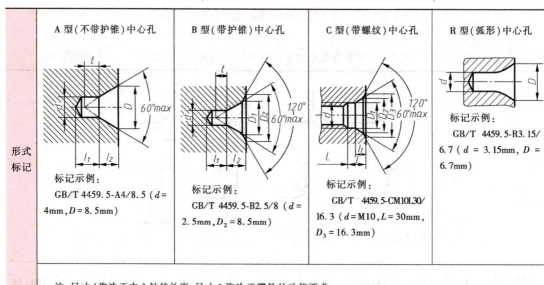

| | 要求 | 表示法示例 | 符号 | 说明 |
|---|---|---|---|---|
| 中心孔表示法 | 在完工的零件上要求保留中心孔 | GB/T 4459.5-B2.5/8 | | 采用 B 型中心孔 $d=2.5\text{mm}, D_2=8\text{mm}$ |
| | 在完工的零件上可以保留中心孔 | GB/T 4459.5-A4/8.5 | | 采用 A 型中心孔 $d=4\text{mm}, D=8.5\text{mm}$ 一般情况下，均采用这种方式 |
| | 在完工的零件上不允许保留中心孔 | GB/T 4459.5-A1.6/3.35 | | 采用 A 型中心孔 $d=1.6\text{mm}, D=3.35\text{mm}$ |

注：1. 对于标准中心孔，在图样中可不绘制其详细结构。
　　2. 在不致引起误解时，可省略标准编号。

## 附录 F  极限与配合

### 表 F-1  标准公差数值（摘自 GB/T 1800.1—2020）

| 公称尺寸 /mm | | 标准公差等级 | | | | | | | | | | | | | | | | |
|---|---|---|---|---|---|---|---|---|---|---|---|---|---|---|---|---|---|---|
| | | IT1 | IT2 | IT3 | IT4 | IT5 | IT6 | IT7 | IT8 | IT9 | IT10 | IT11 | IT12 | IT13 | IT14 | IT15 | IT16 | IT17 | IT18 |
| 大于 | 至 | μm | | | | | | | | | | | mm | | | | | | |
| — | 3 | 0.8 | 1.2 | 2 | 3 | 4 | 6 | 10 | 14 | 25 | 40 | 60 | 0.1 | 0.14 | 0.25 | 0.4 | 0.6 | 1 | 1.4 |
| 3 | 6 | 1 | 1.5 | 2.5 | 4 | 5 | 8 | 12 | 18 | 30 | 48 | 75 | 0.12 | 0.18 | 0.3 | 0.48 | 0.75 | 1.2 | 1.8 |
| 6 | 10 | 1 | 1.5 | 2.5 | 4 | 6 | 9 | 15 | 22 | 36 | 58 | 90 | 0.15 | 0.22 | 0.36 | 0.58 | 0.9 | 1.5 | 2.2 |
| 10 | 18 | 1.2 | 2 | 3 | 5 | 8 | 11 | 18 | 27 | 43 | 70 | 110 | 0.18 | 0.27 | 0.43 | 0.7 | 1.1 | 1.8 | 2.7 |
| 18 | 30 | 1.5 | 2.5 | 4 | 6 | 9 | 13 | 21 | 33 | 52 | 84 | 130 | 0.21 | 0.33 | 0.52 | 0.84 | 1.3 | 2.1 | 3.3 |
| 30 | 50 | 1.5 | 2.5 | 4 | 7 | 11 | 16 | 25 | 39 | 62 | 100 | 160 | 0.25 | 0.39 | 0.62 | 1 | 1.6 | 2.5 | 3.9 |
| 50 | 80 | 2 | 3 | 5 | 8 | 13 | 19 | 30 | 46 | 74 | 120 | 190 | 0.3 | 0.46 | 0.74 | 1.2 | 1.9 | 3 | 4.6 |
| 80 | 120 | 2.5 | 4 | 6 | 10 | 15 | 22 | 35 | 54 | 87 | 140 | 220 | 0.35 | 0.54 | 0.87 | 1.4 | 2.2 | 3.5 | 5.4 |
| 120 | 180 | 3.5 | 5 | 8 | 12 | 18 | 25 | 40 | 63 | 100 | 160 | 250 | 0.4 | 0.63 | 1 | 1.6 | 2.5 | 4 | 6.3 |
| 180 | 250 | 4.5 | 7 | 10 | 14 | 20 | 29 | 46 | 72 | 115 | 185 | 290 | 0.46 | 0.72 | 1.15 | 1.85 | 2.9 | 4.6 | 7.2 |
| 250 | 315 | 6 | 8 | 12 | 16 | 23 | 32 | 52 | 81 | 130 | 210 | 320 | 0.52 | 0.81 | 1.3 | 2.1 | 3.2 | 5.2 | 8.1 |
| 315 | 400 | 7 | 9 | 13 | 18 | 25 | 36 | 57 | 89 | 140 | 230 | 360 | 0.57 | 0.89 | 1.4 | 2.3 | 3.6 | 5.7 | 8.9 |
| 400 | 500 | 8 | 10 | 15 | 20 | 27 | 40 | 63 | 97 | 155 | 250 | 400 | 0.63 | 0.97 | 1.55 | 2.5 | 4 | 6.3 | 9.7 |
| 500 | 630 | 9 | 11 | 16 | 22 | 32 | 44 | 70 | 110 | 175 | 280 | 440 | 0.7 | 1.1 | 1.75 | 2.8 | 4.4 | 7 | 11 |
| 630 | 800 | 10 | 13 | 18 | 25 | 36 | 50 | 80 | 125 | 200 | 320 | 500 | 0.8 | 1.25 | 2 | 3.2 | 5 | 8 | 12.5 |
| 800 | 1000 | 11 | 15 | 21 | 28 | 40 | 56 | 90 | 140 | 230 | 360 | 560 | 0.9 | 1.4 | 2.3 | 3.6 | 5.6 | 9 | 14 |
| 1000 | 1250 | 13 | 18 | 24 | 33 | 47 | 66 | 105 | 165 | 260 | 420 | 660 | 1.05 | 1.65 | 2.6 | 4.2 | 6.6 | 10.5 | 16.5 |
| 1250 | 1600 | 15 | 21 | 29 | 39 | 55 | 78 | 125 | 195 | 310 | 500 | 780 | 1.25 | 1.95 | 3.1 | 5 | 7.8 | 12.5 | 19.5 |
| 1600 | 2000 | 18 | 25 | 35 | 46 | 65 | 92 | 150 | 230 | 370 | 600 | 920 | 1.5 | 2.3 | 3.7 | 6 | 9.2 | 15 | 23 |
| 2000 | 2500 | 22 | 30 | 41 | 55 | 78 | 110 | 175 | 280 | 440 | 700 | 1100 | 1.75 | 2.8 | 4.4 | 7 | 11 | 17.5 | 28 |
| 2500 | 3150 | 26 | 36 | 50 | 68 | 96 | 135 | 210 | 330 | 540 | 860 | 1350 | 2.1 | 3.3 | 5.4 | 8.6 | 13.5 | 21 | 33 |

### 表 F-2　孔 A~M 的基本偏差数值（摘自 GB/T 1800.1—2020）　　　（单位：μm）

| 公称尺寸/mm | | 基本偏差数值 | | | | | | | | | | | | | | |
|---|---|---|---|---|---|---|---|---|---|---|---|---|---|---|---|---|
| | | 下极限偏差，EI | | | | | | | | | 上极限偏差，ES | | | | | |
| | | 所有公差等级 | | | | | | | | | IT6 | IT7 | IT8 | ≤IT8 | >IT8 | ≤IT8 | >IT8 |
| 大于 | 至 | A | B | C | CD | D | E | EF | F | FG | G | H | JS | J | | K | | M | |
| — | 3 | +270 | +140 | +60 | +34 | +20 | +14 | +10 | +6 | +4 | +2 | 0 | | +2 | +4 | +6 | 0 | 0 | −2 | −2 |
| 3 | 6 | +270 | +140 | +70 | +46 | +30 | +20 | +14 | +10 | +6 | +4 | 0 | | +5 | +6 | +10 | −1+Δ | | −4+Δ | −4 |
| 6 | 10 | +280 | +150 | +80 | +56 | +40 | +25 | +18 | +13 | +8 | +5 | 0 | | +5 | +8 | +12 | −1+Δ | | −6+Δ | −6 |
| 10 | 14 | +290 | +150 | +95 | +70 | +50 | +32 | +23 | +16 | +10 | +6 | 0 | | +6 | +10 | +15 | −1+Δ | | −7+Δ | −7 |
| 14 | 18 | | | | | | | | | | | | | | | | | | | |
| 18 | 24 | +300 | +160 | +110 | +85 | +65 | +40 | +28 | +20 | +12 | +7 | 0 | | +8 | +12 | +20 | −2+Δ | | −8+Δ | −8 |
| 24 | 30 | | | | | | | | | | | | | | | | | | | |
| 30 | 40 | +310 | +170 | +120 | +100 | +80 | +50 | +35 | +25 | +15 | +9 | 0 | | +10 | +14 | +24 | −2+Δ | | −9+Δ | −9 |
| 40 | 50 | +320 | +180 | +130 | | | | | | | | | | | | | | | | |
| 50 | 65 | +340 | +190 | +140 | | +100 | +60 | | +30 | | +10 | 0 | 偏差= ±ITn/2，式中 n 为标准公差等级数 | +13 | +18 | +28 | −2+Δ | | −11+Δ | −11 |
| 65 | 80 | +360 | +200 | +150 | | | | | | | | | | | | | | | | |
| 80 | 100 | +380 | +220 | +170 | | +120 | +72 | | +36 | | +12 | 0 | | +16 | +22 | +34 | −3+Δ | | −13+Δ | −13 |
| 100 | 120 | +410 | +240 | +180 | | | | | | | | | | | | | | | | |
| 120 | 140 | +460 | +260 | +200 | | +145 | +85 | | +43 | | +14 | 0 | | +18 | +26 | +41 | −3+Δ | | −15+Δ | −15 |
| 140 | 160 | +520 | +280 | +210 | | | | | | | | | | | | | | | | |
| 160 | 180 | +580 | +310 | +230 | | | | | | | | | | | | | | | | |
| 180 | 200 | +660 | +340 | +240 | | +170 | +100 | | +50 | | +15 | 0 | | +22 | +30 | +47 | −4+Δ | | −17+Δ | −17 |
| 200 | 225 | +740 | +380 | +260 | | | | | | | | | | | | | | | | |
| 225 | 250 | +820 | +420 | +280 | | | | | | | | | | | | | | | | |
| 250 | 280 | +920 | +480 | +300 | | +190 | +110 | | +56 | | +17 | 0 | | +25 | +36 | +55 | −4+Δ | | −20+Δ | −20 |
| 280 | 315 | +1050 | +540 | +330 | | | | | | | | | | | | | | | | |
| 315 | 355 | +1200 | +600 | +360 | | +210 | +125 | | +62 | | +18 | 0 | | +29 | +39 | +60 | −4+Δ | | −21+Δ | −21 |
| 355 | 400 | +1350 | +680 | +400 | | | | | | | | | | | | | | | | |
| 400 | 450 | +1500 | +760 | +440 | | +230 | +135 | | +68 | | +20 | 0 | | +33 | +43 | +66 | −5+Δ | | −23+Δ | −23 |
| 450 | 500 | +1650 | +840 | +480 | | | | | | | | | | | | | | | | |

注：1. 公称尺寸≤1 时，不适用基本偏差 A 和 B。
　　2. 特例：对于公称尺寸大于 250~315mm 的公差带代号 M6，ES=−9μm（计算结果不是−11μm）。
　　3. 对于标准公差等级至 IT8 的 K 和 M 的基本偏差的确定，应考虑表 F-3 中右边几列的 Δ 值。

### 表 F-3　孔 N~ZC 的基本偏差数值（摘自 GB/T 1800.1—2020）　（单位：μm）

| 公称尺寸/mm | | 基本偏差数值 | | | | | | | | | | | | Δ 值 | | | | | |
|---|---|---|---|---|---|---|---|---|---|---|---|---|---|---|---|---|---|---|---|
| | | 上极限偏差，ES | | | | | | | | | | | | | | | | | |
| | | ≤IT8 | >IT8 | ≤IT7 | >IT7 的标准公差等级 | | | | | | | | | 标准公差等级 | | | | | |
| 大于 | 至 | N | N | P~ZC | P | R | S | T | U | V | X | Y | Z | ZA | ZB | ZC | IT3 | IT4 | IT5 | IT6 | IT7 | IT8 |
| — | 3 | −4 | −4 | | −6 | −10 | −14 | | −18 | | −20 | | −26 | −32 | −40 | −60 | 0 | 0 | 0 | 0 | 0 | 0 |
| 3 | 6 | −8+Δ | 0 | | −12 | −15 | −19 | | −23 | | −28 | | −35 | −42 | −50 | −80 | 1 | 1.5 | 1 | 3 | 4 | 6 |
| 6 | 10 | −10+Δ | 0 | | −15 | −19 | −23 | | −28 | | −34 | | −42 | −52 | −67 | −97 | 1 | 1.5 | 2 | 3 | 6 | 7 |
| 10 | 14 | −12+Δ | 0 | | −18 | −23 | −28 | | −33 | | −40 | | −50 | −64 | −90 | −130 | 1 | 2 | 3 | 3 | 7 | 9 |
| 14 | 18 | | | | | | | | | −39 | −45 | | −60 | −77 | −108 | −150 | | | | | | |
| 18 | 24 | −15+Δ | 0 | | −22 | −28 | −35 | | −41 | −47 | −54 | −63 | −73 | −98 | −136 | −188 | 1.5 | 2 | 3 | 4 | 8 | 12 |
| 24 | 30 | | | | | | | −41 | −48 | −55 | −64 | −75 | −88 | −118 | −160 | −218 | | | | | | |
| 30 | 40 | −17+Δ | 0 | | −26 | −34 | −43 | −48 | −60 | −68 | −80 | −94 | −112 | −148 | −200 | −274 | 1.5 | 3 | 4 | 5 | 9 | 14 |
| 40 | 50 | | | | | | | −54 | −70 | −81 | −97 | −114 | −136 | −180 | −242 | −325 | | | | | | |
| 50 | 65 | −20+Δ | 0 | 在>IT7的标准公差等级的基本偏差数值上增加一个Δ值 | −32 | −41 | −53 | −66 | −87 | −102 | −122 | −144 | −172 | −226 | −300 | −405 | 2 | 3 | 5 | 6 | 11 | 16 |
| 65 | 80 | | | | | −43 | −59 | −75 | −102 | −120 | −146 | −174 | −210 | −274 | −360 | −480 | | | | | | |
| 80 | 100 | −23+Δ | 0 | | −37 | −51 | −71 | −91 | −124 | −146 | −178 | −214 | −258 | −335 | −445 | −585 | 2 | 4 | 5 | 7 | 13 | 19 |
| 100 | 120 | | | | | −54 | −79 | −104 | −144 | −172 | −210 | −254 | −310 | −400 | −525 | −690 | | | | | | |
| 120 | 140 | −27+Δ | 0 | | −43 | −63 | −92 | −122 | −170 | −202 | −248 | −300 | −365 | −470 | −620 | −800 | 3 | 4 | 6 | 7 | 15 | 23 |
| 140 | 160 | | | | | −65 | −100 | −134 | −190 | −228 | −280 | −340 | −415 | −535 | −700 | −900 | | | | | | |
| 160 | 180 | | | | | −68 | −108 | −146 | −210 | −252 | −310 | −380 | −465 | −600 | −780 | −1000 | | | | | | |
| 180 | 200 | −31+Δ | 0 | | −50 | −77 | −122 | −166 | −236 | −284 | −350 | −425 | −520 | −670 | −880 | −1150 | 3 | 4 | 6 | 9 | 17 | 26 |
| 200 | 225 | | | | | −80 | −130 | −180 | −258 | −310 | −385 | −470 | −575 | −740 | −960 | −1250 | | | | | | |
| 225 | 250 | | | | | −84 | −140 | −196 | −284 | −340 | −425 | −520 | −640 | −820 | −1050 | −1350 | | | | | | |
| 250 | 280 | −34+Δ | 0 | | −56 | −94 | −158 | −218 | −315 | −385 | −475 | −580 | −710 | −920 | −1200 | −1550 | 4 | 4 | 7 | 9 | 20 | 29 |
| 280 | 315 | | | | | −98 | −170 | −240 | −350 | −425 | −525 | −650 | −790 | −1000 | −1300 | −1700 | | | | | | |
| 315 | 355 | −37+Δ | 0 | | −62 | −108 | −190 | −268 | −390 | −475 | −590 | −730 | −900 | −1150 | −1500 | −1900 | 4 | 5 | 7 | 11 | 21 | 32 |
| 355 | 400 | | | | | −114 | −208 | −294 | −435 | −530 | −660 | −820 | −1000 | −1300 | −1650 | −2100 | | | | | | |
| 400 | 450 | −40+Δ | 0 | | −68 | −126 | −232 | −330 | −490 | −595 | −740 | −920 | −1100 | −1450 | −1850 | −2400 | 5 | 5 | 7 | 13 | 23 | 34 |
| 450 | 500 | | | | | −132 | −252 | −360 | −540 | −660 | −820 | −1000 | −1250 | −1600 | −2100 | −2600 | | | | | | |

注：1. 公称尺寸≤1mm 时，不使用标准公差等级>IT8 的基本偏差 N。
　　2. 对于标准公差等级至 IT8 的 N 和标准公差等级至 IT7 的 P~ZC 的基本偏差的确定，应考虑表中右边几列的 Δ 值。

表 F-4　轴 a~k 的基本偏差数值（摘自 GB/T 1800.1—2020）　　　（单位：μm）

| 公称尺寸/mm | | 基本偏差数值 | | | | | | | | | | | | | |
|---|---|---|---|---|---|---|---|---|---|---|---|---|---|---|---|
| | | 上极限偏差,es | | | | | | | | | | 下偏差,ei | | | |
| | | 所有公差等级 | | | | | | | | | | IT5 和 IT6 | IT7 | IT8 | IT4 至 IT7 | ≤IT3,>IT7 |
| 大于 | 至 | a | b | c | cd | d | e | ef | f | fg | g | h | js | j | | | k | |
| — | 3 | -270 | -140 | -60 | -34 | -20 | -14 | -10 | -6 | -4 | -2 | 0 | | -2 | -4 | -6 | 0 | 0 |
| 3 | 6 | -270 | -140 | -70 | -46 | -30 | -20 | -14 | -10 | -6 | -4 | 0 | | -2 | -4 | | +1 | 0 |
| 6 | 10 | -280 | -150 | -80 | -56 | -40 | -25 | -18 | -13 | -8 | -5 | 0 | | -2 | -5 | | +1 | 0 |
| 10 | 14 | -290 | -150 | -95 | -70 | -50 | -32 | -23 | -16 | -10 | -6 | 0 | | -3 | -6 | | +1 | 0 |
| 14 | 18 | | | | | | | | | | | | | | | | | |
| 18 | 24 | -300 | -160 | -110 | -85 | -65 | -40 | -25 | -20 | -12 | -7 | 0 | | -4 | -8 | | +2 | 0 |
| 24 | 30 | | | | | | | | | | | | | | | | | |
| 30 | 40 | -310 | -170 | -120 | -100 | -80 | -50 | -35 | -25 | -15 | -9 | 0 | 偏差=±$\frac{\text{IT}n}{2}$，式中 n 为标准公差等级数 | -5 | -10 | | +2 | 0 |
| 40 | 50 | -320 | -180 | -130 | | | | | | | | | | | | | | |
| 50 | 65 | -340 | -190 | -140 | | -100 | -60 | | -30 | | -10 | 0 | | -7 | -12 | | +2 | 0 |
| 65 | 80 | -360 | -200 | -150 | | | | | | | | | | | | | | |
| 80 | 100 | -380 | -220 | -170 | | -120 | -72 | | -36 | | -12 | 0 | | -9 | -15 | | +3 | 0 |
| 100 | 120 | -410 | -240 | -180 | | | | | | | | | | | | | | |
| 120 | 140 | -460 | -260 | -200 | | -145 | -85 | | -43 | | -14 | 0 | | -11 | -18 | | +3 | 0 |
| 140 | 160 | -520 | -280 | -210 | | | | | | | | | | | | | | |
| 160 | 180 | -580 | -310 | -230 | | | | | | | | | | | | | | |
| 180 | 200 | -660 | -340 | -240 | | -170 | -100 | | -50 | | -15 | 0 | | -13 | -21 | | +4 | 0 |
| 200 | 225 | -740 | -380 | -260 | | | | | | | | | | | | | | |
| 225 | 250 | -820 | -420 | -280 | | | | | | | | | | | | | | |
| 250 | 280 | -920 | -480 | -300 | | -190 | -110 | | -56 | | -17 | 0 | | -16 | -26 | | +4 | 0 |
| 280 | 315 | -1050 | -540 | -330 | | | | | | | | | | | | | | |
| 315 | 355 | -1200 | -600 | -360 | | -210 | -125 | | -62 | | -18 | 0 | | -18 | -28 | | +4 | 0 |
| 355 | 400 | -1350 | -680 | -400 | | | | | | | | | | | | | | |
| 400 | 450 | -1500 | -760 | -440 | | -230 | -135 | | -68 | | -20 | 0 | | -20 | -32 | | +5 | 0 |
| 450 | 500 | -1650 | -840 | -480 | | | | | | | | | | | | | | |

注：公称尺寸≤1mm 时，不使用基本偏差 a 和 b。

### 表 F-5  轴 m~zc 的基本偏差数值（摘自 GB/T 1800.1—2020）　　（单位：μm）

| 公称尺寸 /mm | | 基本偏差数值 上极限偏差,ei 所有公差等级 | | | | | | | | | | | | |
|---|---|---|---|---|---|---|---|---|---|---|---|---|---|---|
| 大于 | 至 | m | n | p | r | s | t | u | v | x | y | z | za | zb | zc |
| — | 3 | +2 | +4 | +6 | +10 | +14 | | +18 | | +20 | | +26 | +32 | +40 | +60 |
| 3 | 6 | +4 | +8 | +12 | +15 | +19 | | +23 | | +28 | | +35 | +42 | +50 | +80 |
| 6 | 10 | +6 | +10 | +15 | +19 | +23 | | +28 | | +34 | | +42 | +52 | +67 | +97 |
| 10 | 14 | +7 | +12 | +18 | +23 | +28 | | +33 | | +40 | | +50 | +64 | +90 | +130 |
| 14 | 18 | +7 | +12 | +18 | +23 | +28 | | +33 | +39 | +45 | | +60 | +77 | +108 | +150 |
| 18 | 24 | +8 | +15 | +22 | +28 | +35 | | +41 | +47 | +54 | +63 | +73 | +98 | +136 | +188 |
| 24 | 30 | +8 | +15 | +22 | +28 | +35 | +41 | +48 | +55 | +64 | +75 | +88 | +118 | +160 | +218 |
| 30 | 40 | +9 | +17 | +26 | +34 | +43 | +48 | +60 | +68 | +80 | +94 | +112 | +148 | +200 | +274 |
| 40 | 50 | +9 | +17 | +26 | +34 | +43 | +54 | +70 | +81 | +97 | +114 | +136 | +180 | +242 | +325 |
| 50 | 65 | +11 | +20 | +32 | +41 | +53 | +66 | +87 | +102 | +122 | +144 | +172 | +226 | +300 | +405 |
| 65 | 80 | +11 | +20 | +32 | +43 | +59 | +75 | +102 | +120 | +146 | +174 | +210 | +274 | +360 | +480 |
| 80 | 100 | +13 | +23 | +37 | +51 | +71 | +91 | +124 | +146 | +178 | +214 | +258 | +335 | +445 | +585 |
| 100 | 120 | +13 | +23 | +37 | +54 | +79 | +104 | +144 | +172 | +210 | +254 | +310 | +400 | +525 | +690 |
| 120 | 140 | +15 | +27 | +43 | +63 | +92 | +122 | +170 | +202 | +248 | +300 | +365 | +470 | +620 | +800 |
| 140 | 160 | +15 | +27 | +43 | +65 | +100 | +134 | +190 | +228 | +280 | +340 | +415 | +535 | +700 | +900 |
| 160 | 180 | +15 | +27 | +43 | +68 | +108 | +146 | +210 | +252 | +310 | +380 | +465 | +600 | +780 | +1000 |
| 180 | 200 | +17 | +31 | +50 | +77 | +122 | +166 | +236 | +284 | +350 | +425 | +520 | +670 | +880 | +1150 |
| 200 | 225 | +17 | +31 | +50 | +80 | +130 | +180 | +258 | +310 | +385 | +470 | +575 | +740 | +960 | +1250 |
| 225 | 250 | +17 | +31 | +50 | +84 | +140 | +196 | +284 | +340 | +425 | +520 | +640 | +820 | +1050 | +1350 |
| 250 | 280 | +20 | +34 | +56 | +94 | +158 | +218 | +315 | +385 | +475 | +580 | +710 | +920 | +1200 | +1550 |
| 280 | 315 | +20 | +34 | +56 | +98 | +170 | +240 | +350 | +425 | +525 | +650 | +790 | +1000 | +1300 | +1700 |
| 315 | 355 | +21 | +37 | +62 | +108 | +190 | +268 | +390 | +475 | +590 | +730 | +900 | +1150 | +1500 | +1900 |
| 355 | 400 | +21 | +37 | +62 | +114 | +208 | +294 | +435 | +530 | +660 | +820 | +1000 | +1300 | +1650 | +2100 |
| 400 | 450 | +23 | +40 | +68 | +126 | +232 | +330 | +490 | +595 | +740 | +920 | +1100 | +1450 | +1850 | +2400 |
| 450 | 500 | +23 | +40 | +68 | +132 | +252 | +360 | +540 | +660 | +820 | +1000 | +1250 | +1600 | +2100 | +2600 |

表 F-6 优先选用的轴的公差带及其极限偏差（摘自 GB/T 1800.2—2020） （单位：μm）

| 公称尺寸/mm | | 代号 | | | | | | | | | | | | | | | | | | |
|---|---|---|---|---|---|---|---|---|---|---|---|---|---|---|---|---|---|---|---|---|
| 大于 | 至 | a | b | c | d | e | f | g | h | | | | js | k | n | p | r | s |
| | | 11 | 11 | 11 | 9 | 8 | 7 | 6 | 6 | 7 | 9 | 11 | 6 | 6 | 6 | 6 | 6 | 6 |
| — | 3 | -270<br>-330 | -140<br>-200 | -60<br>-120 | -20<br>-45 | -14<br>-28 | -6<br>-16 | -2<br>-8 | 0<br>-6 | 0<br>-10 | 0<br>-25 | 0<br>-60 | ±3 | +6<br>0 | +10<br>+4 | +12<br>+6 | +16<br>+10 | +20<br>+14 |
| 3 | 6 | -270<br>-345 | -140<br>-215 | -70<br>-145 | -30<br>-60 | -20<br>-38 | -10<br>-22 | -4<br>-12 | 0<br>-8 | 0<br>-12 | 0<br>-30 | 0<br>-75 | ±4 | +9<br>+1 | +16<br>+8 | +20<br>+12 | +23<br>+15 | +27<br>+19 |
| 6 | 10 | -280<br>-370 | -150<br>-240 | -80<br>-170 | -40<br>-76 | -25<br>-47 | -13<br>-28 | -5<br>-14 | 0<br>-9 | 0<br>-15 | 0<br>-36 | 0<br>-90 | ±4.5 | +10<br>+1 | +19<br>+10 | +24<br>+15 | +28<br>+19 | +32<br>+23 |
| 10 | 14 | -290<br>-400 | -150<br>-260 | -95<br>-205 | -50<br>-93 | -32<br>-59 | -16<br>-34 | -6<br>-17 | 0<br>-11 | 0<br>-18 | 0<br>-43 | 0<br>-110 | ±5.5 | +12<br>+1 | +23<br>+12 | +29<br>+18 | +34<br>+23 | +39<br>+28 |
| 14 | 18 | -300<br>-430 | -160<br>-290 | -110<br>-240 | -65<br>-117 | -40<br>-73 | -20<br>-41 | -7<br>-20 | 0<br>-13 | 0<br>-21 | 0<br>-52 | 0<br>-130 | ±6.5 | +15<br>+2 | +28<br>+15 | +35<br>+22 | +41<br>+28 | +48<br>+35 |
| 18 | 24 | -310<br>-470 | -170<br>-330 | -120<br>-280 | -80<br>-142 | -50<br>-89 | -25<br>-50 | -9<br>-25 | 0<br>-16 | 0<br>-25 | 0<br>-62 | 0<br>-160 | ±8 | +18<br>+2 | +33<br>+17 | +42<br>+26 | +50<br>+34 | +59<br>+43 |
| 24 | 30 | -320<br>-480 | -180<br>-340 | -130<br>-290 | | | | | | | | | | | | | | |
| 30 | 40 | -340<br>-530 | -190<br>-380 | -140<br>-330 | -100<br>-174 | -60<br>-106 | -30<br>-60 | -10<br>-29 | 0<br>-19 | 0<br>-30 | 0<br>-74 | 0<br>-190 | ±9.5 | +21<br>+2 | +39<br>+20 | +51<br>+32 | +60<br>+41 | +72<br>+53 |
| 40 | 50 | -360<br>-550 | -200<br>-390 | -150<br>-340 | | | | | | | | | | | | | | +62<br>+43 | +78<br>+59 |
| 50 | 65 | -380<br>-600 | -220<br>-440 | -170<br>-390 | -120<br>-207 | -72<br>-126 | -36<br>-71 | -12<br>-34 | 0<br>-22 | 0<br>-35 | 0<br>-87 | 0<br>-220 | ±11 | +25<br>+3 | +45<br>+23 | +59<br>+37 | +73<br>+51 | +93<br>+71 |
| 65 | 80 | -410<br>-630 | -240<br>-460 | -180<br>-400 | | | | | | | | | | | | | +76<br>+54 | +101<br>+79 |

| >120~140 | >140~160 | >160~180 | >180~200 | >200~225 | >225~250 | >250~280 | >280~315 | >315~355 | >355~400 | >400~450 | >450~500 |
|---|---|---|---|---|---|---|---|---|---|---|---|
| +117 / +92 | +125 / +100 | +133 / +108 | +151 / +122 | +159 / +130 | +169 / +140 | +190 / +158 | +202 / +170 | +226 / +190 | +244 / +208 | +272 / +232 | +292 / +252 |
| +88 / +63 | +90 / +65 | +93 / +68 | +106 / +77 | +109 / +80 | +113 / +84 | +126 / +94 | +130 / +98 | +144 / +108 | +150 / +114 | +166 / +126 | +172 / +132 |
| +68 / +43 | +68 / +43 | +68 / +43 | +79 / +50 | +79 / +50 | +79 / +50 | +88 / +56 | +88 / +56 | +98 / +62 | +98 / +62 | +108 / +68 | +108 / +68 |
| +52 / +27 | +52 / +27 | +52 / +27 | +60 / +31 | +60 / +31 | +60 / +31 | +66 / +34 | +66 / +34 | +73 / +37 | +73 / +37 | +80 / +40 | +80 / +40 |
| +28 / +3 | +28 / +3 | +28 / +3 | +33 / +4 | +33 / +4 | +33 / +4 | +36 / +4 | +36 / +4 | +40 / +4 | +40 / +4 | +45 / +5 | +45 / +5 |
| ±12.5 | ±12.5 | ±12.5 | ±14.5 | ±14.5 | ±14.5 | ±16 | ±16 | ±18 | ±18 | ±20 | ±20 |
| 0 / −250 | 0 / −250 | 0 / −250 | 0 / −290 | 0 / −290 | 0 / −290 | 0 / −320 | 0 / −320 | 0 / −360 | 0 / −360 | 0 / −400 | 0 / −400 |
| 0 / −100 | 0 / −100 | 0 / −100 | 0 / −115 | 0 / −115 | 0 / −115 | 0 / −130 | 0 / −130 | 0 / −140 | 0 / −140 | 0 / −155 | 0 / −155 |
| 0 / −40 | 0 / −40 | 0 / −40 | 0 / −46 | 0 / −46 | 0 / −46 | 0 / −52 | 0 / −52 | 0 / −57 | 0 / −57 | 0 / −63 | 0 / −63 |
| 0 / −25 | 0 / −25 | 0 / −25 | 0 / −29 | 0 / −29 | 0 / −29 | 0 / −32 | 0 / −32 | 0 / −36 | 0 / −36 | 0 / −40 | 0 / −40 |
| −14 / −39 | −14 / −39 | −14 / −39 | −15 / −44 | −15 / −44 | −15 / −44 | −17 / −49 | −17 / −49 | −18 / −54 | −18 / −54 | −20 / −60 | −20 / −60 |
| −43 / −83 | −43 / −83 | −43 / −83 | −50 / −96 | −50 / −96 | −50 / −96 | −56 / −108 | −56 / −108 | −62 / −119 | −62 / −119 | −68 / −131 | −68 / −131 |
| −85 / −148 | −85 / −148 | −85 / −148 | −100 / −172 | −100 / −172 | −100 / −172 | −110 / −191 | −110 / −191 | −125 / −214 | −125 / −214 | −135 / −232 | −135 / −232 |
| −145 / −245 | −145 / −245 | −145 / −245 | −170 / −285 | −170 / −285 | −170 / −285 | −190 / −320 | −190 / −320 | −210 / −350 | −210 / −350 | −230 / −385 | −230 / −385 |
| −200 / −450 | −210 / −460 | −230 / −480 | −240 / −530 | −260 / −550 | −280 / −570 | −300 / −620 | −330 / −650 | −360 / −720 | −400 / −760 | −440 / −840 | −480 / −880 |
| −260 / −510 | −280 / −530 | −310 / −560 | −340 / −630 | −380 / −670 | −420 / −710 | −480 / −800 | −540 / −860 | −600 / −960 | −680 / −1040 | −760 / −1160 | −840 / −1240 |
| −460 / −710 | −520 / −770 | −580 / −830 | −660 / −950 | −740 / −1030 | −820 / −1110 | −920 / −1240 | −1050 / −1370 | −1200 / −1560 | −1350 / −1710 | −1500 / −1900 | −1650 / −2050 |

表 F-7 优先选用的孔的公差带及其极限偏差(摘自 GB/T 1800.2—2020) (单位：μm)

| 代号公称尺寸/mm | | A | B | C | D | E | F | | G | H | | | | JS | K | N | P | R | S |
|---|---|---|---|---|---|---|---|---|---|---|---|---|---|---|---|---|---|---|---|
| | | | | | | | | | | 公 | 差 | 等 | 级 | | | | | | |
| 大于 | 至 | 11 | 11 | 11 | 10 | 9 | 8 | 7 | 7 | 8 | 7 | 9 | 11 | 7 | 7 | 7 | 7 | 7 | 7 |
| — | 3 | +330 +270 | +200 +140 | +120 +60 | +60 +20 | +39 +14 | +20 +6 | +12 +2 | +10 0 | +14 0 | +25 0 | +60 0 | ±5 | 0 −10 | −4 −14 | −6 −16 | −10 −20 | −14 −24 |
| 3 | 6 | +345 +270 | +215 +140 | +145 +70 | +78 +30 | +50 +20 | +28 +10 | +16 +4 | +12 0 | +18 0 | +30 0 | +75 0 | ±6 | +3 −9 | −4 −16 | −8 −20 | −11 −23 | −15 −27 |
| 6 | 10 | +370 +280 | +240 +150 | +170 +80 | +98 +40 | +61 +25 | +35 +13 | +20 +5 | +15 0 | +22 0 | +36 0 | +90 0 | ±7.5 | +5 −10 | −4 −19 | −9 −24 | −13 −28 | −17 −32 |
| 10 | 18 | +400 +290 | +260 +150 | +205 +95 | +120 +50 | +75 +32 | +43 +16 | +24 +6 | +18 0 | +27 0 | +43 0 | +110 0 | ±9 | +6 −12 | −5 −23 | −11 −29 | −16 −34 | −21 −39 |
| 18 | 30 | +430 +300 | +290 +160 | +240 +110 | +149 +65 | +92 +40 | +53 +20 | +28 +7 | +21 0 | +33 0 | +52 0 | +130 0 | ±10.5 | +6 −15 | −7 −28 | −14 −35 | −20 −41 | −27 −48 |
| 30 | 40 | +470 +310 | +330 +170 | +280 +120 | +180 +80 | +112 +50 | +64 +25 | +34 +9 | +25 0 | +39 0 | +62 0 | +160 0 | ±12.5 | +7 −18 | −8 −33 | −17 −42 | −25 −50 | −34 −59 |
| 40 | 50 | +480 +320 | +340 +180 | +290 +130 | | | | | | | | | | | | | | |
| 50 | 65 | +530 +340 | +380 +190 | +330 +140 | +220 +100 | +134 +60 | +76 +30 | +40 +10 | +30 0 | +46 0 | +74 0 | +190 0 | ±15 | +9 −21 | −9 −39 | −21 −51 | −30 −60 | −42 −72 |
| 65 | 80 | +550 +360 | +390 +200 | +340 +150 | | | | | | | | | | | | | −32 −62 | −48 −78 |
| 80 | 100 | +600 +380 | +440 +220 | +390 +170 | +260 +120 | +159 +72 | +90 +36 | +47 +12 | +35 0 | +54 0 | +87 0 | +220 0 | ±17.5 | +10 −25 | −10 −45 | −24 −59 | −38 −73 | −58 −93 |
| 100 | 120 | +630 +410 | +460 +240 | +400 +180 | | | | | | | | | | | | | −41 −76 | −66 −101 |

附录

| | | | | | | | | | | | |
|---|---|---|---|---|---|---|---|---|---|---|---|
| −77<br>−117 | −85<br>−125 | −93<br>−133 | −105<br>−151 | −113<br>−159 | −123<br>−169 | −138<br>−190 | −150<br>−202 | −169<br>−226 | −187<br>−244 | −209<br>−272 | −229<br>−292 |
| −48<br>−88 | −50<br>−90 | −53<br>−93 | −60<br>−106 | −63<br>−109 | −67<br>−113 | −74<br>−126 | −78<br>−130 | −87<br>−144 | −93<br>−150 | −103<br>−166 | −109<br>−172 |
| −28<br>−68 | −28<br>−68 | −28<br>−68 | −33<br>−79 | −33<br>−79 | −33<br>−79 | −36<br>−88 | −36<br>−88 | −41<br>−98 | −41<br>−98 | −45<br>−108 | −45<br>−108 |
| −12<br>−52 | −12<br>−52 | −12<br>−52 | −14<br>−60 | −14<br>−60 | −14<br>−60 | −14<br>−66 | −14<br>−66 | −16<br>−73 | −16<br>−73 | −17<br>−80 | −17<br>−80 |
| +12<br>−28 | +12<br>−28 | +12<br>−28 | +13<br>−33 | +13<br>−33 | +13<br>−33 | +16<br>−36 | +16<br>−36 | +17<br>−40 | +17<br>−40 | +18<br>−45 | +18<br>−45 |
| ±20 | ±20 | ±20 | ±23 | ±23 | ±23 | ±26 | ±26 | ±28.5 | ±28.5 | ±31.5 | ±31.5 |
| +250<br>0 | +250<br>0 | +250<br>0 | +290<br>0 | +290<br>0 | +290<br>0 | +320<br>0 | +320<br>0 | +360<br>0 | +360<br>0 | +400<br>0 | +400<br>0 |
| +100<br>0 | +100<br>0 | +100<br>0 | +115<br>0 | +115<br>0 | +115<br>0 | +130<br>0 | +130<br>0 | +140<br>0 | +140<br>0 | +155<br>0 | +155<br>0 |
| +63<br>0 | +63<br>0 | +63<br>0 | +72<br>0 | +72<br>0 | +72<br>0 | +81<br>0 | +81<br>0 | +89<br>0 | +89<br>0 | +97<br>0 | +97<br>0 |
| +40<br>0 | +40<br>0 | +40<br>0 | +46<br>0 | +46<br>0 | +46<br>0 | +52<br>0 | +52<br>0 | +57<br>0 | +57<br>0 | +63<br>0 | +63<br>0 |
| +54<br>+14 | +54<br>+14 | +54<br>+14 | +61<br>+15 | +61<br>+15 | +61<br>+15 | +69<br>+17 | +69<br>+17 | +75<br>+18 | +75<br>+18 | +83<br>+20 | +83<br>+20 |
| +106<br>+43 | +106<br>+43 | +106<br>+43 | +122<br>+50 | +122<br>+50 | +122<br>+50 | +137<br>+56 | +137<br>+56 | +151<br>+62 | +151<br>+62 | +165<br>+68 | +165<br>+68 |
| +185<br>+85 | +185<br>+85 | +185<br>+85 | +215<br>+100 | +215<br>+100 | +215<br>+100 | +240<br>+110 | +240<br>+110 | +265<br>+125 | +265<br>+125 | +290<br>+135 | +290<br>+135 |
| +305<br>+145 | +305<br>+145 | +305<br>+145 | +355<br>+170 | +355<br>+170 | +355<br>+170 | +400<br>+190 | +400<br>+190 | +440<br>+210 | +440<br>+210 | +480<br>+230 | +480<br>+230 |
| +450<br>+200 | +460<br>+210 | +480<br>+230 | +530<br>+240 | +550<br>+260 | +570<br>+280 | +620<br>+300 | +650<br>+330 | +720<br>+360 | +760<br>+400 | +840<br>+440 | +880<br>+480 |
| +510<br>+260 | +530<br>+280 | +560<br>+310 | +630<br>+340 | +670<br>+380 | +710<br>+420 | +800<br>+480 | +860<br>+540 | +960<br>+600 | +1040<br>+680 | +1160<br>+760 | +1240<br>+840 |
| +710<br>+460 | +770<br>+520 | +830<br>+580 | +950<br>+660 | +1030<br>+740 | +1110<br>+820 | +1240<br>+920 | +1370<br>+1050 | +1560<br>+1200 | +1710<br>+1350 | +1900<br>+1500 | +2050<br>+1650 |
| 140 | 160 | 180 | 200 | 225 | 250 | 280 | 315 | 355 | 400 | 450 | 500 |
| 120 | 140 | 160 | 180 | 200 | 225 | 250 | 280 | 315 | 355 | 400 | 450 |

# 参 考 文 献

[1] 刘力. 机械制图 [M]. 5版. 北京：高等教育出版社，2019.

[2] 同济大学、上海交通大学等院校《机械制图》编写组. 机械制图 [M]. 7版. 北京：高等教育出版社，2016.

[3] 胡建生. 机械制图 [M]. 4版. 北京：机械工业出版社，2020.

[4] 刘朝儒，吴志军，高政一，等. 机械制图 [M]. 5版. 北京：高等教育出版社，2006.